长江口水生生物资源与科学利用丛书

长江口中华绒螯蟹资源增殖技术

冯广朋　庄　平　张　涛　黄晓荣　等编著

科学出版社

北　京

内 容 简 介

本书根据笔者多年来研究工作成果资料撰写而成,阐述了长江口中华绒螯蟹的人工增殖技术。较为系统地介绍了长江口生态环境与资源、长江口中华绒螯蟹资源状况、中华绒螯蟹洄游亲蟹对盐度的响应、中华绒螯蟹放流亲蟹培育技术、长江口中华绒螯蟹亲蟹增殖放流技术、中华绒螯蟹增殖效果评估以及长江口中华绒螯蟹产卵场评估。书后附有中华绒螯蟹增殖放流照片。

本书可供科学研究者、大专院校师生、政府管理人员参考,亦可成为渔业捕捞、养殖生产等人员的读物。

图书在版编目(CIP)数据

长江口中华绒螯蟹资源增殖技术/冯广朋等编著.
—北京:科学出版社,2017.5
(长江口水生生物资源与科学利用丛书)
ISBN 978 - 7 - 03 - 050685 - 6

Ⅰ. ①长… Ⅱ. ①冯… Ⅲ. ①中华绒螯蟹-淡水养殖
Ⅳ. ①S966.16

中国版本图书馆 CIP 数据核字(2017)第 273164 号

责任编辑:许　健　谭宏宇
责任印制:谭宏宇 / 封面设计:殷　靓

科 学 出 版 社 出版
北京东黄城根北街 16 号
邮政编码:100717
http://www.sciencep.com

南京展望文化发展有限公司排版
苏州越洋印刷有限公司印刷
科学出版社发行　各地新华书店经销

*

2017 年 5 月第 一 版　开本:B5(720×1000)
2017 年 5 月第一次印刷　印张:15 3/4　插页:2
字数:241 000
定价:**90.00 元**
(如有印装质量问题,我社负责调换)

《长江口水生生物资源与科学利用丛书》

编写委员会

《长江口中华绒螯蟹资源增殖技术》

作 者 名 单

第一章：张　涛　杨　刚

第二章：王海华　冯广朋

第三章：冯广朋　赵　峰

第四章：黄晓荣　宋　超

第五章：冯广朋　王瑞芳

第六章：庄　平　刘鉴毅

第七章：冯广朋　耿　智

参加考察和实验室研究人员：

蒋金鹏　张航利　卢　俊　曹　侦

贾小燕　严　娟　黄孝峰　胡　艳

摄　影：庄　平　冯广朋

序　言

　　发展和保护有矛盾和统一的两个方面,在经历了数百年工业文明时代的今天,其矛盾似乎更加突出。当代人肩负着一个重大的历史责任,就是要在经济发展和资源环境保护之间寻找到平衡点。必须正确处理发展和保护之间的关系,牢固树立保护资源环境就是保护生产力、改善资源环境就是发展生产力的理念,使发展和保护相得益彰。从宏观来看,自然资源是有限的,如果不当地开发利用资源,就会透支未来,损害子孙后代的生存环境,破坏生产力和可持续发展。

　　长江口地处江海交汇处,气候温和、交通便利,是当今世界经济和社会发展最快、潜力巨大的区域之一。长江口水生生物资源十分丰富,孕育了著名的"五大渔汛",出产了美味的"长江三鲜",分布着"国宝"中华鲟和"四大淡水名鱼"之一的淞江鲈等名贵珍稀物种,还提供了鳗苗、蟹苗等优质苗种支撑我国特种水产养殖业的发展。长江口是我国重要的渔业资源宝库,水生生物多样性极具特色。

　　然而,近年来长江口水生生物资源和生态环境正面临着多重威胁:水生生物的重要栖息地遭到破坏;过度捕捞使天然渔业资源快速衰退;全流域的污染物汇集于长江口,造成水质严重污染;外来物种的入侵威胁本地种的生存;全球气候变化对河口区域影响明显。水可载舟,亦可覆舟,长江口生态环境警钟要不时敲响,否则生态环境恶化和资源衰退或将成为制约该区域可持续发展的关键因子。

　　在长江流域发展与保护这一终极命题上,"共抓大保护,不搞大开发"的思想给出了明确答案。长江口区域经济社会的发展,要从中华民族长远利益考虑,走生态优先、绿色发展之路。能否实现这一目标? 长江口水生生物资源及其生态环境的历史和现状是怎样的？未来将会怎样变化？如何做到长江口水生生物资源可持续利用？长江口能否为子孙后代继续发挥生态屏障的重要作用……这些都是大众十分关心的焦点问题。

针对这些问题，在国家公益性行业科研专项"长江口重要渔业资源养护与利用关键技术集成与示范（201203065）"以及其他国家和地方科研项目的支持下，中国水产科学研究院东海水产研究所、中国水产科学研究院淡水渔业研究中心、华东师范大学、上海海洋大学、复旦大学、上海市水产研究所、浙江省海洋水产研究所、江苏省海洋水产研究所等科研机构和高等院校的 100 余名科研人员团结协作，经过多年的潜心调查研究，力争能够给出一些答案。并将这些答案汇总成《长江口水生生物资源与科学利用丛书》，该丛书由 12 部专著组成，有些论述了长江口水生生物资源和生态环境的现状和发展趋势，有些描述了重要物种的生物学特性和保育措施，有些讨论了资源的可持续利用技术和策略。

衷心期待该丛书之中的科学资料和学术观点，能够在长江口生态环境保护和资源合理利用中发挥出应有的作用。期待与各界同仁共同努力，使长江口永葆生机活力。

2016 年 8 月 4 日于上海

长江是我国第一大河,世界第三大河,是中华文明的发祥地,是中华民族的母亲河之一。长江流域面积 180 万平方千米,被称为我国淡水渔业的摇篮,是我国重要的渔业产区,水产品产量占全国内陆水产品产量的 60% 以上,长江流域是国家重要的优质水产品产业带和农业产业结构调整的重点发展区域。长江流域已知有水生生物 1 100 多种,包括 370 多种鱼类、220 多种底栖动物和上百种水生植物,并栖息着多种名贵珍稀水生动物,长江流域的国家Ⅰ级重点保护水生野生动物数量在我国淡水Ⅰ级重点保护水生野生动物保护名录中占 2/3。长江是生物多样性的宝库,其优良的种质资源长期支撑着我国淡水养殖业的可持续发展,是我国成为世界第一水产养殖大国的重要物质基础。

长江口生境独特,水产资源丰富,长江口渔场亦曾是我国著名的渔场之一,孕育着冬蟹等五大渔汛。长江口浅滩广阔,是中华绒螯蟹得天独厚的产卵场,加之长江源远流长,中下游平原地区有众多的附属水体,这些水体中水草茂盛,饵料丰富,对于中华绒螯蟹生长育肥十分有利,由此形成了极具特色的长江水系中华绒螯蟹品系。长江水系中华绒螯蟹具有生长速度快、个体肥大、肉质细嫩、味道鲜美等优点。长江口丰富的蟹苗资源支撑着我国中华绒螯蟹养殖业的发展,目前全国中华绒螯蟹养殖年产量达 70 万吨以上,年产值 500 亿元。长江口产区的蟹苗年产量可达数千乃至数万千克。20 世纪 80 年代以前,长江口区蟹苗年产量曾经高达 67.9 吨,是我国最大的中华绒螯蟹产卵场。然而,至 20 世纪 80 年代末,由于生态环境的变化和过度捕捞,天然蟹苗量急剧下降,年产量仅有几百千克,2000 年以来已难以形成汛期。20 世纪 90 年代末期,中华绒螯蟹人工繁育技术的成熟,使人工蟹苗成为商品蟹生产所需苗种的主要来源。

但是由于长江口中华绒螯蟹天然蟹苗拥有众多优良养殖品质,使其仍然具有一定的市场需求,吸引了大量渔民对天然蟹苗进行高强度捕捞,导致长江口天然蟹苗资源锐减,种质衰退。

我国在水生生物资源增殖方面做了大量的工作,其发展历程主要分为以下几个阶段:① 1990 年以前,处于增殖放流的起步阶段,积累了一些实践经验,但相关科学研究几乎没有开展;② 1991～2003 年,处于增殖放流的小规模试验阶段,以 1995 年通过的《中国环境保护 21 世纪议程》和农业部 1995 年颁布的《长江渔业资源管理规定》为标志。在实行休渔期制度的同时,积极开展渔业资源增殖放流,有些省市逐步建立一批海洋与渔业资源保护区和渔业资源增殖放流区,开展了小规模的科研性增殖放流;③ 2004 年以后,处于增殖放流的规模化实施阶段,水生生物增殖放流得到了快速发展,每年放流的苗种数量与投入的资金快速增加,但相关科学研究仍然较少,增殖放流存在许多亟需解决的问题,暴露出这一新兴事业的科技支撑严重不足,导致出现了一些不符合科学规律的做法。

为了恢复长江中华绒螯蟹天然资源,长江沿岸省市采取了人工放流蟹苗和亲蟹等措施,特别是长江口地区持续开展亲蟹增殖放流,以期使天然蟹苗资源得到有效恢复。近年来在长江口每年放流中华绒螯蟹亲蟹达 20 万只,但因主客观因素的限制,基本上未开展大规模标志和效果评估,放流工作仍然存在一定的盲目性。中华绒螯蟹是我国特有种类,国外学者的研究工作甚少。国内许多学者在中华绒螯蟹的养殖生物学方面做了大量的研究工作,如种质遗传的差异性、人工繁殖技术、人工饲料技术、养殖模式等,但对中华绒螯蟹增殖放流技术及其效果评估相关研究较少。如何科学开展长江口中华绒螯蟹亲蟹增殖放流和效果评估、合理有效地恢复长江口中华绒螯蟹优质丰富的渔业资源,日益受到国家和社会的重视,成为当前亟待解决的重要科学问题。为了充分地研究渔业资源增殖理论与技术,为长江口地区的中华绒螯蟹增殖放流与效果评估提供科学依据,中国水产科学研究院东海水产研究所从 2004 年起承担了公益性行业(农业)科研专项、国家自然科学基金、国家科技基础条件平台、农业部农业财政专项、中央级公益性科研院所基本科研业务费专项、上海市生态修复专项等课题,进行了长江口生态环境与渔业资源的系统监测,开展了大规模的中华绒螯蟹增殖放流活动,成效显著。通过整理相关科研成果,完成了本书的编著。

　　由于写作时间较短,有些内容还有待进一步充实,限于作者的学识水平,书中难免存在一些错误和不足,诚望读者批评指正。

作　者

2017 年 1 月于上海

目　录

第1章 长江口生态环境与资源

　　河口是江河的入海口,是指下游通向大海、上游延伸到潮汐所至河道段的宽广半开放沿岸水体。河口是江海相互作用的过渡地带,在这里河流的径流与海洋的潮汐交汇,海水被来自内陆河流的淡水所稀释。从潮汐作用的范围可将河口分为三部分,即通向大海的下游部分、海水与淡水高度混合的中游部分以及以淡水为主但潮汐所至界面的上游部分。河口是地球上生产力最高的生态系统,是海洋生物营养物质的重要来源地,也是最敏感和最重要的生物栖息地之一,许多广盐性的生物种类在这里完成部分或全部生活史。河口是许多水生动物重要的觅食、生殖和栖息场所。

1.1 水域环境

1.1.1 地理位置

　　长江口位于中国东南海岸带的中部,是太平洋西岸的第一大河口。长江河口区包括上游延伸到潮汐所至河道段(安徽大通)、下游通向东海的宽广半开放水体,全长约 700 km。

　　长江口可以分为三个区段:① 河流近口段。长江口枯季潮汐影响到安徽大通,称为潮区界。洪季潮流抵达江苏江阴,称为潮流界。从潮区界至潮流界之间全长约 400 km,为长江河口区的河流近口段。此段河水受潮汐的涨落影响,表现有一定潮差,河床内的水流表现是向海呈单一流向,在地貌上完全是河流形态。② 河口段。江阴至河口口门,全长 220 km,为长江河口区的河口段。此段径流与潮流相互作用,河床分汊多变,咸淡水直接交锋、混合和相互影响,潮流往复作用明显,是河口的核心部位。③ 口外海滨。口门至嵊泗列岛一带径流入海与海水混合的冲淡水范围为长江河口的口外海滨。此段潮流作用为主,水下三角洲发育,水体底层由海洋盐水控制,表层为冲淡水所覆盖(图1-1)。

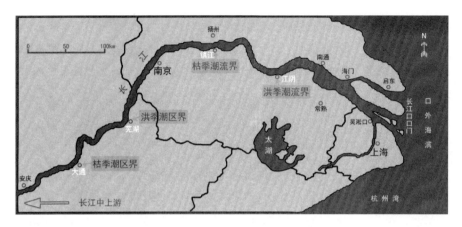

图1-1　长江口区段划分示意图

长江河口段自江苏徐六泾以下开始分汊,首先被崇明岛分隔为北支和南支,然后南支经长兴岛、横沙岛又被分隔为北港和南港,最后南港在口门附近被九段沙分隔为北槽和南槽,因此形成"三级分汊、四口入海"的格局(图1-2)。从北面的江苏省启东市蓼角嘴到南面的上海市浦东新区南汇角之间形成了宽达91 km的长江出海口。

图1-2　长江口分汊形势图

长江口受长江干流淡水径流与海洋咸水潮汐的交互影响,同时具有淡水、咸淡水和海水三种特性。陆海物质交汇、咸淡水混合、径流和潮汐相互作用,产生了各种复杂的物理、化学、生物和沉积过程,形成了长江口独特的自然条件和多样的生境,构成了复杂多变的水生动物栖息地、产卵场、索饵场、越冬场、洄游通道等。长江口是我国水生生物多样性最丰富、渔产潜力最高的区域,水生动物资源极为丰富。

1.1.2　水质

长江为我国第一大河,也是水量最丰沛的河流,平均年径流量 $9\,793\times10^8\,m^3$,约占全国各河径流总量的38%。长江河口多年平均流量 91 060 m^3/s,居世界第三位。长江流域及河口地区日益加剧的人类活动与气候变化,使得河口水域的生态环境,包括水文泥沙、河势演变、盐水入侵、水温等水环境演变规律都发生了一系列的显著变化。

长江口为咸淡水混合区域,盐度平面分布变化极大。夏季长江口内南支水道的盐度一般在1以下,北支水道盐度稍高。在长江口外佘山岛、鸡骨礁和大戢山附近形成三个低盐舌,长江冲淡水由长江口先向东南伸展,然后在 $122°30'E$ 左右转向东或东北,扩散到海区东部广大海域,形成本海区在夏季近表层低盐的特征,其影响可达到韩国的济州岛附近。但在水面 $10\sim12\,m$ 以下的水层,由于台湾暖流水和南黄海混合水组成的外海水将长江内陆水压制在口门处,盐度则达到30以上。受长江径流季节变化的影响,长江口盐度季节变化也很大,冬季盐度比夏季高。近年来由于长江口河势改变和沿江水利工程的综合作用,北支径流量逐年减少,潮流作用相应增强,使其成为涨潮流占优势的河道,在径流量小和潮差大时,盐水从北支倒灌至南支,盐水入侵加剧。

长江口年平均水温 $17.0\sim17.4℃$,8月水温最高,平均28.9℃,极端最高33.1℃;2月水温最低,平均5.6℃,极端最低2.0℃。整个水域是一个梯度很小、基本均匀一致的温度场,冬季无冰冻。

长江口的含沙量分布受上游径流和潮汐往返运动,以及各河段地形、汊口分流、盐淡水混合等多种因素的作用,总体上悬沙浓度分布是西高东低,在

122°30′E 以东海域悬沙浓度显著降低,而向西在长江口拦门沙一带悬沙浓度较高。涨潮时悬沙浓度明显大于落潮时悬沙浓度。122°30′～123°00′E 是长江悬沙向东扩散的一条重要界限,它大致与长江水下三角洲外缘相吻合。长江口悬沙属细颗粒范畴,悬沙颗粒组成主要在 0.001～0.050 mm。入海泥沙主要向东偏南扩散,并成为杭州湾和浙江沿海细颗粒泥沙的重要来源之一。

强大的长江径流不断向河口输送大量营养物质,为生物资源提供了丰富的生源要素,每年输送无机氮(∑N)88.81×10⁸ t,磷酸盐(PO₄-P)1.36×10⁴ t,硅酸盐(SiO₃-Si)204.44×10⁴ t,硝酸盐(NO₃-N)63.57×10⁴ t。这一水域是我国近海初级生产力和浮游生物最丰富的水域,为各种经济鱼类及其幼鱼的生长提供了丰富的饵料基础。

营养盐的表层分布趋势是河口高、由河口向外海方向逐渐降低,表层分布在时间上的差异与长江径流量的大小和外海水团影响有很大关系。在丰水期 8 月,长江冲淡水主流转向东北,多种营养盐等值线亦从长江口呈舌状向东北方向延伸,与盐度分布趋势十分相似。由于台湾暖流侵入,低含量区均出现在海区东南部小片水域。枯水期,长江径流量锐减,长江冲淡水流向东南,各种营养盐分布随之也向东南偏移,高浓度等值线向长江口方向收缩,低值区主要分布在北部和东北部水域。硅酸盐和硝酸盐的底层分布与表层分布趋势相似,唯浓度梯度比表层小,平均浓度也比表层低,在 8 月、10 月与 5 月比较明显,冬季由于水体垂直对流,上下层差别小。磷酸盐的底层分布在 8 月、10 月和 11 月与表层相似,平均含量除 8 月比表层高外,其他月份表、底层一致。亚硝酸盐(NO₂-N)由于影响因素较多,因而底层分布较为复杂,总的来说,亚硝酸盐平均含量表底层变化很小。长江口海区营养盐垂直分布由于受到物理、化学和生物等多因素影响,呈现较为复杂的变化。

化学需氧量(COD)春季、夏季、秋季和冬季平均含量分别为 1.66 mg/L、2.01 mg/L、1.78 mg/L 和 1.70 mg/L,污染指数分别为 0.83、1.01、0.88 和 0.85。长江口受有机污染相对较轻,仅夏季有所超标。水体中油污染较为严重,平均含量为 0.078 mg/L,污染指数为 1.57,其中夏季水体中油污染最为严重,平均含量达到 0.111 mg/L,污染指数为 2.22。挥发酚春、夏、秋和冬季平均含量分别为 7.58 μg/L、7.40 μg/L、9.05 μg/L 和 6.05 μg/L,污染指数分别为

1.52、1.48、1.81 和 1.21,秋季超标最为严重。

水体受到铅、铜、汞和锌的污染,未受到镉和砷的污染(图 1-3)。其中铅、铜的超标率相对较高,污染指数值大;其次为汞和锌,但监测数据同时也表明近年来铅、铜的超标率明显下降,污染程度减轻,基本趋于海水水质Ⅰ类标准。从涨、落潮重金属含量的变化来看,锌、铅和镉的平均含量和超标率均表现为落潮高于涨潮,这与长江径流的输入有关。

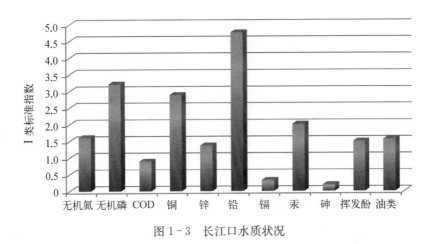

图 1-3　长江口水质状况

近年来,工农业发展导致流域用水量增加,长江径流量减少。2003 年三峡水库初期蓄水后,下游大通断面的径流量减少 1/3 至 1/2,河口水文变化明显。流域农业发展导致农药、化肥施用量极大增加,加之工业化、城市化进程加快,大量污染物排放,长江河口及邻近海域营养盐、污染物含量显著增加,主要表现为营养盐严重超标,特别是无机氮、硝酸盐和磷酸盐的含量达到较高水平,水体已呈现富营养化状态;铜、镉和铅等重金属含量不同程度增加,重金属污染加重;有机污染严重,COD 超标率较高。长江口及其邻近水域总体水质属Ⅲ类,部分水域达到Ⅳ类和Ⅴ类,已成为我国沿海水质恶化范围最大、富营养化乃至赤潮多发和低氧状况严重的区域(图 1-4)。

综上所述,长江口生态系统处于亚健康状态(图 1-5),长江口的主要污染因子为无机氮、无机磷、石油类、挥发酚、铜和铅,存在较大的面源污染风险。

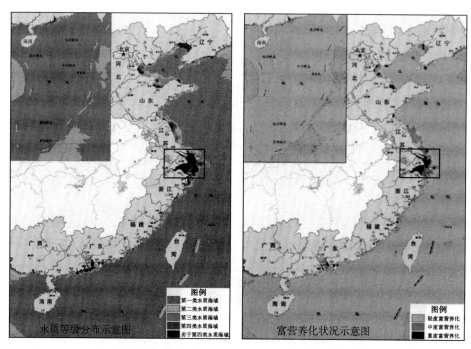

图1-4 长江口污染情况(后附彩图)(2012年中国海洋环境质量公报,国家海洋局)

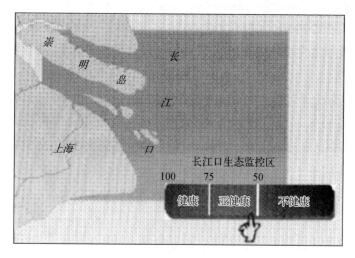

图1-5 长江口生态系统健康状况(2009年东海区海洋环境
质量公报,国家海洋局东海分局)

1.1.3 沉积物

长江口是一个水丰沙多的中潮河口,在复杂的水动力因子,如径流、潮流、河口余环流和波浪等相互作用下,大量流域来沙在河口区沉积,由于多种水动力因子的相互消长,加之生物地球化学作用的影响,使得进入该区水体中的重金属元素具有复杂的沉积地球化学特征。长江口区重金属元素主要来源于长江径流带来的大量陆源物质,其分布主要受长江口的水动力条件和沉积作用的控制。

长江口大部分底质为黏土质和粉砂质。其中黏土底质区为轻污染区,该区域沉积物颗粒较细、絮凝作用强烈,长江口河口环流和底质再悬浮过程使该区具有较高的悬浮物质,从而形成一个具有较高吸附能力的吸附过滤障。加之有机物的络合及各种水合物的形成,使得一些溶解相的重金属也转移到颗粒相,进一步增加了这些污染元素的含量,这种过滤效应对系统水质起到了净化作用,而底质中的重金属含量却明显增加。

砂底质区为清洁区,该区域分别位于长江口南支内和口外近海,由于南支内长江径流的冲刷、口外近海区潮汐和波浪的筛选,造成这两个区域沉积物粒径较粗;而且由于长江径流冲淡水和口外近海重金属在高盐度和高 pH 下被解析,造成砂底质区沉积物中重金属含量较低。粉砂底质区为微污染区,该区域位于砂底质区和黏土底质区之间,由于黏土底质区的吸附过滤,使得该区重金属含量相对减少。

总体看来,长江口沉积物质量状况总体良好,铜、锌、铅、镉、砷、汞和石油类7项检测指标除镉外,均符合《海洋沉积物质量》I类标准(图 1-6)。从污染指

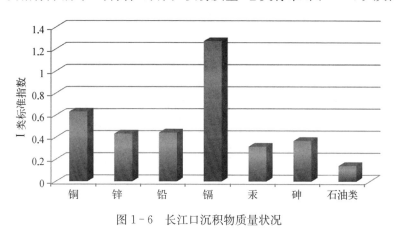

图 1-6 长江口沉积物质量状况

数和超标率来看,沉积物受污染最为严重的是镉,平均污染指数为1.27,平均超标率为57.78%;铜、铅和汞次之,其中铜平均污染指数及超标率分别为0.63和22.78%,铅为0.44和3.89%,汞为0.32和3.34%;锌和砷超标更低,表明调查水域的沉积物受锌和砷的污染很低。此外表层沉积物石油类含量较低,为65.35 mg/kg,符合Ⅰ类标准。

长江每年携带大量泥沙进入河口地区,在河口三角洲前沿和水下三角洲地区堆积,在河口形成广阔的滩涂湿地,长江口每年依靠泥沙淤积2万~3万亩(1亩≈666.7 m²)土地,上海现有土地面积的2/3是从这些滩涂中围垦获得的。但近年来由于围垦规模扩大和流域环境的改变,使河口湿地发生了明显的改变。大规模围垦造成生境损失明显,1989~2007年,长江口共围垦了448.24 km²边滩湿地,超强度高滩围垦造成湿地质量下降,表现为滩涂植被群落演替加快、生物多样性降低、湿地生态功能减退等多种负面影响。随着长江中上游水土保持工作加强、三峡水库蓄水和南水北调工程运行,长江下泄泥沙明显下降,长江口水含沙量降低,滩涂淤涨减缓,海水侵蚀加剧,有效湿地面积不断缩小。

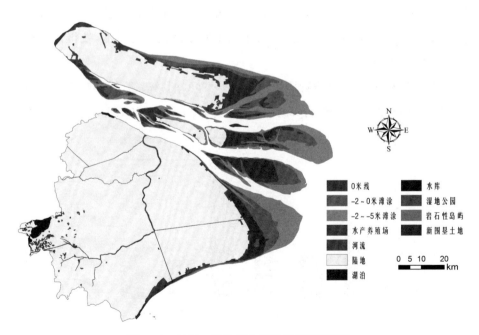

图1-7 长江口滩涂分布示意图(后附彩图)

滩涂围垦对长江口水生生物的影响显而易见,滩涂湿地是许多生活在潮间带的生物不可替代的栖息地,也是许多大型鱼类幼鱼期的重要摄食场所,滩涂湿地还是一些水生生物的产卵繁殖场所。湿地的丧失也意味着一些生物栖息地的丧失,对一些终生生活在潮间带的生物来说,滩涂湿地的丧失便是物种绝灭的开始。

1.1.4　初级生产力

叶绿素 a 含量是浮游植物现存量的重要指标,其分布反映了水体中浮游植物的丰度及其变化规律,是海洋生态系统研究的重要内容,也是海域生物资源评估的重要依据。长江口是陆源物质输入东海的主要场所,径流把大量的悬浮泥沙和丰富的溶解营养盐带入海洋,造成了长江口邻近海域独特的生态环境特征。长江口年平均叶绿素 a 含量为 $1.54\ \mu g/L$,春季、夏季、秋季和冬季月平均分别为 $1.98\ \mu g/L$、$1.66\ \mu g/L$、$1.41\ \mu g/L$ 和 $1.12\ \mu g/L$。

长江河口及邻近水域的总初级生产量平均为 $1\ 062\ mgC/(m^2 \cdot d)$,折合初级生产力(以干物质计)为 $92.2 \times 10^4\ t/(km^2 \cdot a)$。以藻类每 $100\ g$ 干物质中的 N、P 含量有较稳定的比例(为 $1\ gP$ 和 $7.2\ gN$)来计,目前长江口及附近海域的初级生产力可吸收、同化 $P\ 9\ 220\ t/(km^2 \cdot a)$ 和 $N\ 6.64 \times 10^4\ t/(km^2 \cdot a)$。

叶绿素 a 的分布和季节变化在一定程度上反映了水域环境因子对浮游植物生长的影响,也反映了海洋生态系统的发展状况。光和营养盐是影响叶绿素 a 分布的主要因子,长江径流带来丰富的陆源物质,富含大量的溶解营养盐及悬浮物质。理论上来说,悬浮物直接影响水体真光层的深度,也决定着叶绿素 a 含量的分布。

已有的研究结果表明,长江口叶绿素 a 的分布存在着显著的空间区域化现象,浮游植物生物量和生产力的锋面位于 $123°E$ 附近的冲淡水区,口门处值低是受光的限制,毗连外海主要是受营养盐的限制。长江口外邻近海区悬浮物浓度和营养盐浓度均由近岸向远岸快速递减,而叶绿素 a 含量的变化趋势与之相反,由近岸向远岸逐渐升高,这是近岸由于水体浑浊度较高,透光度较差,光照因子限制了浮游植物的光合作用。虽然长江冲淡水带来了丰富的营养盐,但是表层却没有在入海口处形成叶绿素 a 的高值区,这是由于强烈的湍流和水体高浑浊度限制了浮游植物的光合作用。

长江口叶绿素 a 含量分布与营养盐,尤其是与无机氮或无机磷的高值区基本接近或重合,均分布在长江口北支水域,这表明除光照因子外营养盐同样也是叶绿素 a 含量的重要限制因子。

1.2 动植物资源

1.2.1 浮游植物

长江口水域共发现浮游植物 6 门 92 属 203 种。硅藻门的物种最多,为 50 属 139 种,其次绿藻门 20 属 31 种,其余依次为甲藻门 7 属 16 种,蓝藻门 12 属 13 种,裸藻和黄藻各 2 种。涨潮时出现物种 182 种,落潮时出现物种 152 种。春季 6 门 62 属 104 种,夏季 5 门 58 属 114 种,秋季 4 门 50 属 101 种,冬季 5 门 61 属 121 种。物种组成上,夏冬季出现的物种多于春秋季,涨潮出现的物种略多于落潮,这与径流和外海水的消长有关。

浮游植物年平均数量为 481.14×10^4 ind. /m³ *,浮游植物数量季节变化呈双峰型或单峰型。其中春季最高为 $1\,387.55 \times 10^4$ ind. /m³,夏季次之为 342.51×10^4 ind. /m³,秋季为 148.79×10^4 ind. /m³,冬季最低为 30.66×10^4 ind. /m³。从浮游植物数量的平面分布来看,浮游植物数量的高值区与无机氮、无机磷等营养盐的平面分布高值区相一致,这说明营养盐高是造成浮游植物数量显著上升的主要因素。

中肋骨条藻(*Skeletonema costatum*)为唯一全年出现优势种类,其月平均数量为 471.75×10^4 ind. /m³,占总数量的 97.79%。不同季节出现的优势种有所差异。春季、夏季和秋季优势种为中肋骨条藻 1 种,冬季出现优势种有 3 种,分别为中肋骨条藻、颗粒直链藻(*Melosira granulata*)和虹彩圆筛藻(*Coscinodiscus oculusiridis*)(表 1-1)。中肋骨条藻是最常见的海洋浮游硅藻,分布范围极广,在沿岸带常大量出现,对盐度的耐受性较广,在远洋高盐度区域至沿岸低盐度的淡咸水区域均有分布,对温度也有较广的适应范围,从两极到赤道均有分布。因此,它是硅藻中典型的广温性和广盐性种类,在近岸低盐水域中数量较多,是贝类及一些水生动物幼体的饵料,该种对各种生态条件有广

---

* 1 ind. /m³ 指 1 m³ 水中的生物个体数量为 1。

泛的适应能力,具有较高的生长率,春夏季能在河口、近岸等富营养化水域迅速繁殖而形成赤潮,对渔业资源造成危害。长江口水域年季间浮游植物数量波动较大,而导致春季和夏季浮游植物数量波动的直接原因就是中肋骨条藻的大量繁殖。由于长江河口水文条件复杂多变,其中能诱发中肋骨条藻大量繁殖外部环境因子众多,如光照强度、透明度、水温、盐度、径流量与 N、P 等营养物质的输送补充,所以双峰型或单峰型季节变化格局并存,充分说明这一区域河口生态环境状况的复杂性和特殊性,亦是长江口水生生态的主要特点之一。

表 1-1　长江口浮游植物优势种季节变化

季　节	优势种	优势度	平均数量($\times 10^4$ ind./m^3)	数量百分比(%)
春季	中肋骨条藻	0.96	1 372.74	98.93
夏季	中肋骨条藻	0.95	330.45	96.48
秋季	中肋骨条藻	0.97	143.96	96.76
冬季	中肋骨条藻	0.64	19.84	64.70
	颗粒直链藻	0.08	3.88	12.66
	虹彩圆筛藻	0.03	0.85	2.79

长江口浮游植物群落结构可划分为近岸低盐性类群、外海高盐类群、河口半咸水性类群和淡水性类群四大类型,其中近岸低盐性类群占绝对优势。

(1) 近岸低盐性类群:该类群包括温带近岸性和广温广盐性种类。其中温带近岸性种的代表种有棘圆筛藻(*Coscinodiscus spinosus*)、琼氏圆筛藻(*C. jonesianus*)、苏氏圆筛藻(*C. thorii*)、布氏双尾藻(*Ditylum brightwelli*)和中华盒形藻(*Biddulphia sinensis*)等;广温广盐性种的代表种有温带广布性的中肋骨条藻、虹彩圆筛藻、蜂窝三角藻(*Triceratium favus*)和夜光藻(*Noctiluca scintillans*)等。本类群种类最多,数量也占绝对优势。

(2) 外海高盐性类群:该类群随外海高盐水进入长江口,主要为耐温、盐范围较大的热带性种类,如洛氏角毛藻(*Chaetoceros lorenzianus*)、细弱海链藻(*Thalassiosira subtilis*)和具尾鳍藻(*Dinophysis caudata*)。春、夏、秋季主要出现在长江口南北两侧与最外侧一线水域,数量少。

(3) 河口半咸水性类群:代表种有具槽直链藻(*Melosira sulcata*),主要分布在长江口东北侧,数量少。

(4) 淡水性类群:代表种为颗粒直链藻、盘星藻(*Pediastrum clathratum*)、

11

螺旋藻(*Spirulina* sp.)、鱼腥藻(*Anabaena* sp.)等,本类群种类较多,仅次于近岸低盐性类群,主要随长江径流进入长江口,分布广。春季和夏季数量增多,并占一定比例。

综合各项生态指标来看,长江口因受长江径流、江苏沿岸流及东海外海水的影响,水体营养盐丰富,适宜个别种类的生长,浮游植物数量、种类组成较为丰富,但多样性指数低。春季、夏季和秋季中肋骨条藻大量繁殖而导致高值产生,从而使群落多样性指数降低,造成水域自然生态系统的失衡。同时,中肋骨条藻大量繁殖,对长江口的生态环境质量已构成严重威胁。

按照生物多样性判别水域环境质量标准($1 < H' < 3$ 为轻污染),长江口生态环境质量基本处于轻污染至污染状态,冬季水域生态环境质量要好于其他季节,秋季水域生态环境质量最差(表1-2)。

表1-2 长江口浮游植物多样性指数季节变化

多样性指数	春 季	夏 季	秋 季	冬 季	平 均
多样度 H'	1.45	1.34	0.69	1.89	1.34
均匀度 J'	0.43	0.37	0.20	0.48	0.37
丰富度 d	0.53	0.71	0.54	0.86	0.66
单纯度 C	0.57	0.60	0.79	0.45	0.60

1.2.2 湿地植被

河口湿地植物生态系统是主要的初级生产者,它输出的有机物是浅海和光滩生物食物链的重要组成部分,同时也起到保护野生生物资源、提供营养循环、净化水体、食物生产、消浪、缓冲等众多生态服务功能,具有较高的生态及经济价值。按照受潮汐影响的频率与植物群落结构,可将长江口湿地植被群落沿高程由低到高分成5个带:先锋群落、低潮滩、中潮滩、高潮滩和过渡带。

崇明东滩和九段沙是长江口湿地植被发育最为完善的区域,位于长江河口与东海形成的"T"形结合部的核心部位,滩涂面积辽阔,拥有丰富的湿地植被资源。本区植物群落物种组成和结构相对简单,如九段沙仅有15科33属36种,崇明东滩为35科85属124种,常见的种类仅仅是十几种,且多为一年生或二年生的草本,尚未出现大面积的木本植物种类。但分带现象明显,植物群落空间分布序列完整,具有较强的代表性。

由于潮间带生境条件的特殊性,使得许多植物在滩涂上的生长和扩展都受到了制约,能够大面积生长的种类很少,主要制约因素主要有滩涂类型、滩涂高程和滩涂土壤含盐量。由于滩面高程不同导致各区域浸水时间不同,形成不同的植被群落。湿地植被主要由芦苇(*Phragmites australis*)群落、互花米草(*Spartina alterniflora*)群落和海三棱藨草(*Scirpus mariqueter*)群落组成。

(1)藨草—海三棱藨草群落:在长江口湿地植被藨草—海三棱藨草群落中的优势物种为藨草(*Scripus triqueter*)与海三棱藨草。其中藨草是世界广布种,而海三棱藨草为我国特有种,目前仅见于我国长江口和杭州湾的东部沿海和沿江滩涂。海三棱藨草的种子与地下球茎是一些雁鸭类与白头鹤等水鸟的主要食物来源,海三棱藨草群落也是长江口迁徙水鸟的重要栖息地和觅食场所,具有非常重要的生态价值和保护价值。藨草—海三棱藨草群落在九段沙与崇明东滩均有大量分布。在东滩,该群落为海三棱藨草、藨草形成的混生群落,偶尔有少量糙叶苔草(*Carex scabrifolia*)混生其中;而在九段沙,则形成海三棱藨草的单优势种群,仅在部分地区有少量藨草混生。由于海三棱藨草群落在不同高程的滩涂上具有不同的群落特点,又可将其分为外带和内带。海三棱藨草通常在光滩上呈群聚型或随机型分布格局,随着滩涂高程的升高,潮水淹没时间减少,海浪冲刷程度减弱,种群密度不断增加,形成大片的群落,呈现出均匀型的分布格局,即为海三棱藨草内带。

(2)芦苇群落:在长江口湿地植被中,芦苇群落通常为芦苇形成的单优势群落。芦苇群落在长江口各个滩涂均有分布,大片的芦苇群落主要分布在高程较高的潮滩。在高程较低或者盐度较高的滩涂上,芦苇群落呈零星斑块状分布,或混生于互花米草群落中。在崇明东滩,芦苇常常在近堤岸高程较高的滩涂上形成高大密集的单物种群落。在九段沙,芦苇在上沙形成单物种群落,在中沙和下沙,则岛状分布于海三棱藨草群落中,或与互花米草混生。在长江口地区的芦苇群落中,特别在群落边缘地带,常伴生有低矮的莎草科植物,如海三棱藨草、糙叶苔草、藨草等。

(3)互花米草群落:互花米草原产于大西洋西岸及墨西哥湾,自20世纪70年代末以来,互花米草在我国河口及沿海滩涂迅速引种生长。在长江口地区,互花米草主要分布在崇明东滩、九段沙与南汇东滩等滩涂。在高程较高的滩涂,互花米草通常呈密集的片状分布,而在高程较低的滩涂,互花米草形成大小不一的互花米草斑块,岛状分布于海三棱藨草群落或光滩中,随着高程的增加,斑块面积逐渐增大。

沿高程梯度,不同的植物群落呈现出明显的带状分布。从滩涂的最低处即最外面开始,分布有盐渍藻类、藨草群落和芦苇群落。在高潮滩,主要分布有芦苇、糙叶苔草、互花米草。在低潮滩,主要分布有藨草、海三棱藨草。在光泥滩,主要分布有盐渍藻类。由于长江水带来的大量泥沙在该地区淤积,使得滩涂快速发育,滩涂植被也随之而快速发育,因此其植物区系、植物群落都处于产生、发展的最初阶段并不断快速发展。

长江口湿地植物群落分布动态受滩涂发育、人类活动(包括围垦)、互花米草入侵等诸多因素的影响。崇明东滩的围垦已导致植被面积的大幅度减少,而九段沙的植被面积主要取决于滩涂发育。而近十年来,互花米草对长江口的入侵是影响湿地植物群落动态的重要因素之一。尽管滩涂持续快速发育,植被面积也随之增加,但互花米草入侵长江口湿地以后,通过竞争排斥,导致海三棱藨草群落面积锐减。同时,在过去二十年中,崇明东滩的围垦对植物群落亦有较大影响。

1.2.3 浮游动物

长江口水域调查发现浮游动物种类 6 门 16 大类 103 种(不含 20 种幼体和仔鱼)。节肢动物门占绝对优势,共 8 大类 83 种,其中桡足类 50 种,糠虾类 12 种,枝角类 6 种,端足类 5 种,涟虫类、十足类和磷虾类各 3 种,等足类 1 种。腔肠动物门 3 大类 7 种,环节动物门、毛颚动物门和软体动物门各 4 种,尾索动物门 1 种(表 1-3)。种类组成有明显的季节变化,春季和夏季种类数较多,秋季和冬季较少。

表 1-3 长江口浮游动物种类组成统计

门	类	春		夏		秋		冬		总计	
		种数	比例(%)	种数	比例(%)	种数	比例(%)	种数	比例(%)	种数	比例(%)
节肢动物门	桡足类	20	39.22	22	41.51	25	59.52	32	78.05	50	48.54
	端足类	2	3.92	2	3.77	2	4.76	2	4.88	5	4.85
	糠虾类	10	19.61	5	9.43	6	14.29	2	4.88	12	11.65
	等足类	1	1.96	1	1.89	0	0.00	0	0.00	1	0.97

（续表）

门	类	春		夏		秋		冬		总计	
		种数	比例（%）	种数	比例（%）	种数	比例（%）	种数	比例（%）	种数	比例（%）
节肢动物门	涟虫类	3	5.88	2	3.77	1	2.38	1	2.44	3	2.91
	十足类	0	0.00	3	5.66	1	2.38	0	0.00	3	2.91
	枝角类	4	7.84	1	1.89	1	2.38	3	7.32	6	5.83
	磷虾类	2	3.92	1	1.89	3	7.14	1	2.44	3	2.91
环节动物门	多毛类	3	5.88	3	5.66	1	2.38	0	0.00	4	3.88
毛颚动物门	毛颚类	2	3.92	3	5.66	2	4.76	0	0.00	4	3.88
软体动物门	翼足类	3	5.88	2	3.77	0	0.00	0	0.00	3	2.91
	异足类	1	1.96	0	0.00	0	0.00	0	0.00	1	0.97
腔肠动物门	水螅水母类	0	0.00	4	7.55	0	0.00	0	0.00	4	3.88
	管水母类	0	0.00	2	3.77	0	0.00	0	0.00	2	1.94
	栉水母类	0	0.00	1	1.89	0	0.00	0	0.00	1	0.97
尾索动物门	被囊类	0	0.00	1	1.89	0	0.00	0	0.00	1	0.97
合 计		51		53		42		41		103	
浮游幼体		16		14		8		2		20	

浮游动物年平均生物量为 129.12 mg/m³，其中冬季最高为 137.33 mg/m³，春季次之为 135.67 mg/m³，秋季 132.11 mg/m³，夏季最低为 93.97 mg/m³。浮游动物年平均丰度为 610.56 ind./m³，冬季最高为 1401.79 ind./m³，春季次之为 510.24 ind./m³，秋季 416.66 ind./m³，夏季最低为 113.55 ind./m³。桡足类占绝对优势，平均丰度为 584.27 ind./m³，占浮游动物总丰度的 92.17%。涨落潮时段浮游动物的总生物量变化幅度小。浮游动物生物量和丰度的高值区基本集中在长江口北支水域，与营养盐、浮游植物平面分布的高值区相一致，说明该区域水体富营养化水平较高，污染较为严重。

长江口水域因受江河径流、大陆沿岸流及台湾暖流的影响，明显表现出水文、化学要素及浮游动物组成的复杂性。从浮游动物组成看，该水域生活有淡水种、河口半咸水种、低盐近岸种、广暖水性外海种等各种生态类型的种类，它们分别构成特定的生物群落，以低盐近岸和半咸水河口生态类型为主，辅以少量淡水和广温偏低盐生态类型。

（1）淡水生态类型：种类和数量稀少，有右突新镖水蚤（*Neodiaptomus schmackeri*）、英勇剑水蚤（*Cyclops strenuus*）和四刺窄腹剑水蚤（*Limnoithona tetraspina*）等。

(2) 半咸水河口生态类型：该群落分布于受长江径流影响的河口区，主要有中华华哲水蚤（*Sinocalanus sinensis*）、火腿许水蚤（*Schmackeria poplesia*）等。

(3) 低盐近岸生态类型：该类型种类适盐的上限较半咸水河口生态类型高，其出现和数量变动一般受控于沿岸水的影响，密集区大多出现在近岸水域的沿岸峰区。该类群种类和数量最多，为长江口浮游动物最主要生态类群。其主要种类为真刺唇角水蚤（*Labidocera euchaeta*）、虫肢歪水蚤（*Tortanus vermiculus*）、长额刺糠虾（*Acanthomysis longirostris*）、太平洋纺锤水蚤（*Acartia pacifica*）等，其中，又以真刺唇角水蚤和虫肢歪水蚤占优势。

(4) 广温广盐生态类型：该类群与热带大洋高温高盐类型相比，其适温、适盐性较低，在东海区广泛分布于陆架混合水区。长江口仅出现少量的中华哲水蚤（*Calanus sinicus*）、精致真刺水蚤（*Enchaeta concinna*）、平滑真刺水蚤（*Enchaeta plana*）等。

长江口浮游动物优势种的季节更替较明显，无常年性优势种。相对来说，虫肢歪水蚤、真刺唇角水蚤、中华华哲水蚤作为优势种出现的频率最高。春季优势种有虫肢歪水蚤、中华华哲水蚤、真刺唇角水蚤、火腿许水蚤、江湖独眼钩虾（*Monoculodes limnophilus*）和细巧华哲水蚤（*Sinocalanus tenellus*）6 种，但主要代表性优势种为虫肢歪水蚤、中华华哲水蚤和火腿许水蚤 3 种。

夏季出现优势种有太平洋纺锤水蚤、火腿许水蚤、真刺唇角水蚤、虫肢歪水蚤、长额刺糠虾和中华胸刺水蚤（*Centropages sinensis*）6 种，主要代表性优势种为火腿许水蚤。

秋季优势种有小拟哲水蚤（*Paracalanus parvus*）、针刺拟哲水蚤（*Paracalanus aculeatus*）、中华华哲水蚤、真刺唇角水蚤和虫肢歪水蚤 6 种，主要代表性优势种为中华华哲水蚤和真刺唇角水蚤。

冬季优势种有中华华哲水蚤、双毛纺锤水蚤（*Acartia bifilosa*）、真刺唇角水蚤、细巧华哲水蚤、近邻剑水蚤（*Cyclops vicinus*）和英勇剑水蚤 6 种，主要代表性优势种为中华华哲水蚤。

长江口浮游动物群落丰富度较大，种类组成较为丰富，个体丰度较高。春季和夏季多样度高，均匀度和丰富度也较高，单纯度较低，生态系统较为稳定。相反，冬季多样性、丰富度的均匀度较低，而单纯度指数高，生态系统稳定性差（表 1-4）。

表 1 - 4　长江口浮游动物多样性指数季节变化

多样性指数	春　季	夏　季	秋　季	冬　季	平　均
多样度 H'	1.79	1.67	1.46	1.25	1.54
均匀度 J'	0.64	0.69	0.56	0.54	0.61
丰富度 d	0.93	1.38	0.87	0.60	0.95
单纯度 C	0.42	0.41	0.54	0.58	0.49

1.2.4　底栖动物

河口湿地大型底栖动物具有种类较少,但优势种密度极高的特点。这主要由于河口区受潮汐、咸淡水影响,环境变化较大,使得能适应的物种种类少;同时由于饵料极为丰富,所以能适应者密度极高。由于长江河口为以细颗粒沉积物为主的软泥底质区,沉积速率高,大量泥沙快速沉降,使底质处于剧烈的扰动变化中,限制了腔肠动物、多毛类、棘皮动物等类群的生存和发展,而体较小、取食沉积物为生的埋栖性动物占优势,因而甲壳动物、软体动物为优势类群。底栖动物中的彩虹明樱蛤(*Moerella iridescens*)(俗称海瓜子)、泥螺(*Bullacta exarata*)、缢蛏(*Sinonovacula constricata*)是三大美味海产品,有很高的经济价值并已经形成较大的产量。

袁兴中和陆健健(2002)报道了长江河口大型底栖动物 68 种,其中甲壳动物 33 种,占总种数的 48.53%,软体动物 18 种,占总种数的 26.47%;朱晓君(2004)报道了 64 种,其中甲壳动物 32 种,占总种数的 50%,软体动物 18 种,占总种数的 28.12%。刘文亮和何文珊(2007)于 2004 年 9 月～2006 年 10 月对长江口潮下带和潮间带大型底栖动物进行了调查,共发现底栖动物 126 种,隶属 5 门 8 纲 22 目 71 科 101 属(不含底栖昆虫)。其中腔肠动物 1 种,环节动物 13 种,软体动物 37 种,甲壳动物 73 种,棘皮动物 2 种。主要种类为甲壳动物和软体动物,优势类群甲壳动物、软体动物分别占 56%、27%。长江口潮下带底栖动物优势种为安氏白虾(*Exopalaemon annandalei*)、脊尾白虾(*E. carinicauda*)、秀丽白虾(*E. modestus*)、葛氏长臂虾(*Palaemon gravieri*)、日本沼虾(*Macrobrachium nipponense*)、河蚬(*Corbicula fluminea*)、狭颚绒螯蟹(*Eriocheir leptognathus*)、焦河蓝蛤(*Potamocorbula ustulata*)、光背节鞭水虱(*Synidotea laevidorsalis*)等 9 种。

东海水产研究所对 2004～2008 年长江口潮下带底栖动物调查的结果表

明,共发现底栖动物 6 门 77 种。底泥中鉴定出底栖动物种类 5 门 26 种,阿氏拖网中鉴定出种类 6 门 72 种。

底泥底栖动物生物量和栖息密度年平均值分别为 2.34 g/m² 和 12.83 ind./m²。其中春季为 2.12 g/m² 和 11.54 ind./m²,夏季为 2.89 g/m² 和 20.78 ind./m²,秋季为 0.6 g/m² 和 9.32 ind./m²,冬季为 3.73 g/m² 和 9.68 ind./m²。冬季的生物量明显高于其余三季,秋季的生物量最低;栖息密度以夏季明显最高,春季、秋季、冬季差别较小,以秋季最低。

阿氏拖网底栖动物生物量和栖息密度年平均值为 11.86 g/100 m² 和 12.83 ind./100 m²。其中春季为 9.18 g/100 m² 和 6.52 ind./100 m²,夏季为 15.46 g/100 m² 和 11.1 ind./100 m²,秋季为 5.05 g/100 m² 和 6.67 ind./100 m²,冬季为 17.75 g/100 m² 和 3.66 ind./100 m²。生物量呈双峰型波动,冬季最高,夏季次之,而栖息密度的最高峰则出现在夏季。

底泥优势种有纽虫(*Nemertinea* spp.)、海地瓜(*Acaudina molpadioides*)、不倒翁虫(*Sternaspis scutata*)、小头虫(*Capitella capitata*)、加州齿吻沙蚕(*Aglaophamus californiensis*)、智利巢沙蚕(*Diopatra chiliensis*)、纵肋织纹螺(*Nassarius* (*Varicinassa*) *variciferus*)、焦河蓝蛤、红线黎明蟹(*Matuta planipes*)、中国毛虾(*Acetes chinensis*)等 11 种。阿氏拖网中优势种有缢蛏、纵肋织纹螺、焦河篮蛤、毛蚶(*Scapharca subcrenata*)、中国毛虾、安氏白虾、葛氏长臂虾、狭颚绒螯蟹、口虾蛄(*Oratosquilla oratoria*)、刀鲚(*Coilia nasus*)、凤鲚(*Coilia mystus*)、孔虾虎鱼(*Taenioides vagina*)、棘头梅童鱼(*Collichthys lucidus*)、睛尾蝌蚪虾虎鱼(*Lophiogobius ocellicauda*)等 14 种。

长江口主要受长江带来的泥沙沉积和河口水文等条件的影响,不同区域大型底栖动物的种类分布和栖息密度均不相同。长江口盐度变化梯度较大,对底栖动物影响最明显。一定的生态型种类对盐度有一定适应范围;另一方面,底质沉积环境对河口区底栖动物影响是不可忽视的。结合历史资料,根据底栖动物与盐度、底质的相关性,长江口底栖动物大致可分为 4 种生态类型。各生态类型代表性种类主要有:

(1)淡水生态类型:主要代表种为河蚬。分布于淡水水域中。

(2)河口半咸水生态类型:该生态类型的底栖动物主要分布于河口近岸水域,能耐受 0.5～16.5 的盐度变化,生活于盐度较低的河口或有少量淡水注入的内湾。代表种有缢蛏、安氏白虾、脊尾白虾、纵肋织纹螺等。

（3）近岸生态类型：一般分布于盐度 16.5～30.0 水域。代表种有葛氏长臂虾，为东海区主要经济价值的虾类。其对环境的盐度变化有较好的适应能力，分布范围大致在长江口 122°～123°E 海区，由于其繁殖洄游分布广，具有向近岸半咸水海区移动的习性。

（4）广盐性生态类型：指能在本区广泛分布，对盐度变化有较强适应能力的底栖种类。主要种类有狭颚绒螯蟹、棘头梅童鱼和虾虎鱼等。

长江口水域底泥底栖生物种类贫乏，数量少，多样性指数 H' 年平均为 0.53（<1），显示出本水域底质环境人为干扰严重，不适宜底栖动物的生长。阿氏拖网底栖动物 3 个年度的多样性指数 H' 均值为 1.41，均匀度 J' 均值为 0.66，丰富度 d 均值为 1.88，单纯度 C 均值为 0.51（表 1-5）。总体上，多样性指数（H'）均小于 2.00，底栖动物群落结构较为稳定，受到一定的人为干扰，四季均匀度 J' 均大于 0.5，表明种间分布比较均匀。

表 1-5　长江口底栖动物多样性指数（阿氏拖网）

多样性指数	春　季	夏　季	秋　季	冬　季	平　均
多样性 H'	1.44	1.33	1.51	1.36	1.41
均匀度 J'	0.66	0.63	0.65	0.67	0.66
丰富度 d	1.98	1.69	1.65	2.22	1.88
单纯度 C	0.51	0.53	0.49	0.51	0.51

总体看来，长江河口大型底栖动物种类组成与国外的大多数河口潮滩湿地相似，通过种类数量的比较，长江河口的大型底栖动物种类较多，甚至多于地处热带、巴西东南部的 Paranagua Bay。因此，对于长江河口的特定区域应该进行必要的保护，以保持较高的物种多样性水平及潜在的种质资源。

1.3　水生动物资源

1.3.1　鱼卵与仔鱼

长江口水域是多种鱼类的产卵场和育幼场，如前颌间银鱼（*Neosalanx brachyrostralis*）、棘头梅童鱼、银鲳（*Pampus argenteus*）、凤鲚等，鱼类浮游生物是长江口及邻近水域渔业资源补充群体的重要来源之一。

长江口鱼类的繁殖时间和地点是交叉的,多数鱼类的繁殖期都是在上半年,下半年为多种幼鱼的索饵期。前颌间银鱼从 2 月份起溯河到长江南支沿岸浅滩繁殖,凤鲚在 5 月溯河到长江南支敞水区繁殖,棘头梅童鱼和银鲳的产卵期均在 5 月,棘头梅童鱼主要在南汇、崇明等浅滩水域繁殖,银鲳在长江口门外和大戢山附近海域产卵。从繁殖季节水温来看,凤鲚、棘头梅童鱼、银鲳等繁殖期水温在 18~20℃,前颌间银鱼从 2 月开始溯河,3 月水温在 7~8℃,一些淡水鱼类(如鲢、鳙、草鱼、团头鲂)的繁殖期在 5 月份,水温 22~26℃。

据历史资料统计,长江口出现的鱼卵和仔稚鱼共有 17 目 54 科 140 种(类)。东海水产研究所于 2004~2008 年调查采集的鱼卵、仔鱼标本属 7 目 13 科 28 种,其中以鲈形目种类数最多,为 1 科 11 种,其次为鲱形目 7 种,鲽形目 3 种,鲻形目 2 种,其余各目均只出现 1 种。

鱼类的产卵育肥对海洋环境变化敏感,与水系、海流依存性较强。由于长江口水域受长江径流的作用十分明显,因而数量分布上随径流的变化表现出较明显的季节变动。长江口水域全年皆有鱼卵和仔稚鱼出现,鱼卵仔鱼主要出现在春夏季。春季出现鱼卵最多,仔稚鱼数量相对较少,主要种类为鳀(*Engraulis japonicus*)、凤鲚、大银鱼(*Neosalanx chinensis*)、前颌间银鱼、小黄鱼(*Larimichthys polyactis*)、日本鲭(*Scomber japonicus*)、银鲳等。夏季鱼卵相对减少,仔鱼数量增多,6~8 月出现的仔鱼种类数最高,此时密度也相对较高,主要分布于南水道入海口附近水域和大沙渔场的东南海区,主要种类有鳀、江口小公鱼(*Stolephorus commersonii*)、凤鲚、七星底灯鱼(*Benthosema pterotum*)、蓝圆鲹(*Decapterus maruadsi*)、皮氏叫姑鱼(*Johnius belangerii*)、大黄鱼(*Larimichthys crocea*)、棘头梅童鱼、带鱼(*Trichiurus japonicus*)、日本鲭、银鲳以及鲤科、舌鳎科的鱼类。秋冬季鱼卵和仔稚鱼的相对较少,主要种类有江口小公鱼、七星底灯鱼、中国花鲈(*Lateolabrax maculates*)和大海鲢(*Megalops cyprinoides*)等。长江口水域鱼卵仔鱼群落结构较为简单,各种类数量分布差异较大,这可能与鱼类不同生活阶段生境适应能力的大小有一定关系。种类组成呈现较明显的季节交替,表明各种类充分利用水域的饵料资源,这是在时间分布上的一种适应。

鱼卵仔鱼的区域差异也十分明显,长江口北支分布的范围和数量要高于南支、南港和北港水域,尤其是北港近岸水域数量最少。由于长江口北支为典型的河口潮汐汉道,河槽容积呈不断减小的趋势。北支多浅滩,水流和水体交换相对比较平缓,外海水与淡水相互交融,为鱼类的产卵育肥提供丰富的饵料环境,促使多种鱼类在此出现。而北港处的崇明南部为深水贴岸,水深一般都在10 m以上,该处泥沙活动频繁,同时受到强烈海潮和径流冲击,对于鱼卵仔鱼的产卵育肥产生一定的影响。崇明东滩两翼是一个潮流剧烈运动的区域,由于潮流往复的作用使得同一地点涨落潮时出现的鱼卵仔鱼数量也不尽相同。鱼卵本身没有游泳能力,亲鱼在沿岸产下的鱼卵随落潮的潮流由河口近岸向外海漂移,由于落潮流速大于涨潮流速,致使涨潮期鱼卵的分布范围和出现的数量低于落潮期。鱼卵孵化成的仔鱼则具有一定的游泳能力,逐渐远离近岸向外海游动。涨潮期,外海水流将游泳能力较弱的仔鱼逐步向河口内推进,落潮流将河口区内的仔鱼不断向外海推动,加上其流速较快,从而使得河口区涨潮期的仔鱼分布范围和出现的数量明显高于落潮期。

　　根据长江口仔稚幼鱼对温度、盐度的适应性以及分布特性的不同,可以将长江口仔稚幼鱼分为 4 种生态类型。

　　(1) 淡水型鱼类:长江口淡水鱼类的鱼卵和仔稚幼鱼的数量较少,主要以鲤科的一些种类为主,如麦穗鱼(*Pseudorasbosa parva*)、银飘鱼(*Pseudolaubuca sinensis*)、寡鳞飘鱼(*P. engraulis*)等,此外还包括鳉形目和鲈形目的个别种类,如食蚊鱼(*Gambusia affinis*)和鳜(*Siniperca chuatsi*)等。它们随着长江径流至河口附近生长发育,这些种类的分布水域随着盐度的增加而逐渐减少。

　　(2) 半咸水型鱼类:包括溯河洄游和降海洄游种类,多为河口性鱼类,它们早期发育多在河口附近水域完成,种类数仅次于海洋性种类。除了虾虎鱼类的适温适盐范围较广外,多数鱼类早期阶段适盐范围为 0.12~12.0,水温范围为12.0~22.0℃。主要种类为大海鲢、刀鲚、凤鲚、人银鱼、前颌间银鱼、鲻(*Mugil cephalus*)、鮻(*Liza haematocheila*)、淞江鲈(*Trachidermus fasciatus*)、虾虎鱼科部分鱼类、鳗鲡、中国花鲈等。这些种类的鱼卵、仔稚鱼多于春季开始在长江口水域出现。

　　(3) 沿岸型鱼类:这些鱼类多为春夏季洄游至沿岸浅水进行产卵繁殖、索饵、生长发育,秋冬季则向外海洄游越冬,具有明显的季节洄游特征。其早期发育阶段栖息在 25 m 等深线以浅的近岸水域,适温范围为 17.0~30.0℃,盐度范围为 11.0~26.0。此类型种类占长江河口出现鱼类数的 15.7%,主要种类有大黄鱼、小黄鱼、棘头梅童鱼、银鲳、康氏小公鱼(*Stolephorus commersonii*)等。

(4)海洋鱼类:这些鱼类大多为大洋性和深海性鱼种,多栖息于30 m深的海域中,盐度相对较高,适温范围和适盐度范围较广,水温范围为14.0～30.0℃,盐度为15.0～34.0,鱼卵和仔鱼主要分布于水温16.0～22.0℃、盐度24.0～33.0的水域中。此类型种类最多,主要鱼种有鳀、带鱼、日本鲭、七星底灯鱼、多鳞四指马鲅(*Eleutheronema rhadinum*)、皮氏叫姑鱼等。其他还有些深水和大洋性种类,这些种类很少,很少到河口区活动,如发光鲷(*Acropoma japonicum*)、灯笼鱼科的某些种类等。

1.3.2　鱼类群落与多样性

长江口淡水和海水交汇,营养盐类丰富,是鱼类栖息、索饵和繁殖的良好场所,从而形成了我国最大的河口渔场——长江口渔场,盛产凤鲚、刀鲚、前颌间银鱼、白虾和中华绒螯蟹(*Eriocheir sinensis*)等,素有长江口"五大渔汛"之称。长江河口水域的经济鱼类约有50余种,海洋性种类包括了大黄鱼、小黄鱼、带鱼、绿鳍马面鲀(*Navodon septentrionalis*)、日本鲭、鳓(*Ilisha elongata*)、银鲳、灰鲳(*Pampus cinereus*)等;咸淡水性种类包括了刀鲚、凤鲚、棘头梅童鱼、前颌间银鱼、中国花鲈、长吻鮠(*Leiocassis longirostris*)、鲻、淞江鲈等。长江口佘山岛以西的河口海岸渔场水深较浅,其中0～10 m的浅水水域面积最大。这一带的生物环境与生物关系较为复杂,时空分布和季节变化有明显的变化,可分为长江南支、北支、口门外带3个不同的生态区域,主要与受长江径流影响形成不同的盐度层次有关,而且该水域饵料生物丰富(如糠虾、腐殖质、碎屑、虾类),为我国最大的海淡水鱼类洄游通道和繁殖、孵育场所。河口区主要的渔业资源包括刀鲚、凤鲚、鳗苗、银鱼等。

根据历史资料统计,长江河口水域共有鱼类332种,隶属于29目106科。软骨鱼类计5目16科34种,其中鳐目种类较多为19种,其次真鲨目种类9种,角鲨目、鼠鲨目、扁鲨目的种类数相对较少。硬骨鱼类的种类数占绝大多数,为长江河口鱼类的主要组成部分,计24目90科298种,其中鲈形目种类最多,为38科107种,绝大部分为海洋鱼类;其次鲤形目种类为3科、53种,均为淡水鱼类;其他种类相对较多的还有鲀形目(5科22种)、鲽形目(4科21种)、鲉形目(7科16种)、鲱形目(2科16种)等;鼠鱚目、灯笼鱼目、月鱼目、银汉鱼目、鳍形目、金眼鲷目的种类最少，仅为1科1种，绝大多数没有经济价值。

2004～2008年东海水产研究所在长江口水域共采集到鱼类105种，分别隶属于18目43科86属。其中软骨鱼类仅发现1目1种，硬骨鱼类104种。在硬骨鱼类中，以鲈形目的种类为最多，有32种，其中绝大部分为海洋鱼类。鲤形目其次，有27种，均为淡水鱼类。鲱形目和鲇形目各6种。鲽形目和鲀形目各5种。其余12目共24种。在所有43科鱼类中，以鲤科鱼类的种类最多，有26种。其次为虾虎鱼科，有8种，石首鱼科有6种，鳀科和鳎科各5种，鲿科和鲀科各4种，其余36科共47种。

我国淡水鱼类区系的主要特征是科一级的分类阶元的多样性相对较少，并以鲤形目占绝对优势、鲤科为第一大科；而海洋鱼类区系则相反，以科一级分类阶元繁多，并以鲈形目占主要优势、虾虎鱼科有较大比例为主要特征。与长江下游主干流的鱼类区系相比，长江口水域科一级的分类阶元比长江下游多，鲤形目种类数较鲈形目鱼类少，鲤科鱼类虽然为最大科，但所占比例已较长江流域大为减少。与长江口渔场鱼类区系组成相比，长江口水域鱼类种类数较长江口渔场多，但科一级分类阶元却与之相接近，鲈形目鱼类所占比例下降至30.48%，但出现了长江口渔场所没有的鲤形目鱼类，长江口水域种类数最多的前5科合计所占比例较长江口渔场有所增加，但科别组成各不相同(表1-6)。由此可见，长江口鱼类区系处于长江下游至长江口渔场鱼类区系的过渡类型，具有河口鱼类区系的显著特色。

表1-6　长江口水域与长江下游和长江口渔场鱼类种类组成比较

长江口				长江下游				长江口渔场			
目	比例(%)	科	比例(%)	目	比例(%)	科	比例(%)	目	比例(%)	科	比例(%)
鲈形目	30.5	鲤科	24.8	鲤形目	51.9	鲤科	44.4	鲈形目	42.5	石首鱼科	8.2
鲤形目	25.7	虾虎鱼科	7.6	鲈形目	23.2	鳅科	6.5	鲉形目	12.3	鳀科	6.9
鲱形目	5.7	石首鱼科	5.7	鲇形目	9.3	鲿科	6.5	鲱形目	8.2	鲂鮄科	6.9
鲇形目	5.7	鳀科	4.8	鲱形目	2.8	虾虎鱼科	5.6	鲽形目	8.2	狗母鱼科	4.1
鲽形目	4.8	鳎科	4.8	胡瓜鱼目	2.8	鮨科	4.6	鲀形目	6.9	鲹科	4.1
其他13目	27.6	其他38科	52.4	其他10目	10.2	其他26科	32.4	其他5目	21.9	其他35科	69.9

在已被国家列为重点野生保护动物的16种鱼类中，长江口水域有中华鲟(*Acipenser sinensis*)、白鲟(*Psephurus gladius*)、鲥(*Tenualosa reevesii*)、花鳗

鲡（*Anguilla marmorata*）、胭脂鱼（*Myxocyprinus asiaticus*）和淞江鲈这 6 种。另外,长江口水域有较大渔业利用价值的经济鱼类有 10 多种,主要为河口定居性鱼类和洄游性鱼类,如刀鲚、凤鲚、日本鳗鲡（*Anguilla japonica*）、前额间银鱼、长吻鮠、鲮、鲻、中国花鲈、棘头梅童鱼、斑尾刺虾虎鱼（*Acanthogobius ommaturus*）、大弹涂鱼（*Bolephthalmus pectinirostris*）、窄体舌鳎（*Cynoglossus gracilis*）、暗纹东方鲀（*Takifugu obscurus*）、黄鳍东方鲀（*T. xanthopterus*)等,另外银鲳等海水鱼类也有较大的捕捞产量。但由于过度捕捞和非法渔具渔法的使用、水域污染、栖息地破坏等原因,上述经济鱼类资源已呈现出明显的衰退迹象。

长江河口环境具有海洋和淡水两种特性,拥有广泛的生物多样性以及较高生产力。河口的鱼类群落组成非常复杂,就像河口的分类一样,对河口鱼类群落的分类非常多,如基于盐度承受力、繁殖、索饵和洄游习性等特性不同而分为形态的、生理的和生态的功能组,一般可以根据河口鱼类的垂直分布、水平分布、产卵习性、底质喜好以及食性将它们划分为不同的功能群。

1) 生态类型

根据鱼类对河口利用以及对盐度的不同适应性,将长江口鱼类群落划分成淡水鱼类、河口定居性鱼类、洄游性鱼类和海洋鱼类这 4 种主要生态类型。

(1) 淡水鱼类:终生生活在淡水中,它们主要分布于盐度小于 5 的淡水中,但有少数种类在河口可以耐受 5 以上的盐度。长江口淡水鱼类共 5 目 9 科 37 种,主要代表种有光泽黄颡鱼、翘嘴鲌等。长江河口水域淡水鱼类区系属于全北区华东(江河平原)亚区江淮分区。从长江河口水域淡水鱼类的区系组成来看,主要以鲤科的鮈亚科、鲌亚科、鳠亚科、鲴亚科鱼类为主,显示了该水域淡水鱼类区系具典型的平原静水型特征。长江河口水域淡水鱼类区系基本上是由江河平原区系复合体和热带平原区系复合体所组成,清晰地表明了长江河口水域淡水鱼类区系的暖温带性质,但胭脂鱼的存在又说明了长江河口鱼类区系的特殊性。

(2) 河口性鱼类:河口性鱼类终生生活在河口半咸水水域中,是典型的河口种,可在较大盐度范围内的水中生活,但主要生活在盐度 5～20 的水体中。河口性鱼类有 6 目 11 科 25 种,代表种有鲮、矛尾虾虎鱼（*Chaeturichthys stigmatias*）、窄体舌鳎等。有些种类也能进入淡水中生活,如间下鱵（*Hyporhamphus intermedius*）、大鳍弹涂鱼（*Periophthalmus magnuspinnatus*）、大弹涂鱼、半滑舌鳎（*Cynoglossus semilaevis*）、弓斑东方鲀（*Takifugu ocellatus*)等。这些鱼类有的具有洄游习性,但洄游范围不大,它们主要栖息于近岸浅水中。

(3) 洄游性鱼类:洄游性鱼类是指在其生活史中要经历淡水和海水两种完全不同的生境,长江口是洄游性鱼类进行生殖洄游时的重要通道和理想的索饵场所。长江口有洄游性鱼类 5 目 5 科 6 种,根据洄游路线的不同可将这些洄游性鱼类分为两大类,其中溯河洄游种类有中华鲟、刀鲚、凤鲚、前额间银鱼、暗纹东方鲀 5 种,降海洄游种类为日本鳗鲡,除凤鲚和暗纹东方鲀为短距离河口洄游性鱼类外,其余 4 种均为长距离洄游性种类。这些洄游性种类大多数为重要的渔业资源。

(4) 海洋鱼类:长江口海洋鱼类有 13 目 23 科 37 种,区系主要由暖温性和暖水性种类组成,暖温性种类占半数以上,暖水性种类少于暖温性种类,冷温性种类相对较少,没有冷水性的种类。有些种类常年栖息于长江口和附近海域,它们的适盐范围较广,大多数分布在近岸盐度 30 左右的浅海,如棘头梅童鱼、银鲳等,它们在长江口及附近水域进行繁殖、育幼和索饵。有些种类分布相对靠近外海,它们一般生活在盐度高于 30 的海水中,有少数种在较低的盐度中也有分布。只是在某些季节在长江河口和附近海域进行生殖或索饵,然后向外海洄游,如带鱼、大黄鱼、小黄鱼等在繁殖季节到河口附近海域进行产卵;蓝点马鲛(*Scomberomorus niphonius*)、鲲等夏季在长江口近海区进行索饵。

2) 垂直分布特征

按鱼类生活方式或生态学特性进行分类,长江口鱼类可分为底层鱼类和中上层鱼类。

(1) 中上层鱼类:主要栖息于水体中上部或上层,通常具有较强的迁徙行为。长江口鱼类群落中大约有 20% 的种类属于中上层鱼类,且中上层鱼类无论从重量还是尾数上都大于底层鱼类。

(2) 底层鱼类:主要栖息于河口水域的底层或近底层,一般在接近底层的水体中摄食。这类种类相对较多,中底层鱼类的数量大约占长江口鱼类组成的 80% 左右。

3) 食性类型

由于长江口水域受长江上游来沙的影响,透明度低,浅滩、沙洲和径流使浮游生物种类和数量相对较少,而底栖动物的生物量较高,导致长江口水域几乎没有以浮游植物为主要食物的鱼类,且鱼类的食物组成较为复杂,很少有鱼类只摄食某一类型的食物。长江口水域鱼类以食物→一级消耗者→二级消耗者的三级营养关系为主,食物链较短,能量转换率较高纬度地区的多级食物链鱼类要高。根据摄食的主要种类组成大致可将长江河鱼类分为以下几种类型:

(1) 浮游生物食性鱼类:该类型鱼类大多为中上层鱼类,主要以桡足类、枝角类、端足类、异尾类等为食,兼食一些浮游生物(如糠虾、磷虾、藻类)、有机碎屑及鱼卵、仔稚鱼等。主要种类包括斑鰶(*Konosirus punctatus*)、长蛇鮈(*Saurogobio dumerili*)、银鲳、鲻、鲛、鳀、江口小公鱼、赤鼻棱鳀(*Thrissa kammalensis*)、黄鲫(*Setipinna taty*)等。

(2) 无脊椎动物食性鱼类:该类型鱼类性情温和,游动速度较慢,多属底栖或近底层鱼类。主要以底栖甲壳类为主要饵料,兼捕一些多毛类、双壳类、棘皮类等。主要种类包括刀鲚、多鳞鱚(*Sillago sihama*)、乌鲳(*Parastromateus niger*)、白姑鱼(*Argyrosomus argentatus*)、宽体舌鳎(*Cynoglossus robustus*)、赤魟(*Dasyatis akajei*)等。

(3) 游泳生物食性鱼类:该类型鱼类凶猛、游泳速度快。主要摄食中、小型鱼类及头足类。主要种类包括中国花鲈、长吻鮠、蓝点马鲛、龙头鱼(*Harpadon nehereus*)、海鳗(*Muraenesox cinereus*)、带鱼、尖头斜齿鲨(*Scoliodon laticaudus*)等。

(4) 混合食性鱼类:该类型鱼类食性很广,在长江口鱼类中种类最多,其食物包括了底埋生物(如多毛类、双壳类、腹足类)、底面层生物(如海葵、海蛇尾)、底层生物(如十足类、口足类)及游泳生物(如中小型鱼类和头足类),偶尔还捕食一些大型的浮游生物(如中国毛虾等)。主要种类包括大黄鱼、中华海鲇(*Arius sinensis*)、半滑舌鳎(*Cynoglossus semilaevis*)、暗纹东方鲀等。

1.3.3 甲壳类群落与多样性

长江口区所产的甲壳类主要包括节肢动物门、甲壳动物亚门、软甲纲中的口足目和十足目共53种,其中口足目仅口虾蛄1种,十足目包括各种大型、高度特化的虾、蟹类共52种,其中枝鳃亚目4种,包括对虾总科的周氏新对虾(*Metapenaeus joyneri*)哈氏仿对虾(*Parapenaeopsis hardwickii*)和中华管鞭虾(*Solenocera crassicornis*),以及樱虾总科的中国毛虾(*Acetes chinensis*)。腹胚亚目48种,其中真虾下目5科14种,海蛄虾下目1科1种,异尾下目2科3种,短尾下目9科30种。

虾类主要有日本沼虾、安氏白虾、脊尾白虾、秀丽白虾、葛氏长臂虾;蟹类主要有中华绒螯蟹、狭颚绒螯蟹、拟穴青蟹、三疣梭子蟹（*Portunus trituberculatus*）、豆形拳蟹（*Philyra pisum*）、红线黎明蟹（*Medaeus granulosus*）、中华虎头蟹（*Orithyia sinica*）、日本蟳（*Charybdis japonica*）、无齿相手蟹（*Sesarma dehaani*）、天津厚蟹（*Helice tientsinensis*）等。在长江口具有重要经济价值的有安氏白虾、脊尾白虾和中华绒螯蟹 3 种。

安氏白虾和脊尾白虾为长江口常见的虾类，均为一年生虾类。其中，脊尾白虾俗称白虾，曾是长江口五大渔汛之一，为中型虾类，最大体长可达 9 cm；安氏白虾为小型虾类，最大体长为 5 cm。脊尾白虾主要集中在长江口北支、铜沙及杭州湾，安氏白虾在淡水及低盐度水域均有分布，数量和产量较脊尾白虾高。长江口以安氏白虾为主，捕捞作业方式主要有舨网、挑网和深水张网 3 种，渔场与前额间银鱼相同。捕虾渔期较长，自惊蛰到小雪均可生产，但春汛与前额间银鱼、刀鲚和凤鲚生产时间相冲突，故大多在凤鲚渔汛结束后才张捕，渔汛从小暑到白露（7 月上旬到 11 月初），以处暑到霜降产量较好。20 世纪 60～80 年代长江口白虾产量为 400～700 t。

中华绒螯蟹俗称毛蟹，在长江口区依生产习惯有冬蟹与春蟹之分。作业网具为蟹拖网、插网和刺网，渔场在南支航道两侧。春蟹一般自立春前 10 d 起捕，约生产 40 d；冬蟹自霜降生产到大雪，历时 1 个半月至 2 个月。长江口是中华绒螯蟹的繁殖场，每年秋冬之交，生活在内陆水域的亲蟹来此交配。交配后母蟹抱卵数月，孵出蚤状幼体，经 5 次蜕皮成为大眼幼体（俗称蟹苗），进入淡水再蜕皮一次成为幼蟹。

1964 年以后长江口中华绒螯蟹的产量锐减，与长江中下游，尤其是长江三角洲、沿江各河上建闸设坝密切有关。由于阻隔了洄游通道，内陆水域蟹的资源量急剧下降，进入产卵场的群体数量亦大受影响。20 世纪 60 年代后期通过放流蟹苗以提高内陆水域蟹的资源量取得显著成效，蟹苗捕捞因此成为一种新兴渔业。渔期自立夏到小暑，以小满到芒种为旺季。整个长江口均有蟹苗分布，上海市以崇明岛北岸各闸口，尤以北八滧闸、北四滧闸和东方红闸口的产量为高。

2012 年对长江口虾蟹类资源进行了调查，调查范围为 30°50′～31°30′E，121°48′～122°20′N。调查结果显示，共捕获虾蟹类 10 种，出现频率较高的虾类有安氏白虾、脊尾白虾、日本沼虾、日本鼓虾和葛氏长臂虾等，其中安氏白虾、脊尾白虾、日本鼓虾和葛氏长臂虾在咸淡水水域出现频率较高,日本沼虾主要出现在淡水和盐度较低的水域;出现频率较高的蟹类主要有狭颚绒螯蟹、中华绒螯蟹和三疣梭子蟹等,其中狭颚绒螯蟹对盐度的适应范围最广,三疣梭子蟹主要在盐度较高的水域;2月高密度、高生物量的虾类出现在北支口外,5月高密度、高生物量的虾类出现在北支口内和南支口外,其他区域的密度和生物量均处于较低水平;2月蟹类的密度和生物量处于较低水平,5月蟹类的高密度、高生物量区域是长江北支。

1.4 长江口咸潮入侵及其对资源影响

1.4.1 咸潮入侵成因与分布

2014年上半年长江口遭遇历史上持续时间最长的咸潮入侵,自2014年2月3日开始,长江口陈行水库、青草沙水库取水口氯化物浓度持续高于250 mg/L(盐度0.5左右),最高超过3 000 mg/L。咸潮入侵时间为2月3日至2月25日,持续时间23 d。为评估咸潮入侵对长江口鱼类群落结构的影响,将2004年2月的调查数据与2012年、2013年同期调查数据进行了比较。

长江口的盐度分布主要受长江径流、潮汐及长江口沿岸海流的影响,其中长江径流和外海潮汐强度是长江口咸潮入侵的两个决定型因子,外海海水直接上溯和北支咸潮倒灌是长江口咸潮入侵的主要途径,长江口咸潮入侵的主要发生时间为11月至次年4月。长江入海径流量对长江口的盐度分布具有决定性影响,入海径流量的降低使长江口外海海水上溯距离增加,且北支咸潮倒灌加剧,导致长江口咸潮入侵的发生。

徐六泾水文站流量是长江口实际的入海流量。但徐六泾站建站时间短,且断面为往复流,故以往研究均以距离徐六泾约520 km的大通水文站(洪季潮区界)流量作为入海流量的代表。已有的研究表明,徐六泾站日流量与大通站日流量过程基本一致,且较大通站滞后约5 d左右。

对比调查期间(2012年～2014年的2月)大通水文站的流量数据发现,2014年长江口咸潮入侵发生时期径流量显著低于2012年和2013年的同期,仅12 160±265 m^3/s,2012年和2013年流量变化不大,分别为15 750±339 m^3/s和16 640±634 m^3/s(表1-7)。

表 1－7　长江径流量变化(2012 年～2014 年 2 月)

年　　份	调查时间(月.日)	大通站	
		流量范围(m³/s)	平均流量(m³/s)
2012	2.25～3.06	15 000～16 200	15 750±339[a]
2013	1.22～1.28	15 400～17 100	16 640±634[a]
2014	2.23～2.28	11 700～12 500	12 160±265[b]

注: 同列参数上方字母不同代表有显著差异性($P < 0.05$)。

从长江口盐度的空间分布图来看(图 1-8),2014 年咸潮入侵的主要原因为长江径流量减少所导致的北支倒灌加剧,北支盐度较高;2012 年北支盐度虽然较高,但由于径流量较大,倒灌至南支的咸水受径流的稀释,导致口外低盐区

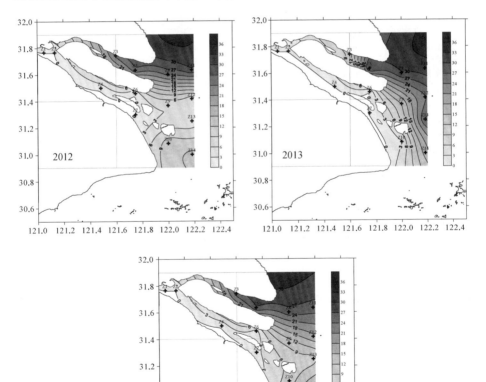

图 1-8　长江口盐度空间分布(2012～2014 年 2 月)

29

明显外移,集中于南支北港;2013年北支咸潮倒灌作用较弱,北支盐度较低,低盐区主要集中于南槽,表明2013年由于外海海水上溯较强,导致冲淡水势力南移。

1.4.2 鱼类种类组成与生态类型

从鱼类种类组成与生态类型来看(表1-8),2014年共出现鱼类14种,其中淡水性鱼类2种,河口定居性鱼类6种,近海性鱼类5种,洄游性鱼类1种。对比2012年和2013年,近海性鱼类种类数增多,淡水性鱼类种类数减少。其中2014年近海性鱼类短吻红舌鳎的数量、重量比例显著上升。

表1-8　长江口鱼类种类组成与生态类型(2012年～2014年2月)

种　类	生态类型	2012		2013		2014	
		N(%)	W(%)	N(%)	W(%)	N(%)	W(%)
刀鲚	洄游	5	4	15	6	9	4
鲫	淡水	/	/	0	0	0	2
长蛇鮈	淡水	0	1	0	0	/	/
光泽黄颡鱼	淡水	41	38	18	19	0	1
鲮	河口	0	0	/	/	/	/
鮸	近海	/	/	2	1	2	5
棘头梅童鱼	近海	1	3	1	3	4	8
香斜棘鰤	近海	1	0	3	0	1	0
髭缟虾虎鱼	河口	7	3	2	2	4	2
斑尾刺虾虎鱼	河口	/	/	0	1	0	2
睛尾蝌蚪虾虎鱼	河口	40	44	33	20	7	4
矛尾虾虎鱼	河口	0	1	6	21	3	7
拉氏狼牙虾虎鱼	河口	2	2	0	0	2	1
短吻红舌鳎	近海	2	2	15	18	64	49
半滑舌鳎	近海	/	/	0	1	0	4
窄体舌鳎	河口	1	2	4	9	3	12

注:N为数量,W为重量

将优势度$IRI > 10$定为优势种,三年间优势种变化较大,2012年为2种,为睛尾蝌蚪虾虎鱼与光泽黄颡鱼;2013年为4种,为睛尾蝌蚪虾虎鱼、短吻红舌鳎、矛尾虾虎鱼和刀鲚;2014年仅1种,为短吻红舌鳎(表1-9)。

表1-9　长江口鱼类优势种组成(2012～2014年2月)

鱼类	2012	2013	2014
短吻红舌鳎		20.18	78.57
刀鲚		17.37	
光泽黄颡鱼	12.11		
睛尾蝌蚪虾虎鱼	32.22	40.26	
矛尾虾虎鱼		18.93	

从长江口鱼类的生物量和丰度的空间分布来看(图1-9),鱼类的分布极其

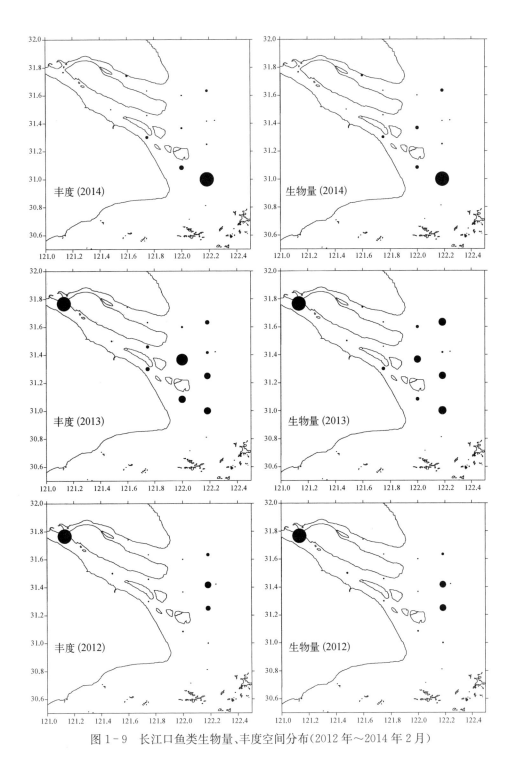

图 1-9　长江口鱼类生物量、丰度空间分布(2012 年～2014 年 2 月)

不均,生物量和丰度的高值区仅集中在少数几个站位。对比 2014 年和2012~2013 年,2014 年的高值区仅出现在口外东南角,主要为近海性鱼类短吻红舌鳎,而 2012 年和 2013 年的分布比 2014 年更为平均,高值区主要集中于西北角,主要为淡水性鱼类光泽黄颡鱼。

1.4.3 鱼类资源与环境因子关系

从丰度/生物量曲线(abundance/biomass comparison)来看(图 1 - 10),2013 年与 2014 年丰度曲线位于生物量曲线之上,表明 2013~2014 年 2 月河口鱼类群落受到严重扰动,且 2014 年扰动较 2013 年有所加剧;2012 年丰度曲线与生物量曲线非常接近,且两曲线之间有交叉,表明 2012 年 2 月河口鱼类群落受到中度扰动。

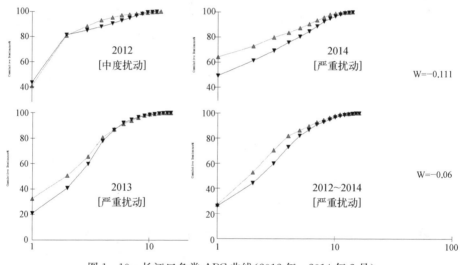

图 1 - 10　长江口鱼类 ABC 曲线(2012 年~2014 年 2 月)

利用大型多元统计软件 PRIMER 软件包对长江口鱼类群落与环境因子(盐度、温度、pH、溶解氧、深度、浊度)之间的关系进行了分析。采用生物—环境逐步多重回归分析(BVSTEP)和生物—环境分析(BIOENV)来选择能够解释群落结构的最佳环境因子组合,结果表明盐度是造成长江口鱼类群落丰度($r=0.393$)和生物量($r=0.350$)差异的最主要因子。从 2012~2014 各站点 MDS 排序图(图 1 - 11)和盐度影响叠加图(图 1 - 12)上可以看出,盐度对口外盐度较高的站位影响较大。

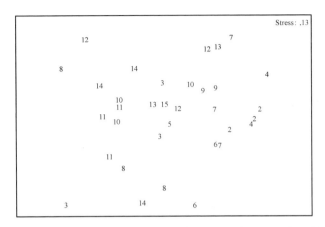

图 1-11　长江口鱼类群落 MDS 排序图（2012 年～2014 年 2 月）

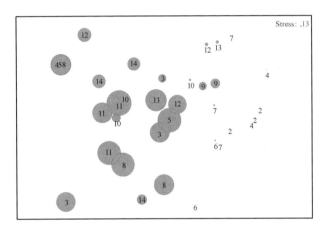

图 1-12　盐度叠加下长江口鱼类群落 MDS 排序图（2012 年～2014 年 2 月）

第2章 长江口中华绒螯蟹资源

中华绒螯蟹又称河蟹、毛蟹、螃蟹、大闸蟹等,是我国名贵淡水经济蟹类,具有很高的经济价值。我国对中华绒螯蟹的生物学研究历史悠久,早在 1 000 多年前就已对中华绒螯蟹有了较为详尽的调查和研究,如唐朝陆龟蒙的《蟹志》、宋朝傅肱的《蟹谱》、高似孙的《蟹略》以及清朝孙之騄的《蟹录》等论著就详细描述了中华绒螯蟹的形态特征、生态环境、生活习性、生殖洄游规律和渔具渔法等。近代研究主要有中华绒螯蟹的基础生物学、物种分类及其生态习性等,近几十年则主要集中于中华绒螯蟹的自然资源动态、种质鉴别与资源保护、人工繁殖与养殖增殖技术开发等方面。

国外对中华绒螯蟹研究起步较晚。作为一个入侵物种,欧洲直到 1912 年 9 月 26 日才在德国 Rethan 的 Aller 河捕捉到第一只中华绒螯蟹,当时轰动了整个欧洲(Ingle & Andrews,1976)。由于中华绒螯蟹在欧洲大陆的生态入侵造成河堤倒塌、生物多样性破坏等不良后果,学者们开始研究中华绒螯蟹的生活习性与生态环境等,以试图控制其在欧洲大陆的生态入侵(Panning & Peters,1933)。此后,随着中华绒螯蟹扩散到美洲,加拿大和美国的众多学者也开始研究中华绒螯蟹,研究内容主要集中于中华绒螯蟹的入侵生物学及其生物和生态学特征等方面(Nepszy & Leach,1965;Andyhn,1994)。

中华绒螯蟹的生物学包括分类地位、形态特征、内部结构、生态习性、繁殖习性等方面,研究掌握其生物学规律,是合理利用和保护中华绒螯蟹自然资源的基础,也是开展增殖放流工作的科学依据。本章主要介绍国内外中华绒螯蟹生物学研究的新成果和近 50 年来长江口中华绒螯蟹自然资源的变化状况。

2.1　生物学

2.1.1　分类地位

蟹类是甲壳动物亚门,十足目,腹胚亚目,短尾下目物种的统称,全世界蟹类约有 4 500 余种。我国蟹类约有 800 种,其中绝大多数蟹类生活在海洋中,小部分生活在半咸水中;还有少数(如中华绒螯蟹)为洄游类群,在淡水中肥育,性成熟后洄游至河口浅海的半咸水中繁育后代;仅有少数种类完全生活在淡水中;另有少数种类能水陆两栖或在陆地上穴居生活,但产卵和早期发育需在海水中进行。

中华绒螯蟹的拉丁文名为 *Eriocheir sinensis* H. Milne Edwards, 1853,英文名为 Chinese mitten crab,隶属于节肢动物门、甲壳纲、十足目、方蟹科、绒螯蟹属,其分类地位如表 2-1 所示。因其原产于我国,两只大螯上又生长有浓密的绒毛,故命名为"中华绒螯蟹"。

表 2-1　中华绒螯蟹的分类地位

分 类 单 元	中 文 名	拉 丁 名
界	动物界	Animalia
门	节肢动物门	Arthropoda
亚门	甲壳动物亚门	Crustacea
纲	甲壳纲	Malacostraca
目	十足目	Decapoda
亚目	爬行亚目	Reptantia
下目	短尾下目	Brachyura
总科	方蟹总科	Grapsoidea
科	方蟹科	Grapsidae
属	绒螯蟹属	*Eriocheir*
种	中华绒螯蟹	*E. sinensis*

中华绒螯蟹分类上归属于绒螯蟹属(*Eriocheir*)。长期以来,该属系统分类问题一直存在争议,至今尚无定论。绒螯蟹属是由 de Haan 在 1835 年以 *E. japonica* 为模式种建立起来的,该蟹属物种形态上共同的特征是:头胸甲呈圆方形,额具 4 齿(尖或钝),或近于平直;前侧缘包括外眼窝齿共具 4 齿;第三颚足长节外末角不扩张,外肢窄长;大螯掌部的内、外面或一面具绒毛。根据形态特征,传统分类将绒螯蟹属分成 8 种:日本绒螯蟹(*E. japonica* De Haan,

1835)、中华绒螯蟹(*E. sinensis* H. Milne Edwards,1853)、狭颚绒螯蟹(*E. Leptognathus* Rathbun,1913 = *E. rectus* Shen,1932)、直额绒螯蟹(*E. rectus* Stimpson*,1858)、台湾绒螯蟹(*E. formosa* Chan,1995)、*E. penicillatus* De Haan,1835、*E. misakiensis* Rathbun,1919、*E. spinosus* Hale,1927(堵南山,1998)。后三种现已经调整归类于近方蟹属(*Hemigrapsus*,Dana,1851)。

近几十年来,国内外诸多学者综合应用形态特征、同工酶以及线粒体与核基因等分子生物学研究成果,对绒螯蟹属的分类进行了一些修订工作。1993年,依据形态特征和同工酶的研究成果,有学者认为中华绒螯蟹(*E. Sinensis*)是日本绒螯蟹(*E. japonica*)的生态变异或不同的生态型,两种差异没有达到种上水平,为同物异名(Li,1993),但随后有不同意见认为 Li 的研究标本有误(Guo et al.,1997)。1995年,有学者对 *Stimpson* 1858年采集于澳门的直额绒螯蟹(*E. rectus*)提出质疑,认为 *Stimpson* 描述的直额绒螯蟹(*E. rectus*)形态特征跟日本绒螯蟹(*E. japonica*)幼体的形态特征极其相似,鉴于该模式样本已在芝加哥大火中遗失,且在 *Stimpson* 研究的采样点又采集不到 *E. rectus* 的成体,因此认为 *Stimpson* 描述的直额绒螯蟹(*E. rectus*)是日本绒螯蟹(*E. japonica*)的同种异名(Chan et al.,1995)。同时,Chan 等将生存在台湾东部的任何年龄段额缘都很直且不具第四侧齿的绒螯蟹定为一个新种,即台湾绒螯蟹。1997年,有学者根据形态学和统计学研究结果,认为可把日本绒螯蟹合浦亚种(*E. Japonicus hepuensis* Dai,1991)升为种(Guo et al.,1997),即合浦绒螯蟹(*E. hepuensis*)。2009~2012年,有学者运用线粒体基因和核基因的研究结果,认为分布于日本冲绳岛的日本绒螯蟹与绒螯蟹属其他种的遗传差异达到种上水平,应予一个新种的命名(Xu,2009;2012)。此外,针对狭颚绒螯蟹(*E. Leptognathus*),有学者分析研究其形态特征和分布地后,认为其应从绒螯蟹属中分出(Sakai,1983),并新建了新绒螯蟹属(*Neoeriocher*)。Guo 等认为这样的划分是可行的,并且还提出台湾绒螯蟹(*E. Formosa*)也应归入一个新属;有学者根据头胸甲、螯足、胸腹甲、雄性第1腹足等特征将这一新的属命名为平绒螯蟹属(*Platyeriocher*)(Ng et al.,1999);但 Chan 等(1995)认为如此分法不妥。总之,绒螯蟹属的分类还存在广泛的争议。

目前,绒螯蟹属的有效种存在有5种、4种、3种、2种等不同见解。张秀梅等(2002)将上述绒螯蟹属传统分类,删除了直额绒螯蟹,补充了合浦绒螯蟹

(*E. Hepuensis* Dai，1991)后，认为绒螯蟹属现有 5 个有效种，分别为日本绒螯蟹、中华绒螯蟹、合浦绒螯蟹、狭颚绒螯蟹和台湾绒螯蟹。这 5 种蟹不仅形态差异显著，且在我国的分布情况也各不相同。如图2-1 所示，日本绒螯蟹分布于我国广东、台湾、福建以及朝鲜西岸、日本；中华绒螯蟹分布于我国沿海诸省、朝鲜西岸以及欧洲北部沿海等地区；合浦绒螯蟹广泛分布于广西南部的入海河流、流域及越南的东部；狭颚绒螯蟹分布于福建、浙江、江苏、山东半岛、渤海湾及辽东湾、朝鲜半岛、日本；台湾绒螯蟹仅分布在台湾东部。堵南山(2002)认为绒螯蟹属目前公认的仅 4 种，即日本绒螯蟹、中华绒螯蟹、狭颚绒螯蟹、台湾绒螯蟹。闫龙、高天翔等(2015)认为如将狭颚绒螯蟹和台湾绒螯蟹划出成立新属，则绒螯蟹属有效种仅剩日本绒螯蟹、中华绒螯蟹、合浦绒螯蟹 3 种。唐伯平(2003)则根据形态，分子等认为，目前绒螯蟹属仅 2 种，即日本绒螯蟹(中华绒螯蟹、合浦绒螯蟹为其同物异名、亚种)、直额绒螯蟹(台湾绒螯蟹为其同物异名)。但诚如堵南山所言，属(genus)是一个聚合的阶元，在分类阶元(taxonomic category)的系列中，包括一群相似或相关的种(species)，其界限是相当主观性的，缺乏种的那些客观性基础。因此，勿将属分割得过细，以免产生紊乱，使属这一阶元丧失分类学的作用。

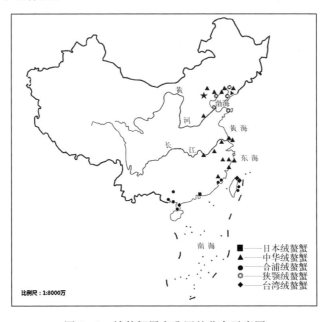

图 2-1　绒螯蟹属在我国的分布示意图

2.1.2 地理分布

中华绒螯蟹原产我国,但在很早以前就已从辽东半岛扩散到朝鲜西岸 (Hymanson et al.,1999)。因此,中华绒螯蟹自然分布区主要在亚洲北部、朝鲜 西部和中国。近年日本东京湾也发现了野生的中华绒螯蟹。历史上我国从辽 宁一直到广西的沿海各省,凡是通海的河川如鸭绿江、辽河、滦河、大清河、白 河、黄河、长江、黄浦江、钱塘江、甬江、瓯江、闽江、南流江等均有分布。一般认 为中华绒螯蟹有 2 个种群,包括以辽河、黄河水系中华绒螯蟹为代表的北方种 群和以长江、瓯江水系中华绒螯蟹为代表的南方种群。

在欧洲大陆,一般认为中华绒螯蟹最早是随轮船压舱水登陆德国。1912 年 在德国 Rethan 的 Aller 河(属于 Weser 河系)发现了中华绒螯蟹,至 1931 年其 分布已遍及北海沿岸的荷兰、比利时、丹麦及英国。英国于 1935 年在泰晤士河 发现中华绒螯蟹,且群体数量逐年增大。随后,中华绒螯蟹逐步向西向东扩散, 向西是向法国西部扩散,到达法国西部大西洋海域,又通过加勒(Garonne)河和 都米地(du Midi)运河,于 1959 年到达地中海沿岸;向东则是向波罗的海扩张, 进入沿海的芬兰(1933)、瑞典(1934)和波兰(1940)。另外,在南斯拉夫、俄罗斯、 捷克、拉脱维亚和葡萄牙均有中华绒螯蟹定居的报道。目前,整个欧洲北部平原 和地中海沿岸均有分布,并已形成年捕捞量数十吨到数百吨的资源水平(Herborg et al.,2002)。中华绒螯蟹在欧洲的出现年份和种群分布状况如图 2-2 所示。

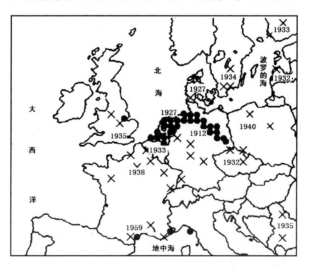

图 2-2　中华绒螯蟹在欧洲的出现年代及分布状况(邹曙明,2002)

注: ·表示分布密度高;×表示有分布但密度较低;数字表示开始定居年份

在北美洲,自 1965 年在美国 Eries 湖附近的 Detroit 河发现首只中华绒螯蟹以来,1987 年在密西西比河的路易斯安那州(Louisiana)、1992 年在美国太平洋沿岸的旧金山海湾陆续发现了中华绒螯蟹,其中,旧金山海湾的中华绒螯蟹数量已经达到可捕规模。中华绒螯蟹在美国的出现年代及分布状况如图 2-3 所示(邹曙明等,2002)。

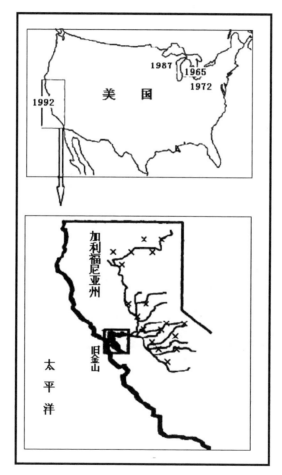

图 2-3 中华绒螯蟹在美国的出现年代及分布状况(邹曙明,2002)

注:方框黑影部分表示分布密度高;×表示有分布但密度较低;数字表示开始定居年份

由于中华绒螯蟹在全球各入侵区域的密度逐渐增加,加之其具有挖洞的生活习性,造成河岸侵蚀,破坏商业渔民的渔具,抢食钓鱼者的鱼饵,这些联合效应使得中华绒螯蟹被列为世界最严重的入侵种类前 100 名之一。目前,只有非洲、南美洲、澳洲、南极洲因气候条件和地理隔离等原因,尚未有中华绒螯蟹分布的报道。

2.1.3 形态特征

中华绒螯蟹体平扁,近圆形,可分为头胸部、腹部 2 部分。头胸部由头部和胸部愈合而成,是身体的主要组成部分。头胸部的背面为头胸甲所包盖,为草绿色或墨绿色,呈方圆形,后半部宽于前半部,中央隆起,表面凹凸不平,6 条突起为脊,额及肝区凹降;头胸甲背面与内脏位置相对应,可分为心区、肝区、胃区、鳃区等,其前缘和左右前侧缘各着生 4 枚锐刺,分别称为额刺和侧刺;头胸甲前端折于头胸部之下,额部两侧有一对带柄的复眼,腹面除前端为头胸甲所包裹外,大部分由一块坚硬的几丁质甲壳构成腹甲,呈灰白色。

中华绒螯蟹腹部紧贴在头胸部的下面,称为蟹脐,周围有绒毛,共分 7 节;雌蟹的腹部为卵圆形至圆形,俗称"团脐";雄蟹腹部呈细长三角形(钟状),俗称"尖脐"。蟹脐是性成熟后区别雌雄个体的典型特征(图 2 - 4)。

中华绒螯蟹背面观　　　　　　中华绒螯蟹腹面观

图 2 - 4　中华绒螯蟹外部形态特征

中华绒螯蟹体躯共计 20 节(头部 5 节、胸部 8 节、腹部 7 节),头胸部各体节均有 1 对附肢伸出,行感觉、取食、行动功能;腹部有 2～4 对附肢,为生殖肢。雌雄蟹个体的第一～十三对附肢分别为味觉、触觉 2 对(第一、第二对附肢),口器 6 对(第三～第八对附肢),步足 5 对(第九～第十三对附肢)。其中第一对步足呈棱柱形,末端似钳,为螯足,强大并密生绒毛,绒螯蟹因此而得名;第四、五对步足呈扁圆形,末端尖锐如针刺。雌蟹腹肢 4 对(第十四～第十七对附肢),位于第 2 至第 5 腹节,双肢型,密生刚毛,内肢主要用以附卵;雄蟹仅有第 1 和第 2 腹肢,特化为交接器。

资源调查与生产实践表明,中华绒螯蟹在我国渤海、黄海与东海沿岸诸省均有分布。中华绒螯蟹有 2 个种群,其中北方种群以辽河、黄河水系中华绒螯蟹为代表,南方种群以长江、瓯江水系中华绒螯蟹为代表。长江水系中华绒螯蟹是我国资源数量最大、分布最广泛、种质最优异的中华绒螯蟹种群,其成体外形特征可概括为"青背、白脐、金爪、黄毛",主要可量性状比值见表 2 - 2(参照GB/T 19783—2005)。

表 2 - 2　中华绒螯蟹主要形态性状比值

项　　目	平均值±标准差
额宽/头胸甲长	0.239±0.010
第一侧齿宽/头胸甲长	0.624±0.017
背甲后半长/头胸甲长	0.531±0.011
体高头胸甲长	0.522±0.012
第三步足长节长/头胸甲长	0.761±0.045
额宽/头胸甲长	0.509±0.028
额宽/头胸甲长	0.437±0.025

长江水系中华绒螯蟹种群与我国其他水系中华绒螯蟹种群的形态特征差异如表 2-3 所示。但近二三十年来,由于我国没有严禁不同水系的中华绒螯蟹苗种异地引种养殖,导致各水系中华绒螯蟹种质资源混杂,经济价值下降,造成重大损失。中华绒螯蟹纯种蟹与杂种蟹的鉴别,主要依据为头胸甲形态特征上的不同,详见表 2-4(王成辉等,2002;王武等,2005)。

表 2 - 3　不同水系中华绒螯蟹种群的主要形态特征差异

形态特征	头 胸 甲	额齿和侧齿	第 2 步足长节	第 4 步足指节
长江种群	不规则椭圆形	较大而尖锐	超过第 1 前侧齿	细长
瓯江种群	近方圆形	较小而钝	低于第 1 前侧齿	短宽扁
闽江种群	近方圆形	较小	低于第 1 前侧齿	短扁
辽河种群	方圆形	较大	低于或平第 1 前侧齿	短扁
黄河种群	方圆形	较大	低于第 1 前侧齿	短扁

表 2-4 中华绒螯蟹纯种蟹与杂种蟹头胸甲的形态特征比较

形态特征	纯 种 蟹	杂 种 蟹
头胸甲形状	隆起明显	平板状,隆起不显著
额缘额齿	4个额齿尖,缺刻深,特别是左右,2个呈"U"形	4个额齿尖,缺刻中等,特别是左右2个呈"浅锅形"
额后疣状突起	具6个疣状突起,前面一对前凸似小山状,后面中间一对明显	具4~6个疣状突起,前面一对稍向前凸,中间一对不明显
第4侧齿	小而明显	小,有时仅有痕迹

2.1.4 内部结构

中华绒螯蟹的皮肤由内向外分底膜、上皮细胞层、角质膜层三部分。底膜呈白色,由结缔组织构成;上皮细胞为单层柱状细胞,其分泌物形成角质膜层及其几丁质与黑色素粒;角质膜可细分为内角膜、外角膜和上角膜三层。内角膜紧贴上皮细胞层,由内向外依次为未钙化层和钙化层,钙化层为坚硬的几丁质甲壳;外角膜构造与内角膜层类似,但其上具有大量黑色素颗粒;上角膜直接与外界接触,含类脂和蜡质,有钙盐沉积,但无几丁质,不亲水。因此,甲壳有保护和支撑体躯,以及便于附着内脏器官与牵引肌肉运动等作用。

中华绒螯蟹的肌肉主要为横纹肌,包被在外骨骼内(头胸部肌肉的大部分和附肢肌肉的全部),是其主要可食部分。其他为平滑肌(消化道、血管、生殖系统)和心脏肌。这些肌肉均着生和包埋在中华绒螯蟹外骨骼内或相连在内骨骼上,在神经和感觉系统的控制下对外界刺激产生应答反应。

中华绒螯蟹具有神经、感觉、消化、呼吸、循环、排泄和生殖7大系统,但神经、感觉、排泄等系统比较原始,尚不完善。中华绒螯蟹雄蟹、雌蟹的内部结构如图2-5、图2-6所示。

中华绒螯蟹的神经系统呈梯形排布,每个体节具1对神经节;中枢神经高度集中,前端的神经节聚合成为脑,从脑神经节共发出4对主要的神经,分别是第一触角神经、视神经、外周神经和第二触角神经;脑神经节经围咽神经和胸神经节相连,由围咽神经发出1对交感神经,通到内脏器官;胸神经节贴近胸板中央,发出较粗的神经有5对,依次分布在螯足和步足中;由胸神经向后延至腹部,为腹神经,分成许多分支,散布在腹部各处。

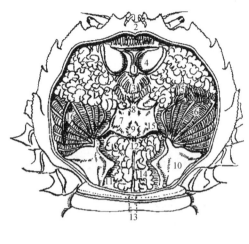

图 2 - 5　中华绒螯蟹雄蟹内部结构
（张列士等，2002）

1. 胃；2. 胃前肌；3. 胃后肌；4. 触角腺；
5. 肝胰腺；6. 鳃；7. 精巢；8. 贮精囊；9. 副
性腺；10. 三角瓣；11. 内骨骼肌；12. 中肠；
13. 后肠；14. 肛门；15. 生殖乳突

图 2 - 6　中华绒螯蟹雌蟹内部结构
（张列士等，2002）

1. 胃；2. 胃前肌；3. 胃后肌；4. 触角腺；
5. 肝胰腺；6. 鳃；7. 心脏；8. 前大动脉；9. 后大
动脉；10. 三角瓣；11. 内骨骼肌；12. 中肠；
13. 后肠；14. 卵巢；15. 韧带；16. 第一颚足上肢

　　中华绒螯蟹的视觉、味（嗅）觉和触觉器官各自独立，尚不构成完整的感觉系统。复眼是其视觉器官，位于前额缘两侧的眼眶内，由眼柄及其顶端呈半球状突出的眼体构成。中华绒螯蟹的大小触角以及口器上的感觉管与嗅神经相连，具有接触化感的功能，是其味（嗅）觉器官。中华绒螯蟹头胸部、腹部以及附肢上的刚毛、绒毛、感觉毛内布满细胞突起，与感觉神经细胞的末梢相连，可接受来自各方的机械刺激，是其触角器官。此外，中华绒螯蟹还有一对特化的触角器，称平衡囊，位于第一触角基部的亚基节内。

　　中华绒螯蟹的消化系统由口、食道、胃、肠和肛门组成。口位于腹甲前端正中，由 1 对大颚、2 对小颚和 3 对颚足层叠而成复杂的口器。肠道贯穿于腹部前后，肛门开口于腹部末节的内侧。肝脏是中华绒螯蟹的重要消化腺，橘黄色，分成左右两叶，由许多细枝状的盲管组成。有一对肝管通入中肠，输送消化液。绿腺是中华绒螯蟹的排泄系统，为一对触角腺，外形扁平而呈椭圆形，覆在胃的背部，它由末端囊和排泄管组成。

鳃是中华绒螯蟹的呼吸器官,共有6对,位于头胸部两侧的鳃腔内。鳃腔通过入、出水孔与外界相通,水不断地通过位于大螯基部的入水孔进入鳃腔,在鳃中进行气体交换后,再由位于第二触角基部的出水孔流出,保证了呼吸所需的氧气供应。

中华绒螯蟹的循环系统由心脏和血管及许多血窦组成,属开放式循环系统。心脏位于头胸部的中央,背甲之下,略呈五边形。从心脏发出的动脉共有7条:1条前大动脉、2条头侧动脉、2条肝动脉及1条胸动脉、1条后大动脉。血液由心脏经动脉流出,进入细胞间隙中,然后汇集到胸血窦,经过入鳃血管,进入鳃内进行气体交换,再由鳃静脉汇入心腔,由心脏上的3对心孔回到心脏,如此循环往复。

中华绒螯蟹为雌雄异体,性腺位于背甲下面,其生殖系统在外部形态和内部构造上雌雄蟹各不相同。雄蟹的生殖系统包括精巢、输精管、副性腺、雄性生殖孔和交接器,精巢为乳白色,左右各一个,位于胃的两侧,各叶均有一输精管相连,开口于胸部腹甲的第七节。雌蟹生殖系统由卵巢、输卵管、纳精囊和生殖孔组成,卵巢为左右相互融联的两叶,呈"H"形。成熟的雌蟹卵巢体积很大,常充满胸部体内,并可延伸到腹部前端。输卵管的后方为雌性生殖孔,开口于胸部腹甲的第五节。

2.1.5 生态习性

(1) 掘穴和栖居

中华绒螯蟹掘穴时主要靠1对螯足,步足只起辅助作用。洞穴建造一般选择在土质坚硬的陡岸,岸边坡度在1:0.2或1:0.3,很少在1:1.5~2.5以下的缓坡造穴,洞穴均位于高低水位之间,洞口大于其身,洞身直径与身体大小相当,洞底常比蟹体大2~4倍。

中华绒螯蟹栖居分穴居和隐居两种。一般来讲,中华绒螯蟹从第三期仔蟹起就有明显的穴居习性,在饵料丰盛饱食的情况下,为躲避敌害,幼蟹的穴居习性较成蟹明显,雌蟹较雄蟹明显。在有潮水涨落的河川或各类天然水域的岸滩地带,中华绒螯蟹一般营穴居生活;在饵料丰富、水位稳定、水质良好、水面开阔的湖泊、草荡中,中华绒螯蟹一般隐伏在石砾间、水草丛中或底泥中过隐居生活。隐居的中华绒螯蟹新陈代谢较强,生长较快,体色淡,腹部和步足水锈少,素有"清水蟹"之称,其外形特点可概括为"青背、白脐、金爪、黄毛"。而穴居的中华绒螯蟹新陈代谢较弱,生长较慢,体色较深,腹部和步足水锈多,素有"乌小蟹"之称。在养殖水域,有相当数量的蟹隐伏于水底淤泥里。当水温降至10℃以下时,中华绒螯蟹潜伏于洞穴或底泥中越冬(王武等,2007)。

(2) 食性与摄食

中华绒螯蟹为杂食性动物,其动物性食物有鱼、虾、螺、蚌、蚯蚓及水生昆虫等;植物性食物有金鱼藻、菹草、伊乐藻、轮叶黑藻、眼子菜、苦草、浮萍、丝状藻类、凤眼莲(水葫芦)、喜旱莲子草(水花生)、南瓜等;精饲料有豆饼、菜饼、玉米、小麦、稻谷等。在自然条件下,水草等食物较易获得,故生长在天然水域的中华绒螯蟹以食水草、腐殖质为主,其胃内食物组成常以植物性食物为主。但中华绒螯蟹天性嗜食动物尸体,也喜食螺、蚌、蠕虫、昆虫及其幼虫等,偶尔也会捕食小鱼和小虾;食物匮乏时,中华绒螯蟹还有抢食和格斗的习性,会同类相残(如食刚蜕皮的软壳蟹、肢残个体等),甚至会吞食自己所抱之卵。中华绒螯蟹胃中有一些泥沙,这是其摄食底栖生物和腐殖质的一种标志。

中华绒螯蟹十分贪食,一年中除低温蛰居暂不进食外,即使冬季洄游期间也照常摄食。其觅食习性为白天隐蔽在洞中,一般选择夜晚觅食;发现食物后,不喜欢在陆地上摄食,往往将岸上食物拖至水下或洞穴边取食;摄食时靠螯足捕捉,然后将食物送至口边。中华绒螯蟹摄食量大,在水质良好、水温适宜、饵料丰盛时,中华绒螯蟹一昼夜可连续捕食数只螺类。但中华绒螯蟹的耐饥能力也很强,断食1个月也不致饿死。在水温5℃以下时,中华绒螯蟹的代谢水平很低,摄食强度减弱或不摄食,在穴中蛰伏越冬。

(3) 蜕壳与生长

中华绒螯蟹的生长过程是伴随着幼体蜕皮、仔幼蟹或成蟹蜕壳进行的,每次蜕壳都有明显的个体与体重的增长。在正常情况下中华绒螯蟹一生大约蜕20次壳,其中蟹苗阶段5次,仔蟹(豆蟹)阶段5次,蟹种(扣蟹)阶段5次,成蟹阶段5次。通常早期幼蟹蜕壳次数较为频繁,刚入湖泊的大眼幼体蜕壳成第Ⅰ期仔蟹以后,每隔5~7 d,7~10 d相继蜕壳而成第Ⅱ、第Ⅲ期仔蟹,随着不断生长,蜕壳间隔时间逐次延长。如环境条件不良,蜕壳生长停止,会造成同龄个体大小相差悬殊。

中华绒螯蟹生长的速度与水体、饵料中的钙、磷关系密切,受环境条件(特别是水温)的制约。有试验表明,刚蜕壳的软壳蟹,体重比未蜕壳前增加30%～40%,主要靠鳃吸收大量的水和无机盐类增加体重。在蜕壳后的生长中,水分缓慢失去,并逐渐为组织生长所代替。此外,中华绒螯蟹对温度的适应范围较大,1～35℃都能生存,但对高温的适应能力较差,在30℃以上的水域中,穴居的比例大大提高;特别是蟹种,如长期在30℃以上的水域中生活,就容易发生性早熟,生长会受到严重影响。因此,池塘小水体养蟹,夏季必须采取降温措施,如栽植水草、提高水位等(金刚等,1999)。

(4) 自切和再生

中华绒螯蟹具有自切和再生肢体的特殊功能。受到强烈刺激、敌害攻击或者机械损伤时,中华绒螯蟹会将受到伤害的肢体从基部压断,这种现象可称之为"自切"。这是中华绒螯蟹逃避敌害、脱离生命危险的一种保护性适应。中华绒螯蟹自切数天后,肢体断落处会长出一个半球形的疣状物,不久后延长成棒状,并能迂回弯曲,形状一般比原来的肢体稍小,但同样具有摄食和运动等功能,这种附肢断落后能够重新长成的现象称之为"再生"。

中华绒螯蟹的自切和再生具有保护自己、防御敌害的功能,是其长期适应自然界生存竞争的结果。有些中华绒螯蟹左右螯是一大一小或有些步足特别细小,就是这种"自切再生"的结果。中华绒螯蟹在整个生命周期均有自切现象,但再生现象只有在幼蟹的生长蜕壳阶段存在,成熟蜕壳后再生功能消失。

(5) 感觉与运动

中华绒螯蟹有灵敏的视觉、味(嗅)觉和触觉,特别是味(嗅)觉。其味(嗅)觉器官为埋在第一触角第一节中的平衡囊,属化学感受器,对外界气味的变化十分敏感。依靠一对有柄的复眼,中华绒螯蟹的视觉极为敏锐,不但能及时发现危险,在夜晚或微弱的光线下也能寻找到食物,可立刻隐蔽或逃避敌害生物。中华绒螯蟹身体上还有很多具有触觉功能的刚毛,其中尤以腹部触觉最为灵敏。

中华绒螯蟹有三种游动方式,蚤状幼体阶段主要是垂直游动,大眼幼体阶段为水平游动,大眼幼体脱壳变态为第Ⅰ期幼蟹后转为定向爬动。中华绒螯蟹的运动特征是擅长爬行,同时还具有一定的游泳本领。爬行以步足为主,偶尔使用螯足。由于中华绒螯蟹步足伸展于身体两侧,各对步足长短不一,关节向下弯,因而适于横行。爬行时,各步足运动先后次序很有规律,非常协调,爬行十分迅速。中华绒螯蟹的第四对步足扁平,适于划水,使中华绒螯蟹能借助游泳增大活动空间。此外,中华绒螯蟹的攀高能力也很强,特别是在蟹苗和仔蟹阶段,由于身体轻,依靠附肢刚毛上吸附的水便能在潮湿的玻璃上作垂直爬行。因此,小水体养殖中华绒螯蟹时,不仅需要设置良好的防逃设备,更重要的是要保持优良的养殖环境和提供优质饵料,以防止中华绒螯蟹逃逸。

中华绒螯蟹的运动有趋光、趋流和攀越障碍的特点,所以可通过编帘、设籪、张灯拦捕中华绒螯蟹;池塘养蟹利用其逆弱流、顺强流的习性,可以在进水口、排水口处集中捕蟹。另外,秋末冬初中华绒螯蟹性成熟后,有降河生殖洄游的习性,此时中华绒螯蟹爬动频繁,渔民利用中华绒螯蟹喜欢趋弱光的特点,在夜间采用灯光诱捕,使捕获效率大大提高。

(6) 体色与环境

中华绒螯蟹的背甲一般呈墨绿色,但也会随栖息环境的变化而变化。在长江流域培育的一龄蟹种多呈卵黄色,而在辽宁稻田培育的蟹种则呈青绿色,如将辽河地区培育的蟹种放入长江流域带有江泥的池塘中暂养一段时间,其体色就会逐渐变淡呈浅黄。中华绒螯蟹这种体色随环境变化的机能,是一种适应环境和保护自己的本领。

2.1.6　繁殖习性

中华绒螯蟹一般在江河湖泊生长至 2 龄,9 月下旬(秋分前后)开始陆续蜕壳为绿蟹。此后,中华绒螯蟹的性腺开始迅速发育,30～40 天内雌蟹生殖指数由蜕壳前的 0.36% 骤增至 10%～15%。至 10 月中下旬(寒露、霜降时节),大部分性腺已发育进入第Ⅳ期。此时,中华绒螯蟹对温度、流水和渗透压等外界因子的变化十分敏感。当水温骤降,中华绒螯蟹遂离开江河、湖泊向河口浅海做降河生殖洄游。随着中华绒螯蟹的降河洄游,其性腺愈趋成熟。长江水系中华绒螯蟹亲蟹群体一般在 11 月上旬(立冬)前后洄游至长江口的咸淡水交界处。此时,雌蟹的卵巢重量已逐渐接近肝脏。进入交配阶段后,卵巢重量已明显超过肝脏。一般而言,长江口区适宜中华绒螯蟹交配产卵的环境条件为:温度 8～12℃;盐度 15～25;时间在 12 月至次年 3 月(宋大祥,1984)。

中华绒螯蟹繁殖可分为发情抱对、交配、排卵、产卵受精和搅卵附卵 5 个阶段。交配时雄蟹以螯足钳住雌蟹步足,并将交接器的末端对准雌孔,将精液输入雌蟹的纳精囊内。待纳精囊中贮满精荚时交配过程完成,整个交配过程历时数分钟至 1 h。雌蟹一般在交配后 7～16 h 内即可排卵。排出的成熟卵进入输卵管,此时,纳精囊中的精荚随即破裂,释放精子。因此,雌蟹排卵时,卵的表面已附有大量精子。产卵时,从生殖孔呈喷射状地产出附着精子的卵粒,遇到咸水后,精子被激活完成受精作用。刚产出的受精卵没有黏性,像一团糨糊兜在雌蟹腹部,随着雌蟹的腹部附肢不断搅动卵粒,受精卵吸水膨胀,并逐步产生黏性,呈葡萄串状附着在雌蟹腹肢的刚毛上。此时的雌蟹称为抱卵蟹。一般而言,从卵受精至卵粒产生黏性所需时间为 8～9 h。因为雌蟹的腹脐呈半圆形,难以将所产的卵全部兜在腹部,故在产卵时雌蟹需将身体埋在泥沙中,以构成附肢刚毛搅卵、黏卵的环境,防止受精卵在搅卵阶段从腹脐四周流失,同时还可以避免雄蟹等外界因素的干扰(堵南山,1998)。因此,中华绒螯蟹人工繁殖时,应严禁在无泥沙的水泥池中进行人工催产,并需为雌蟹的抱卵提供安静的环境,严禁人为干扰。

2.2 生活史

中华绒螯蟹的生活史是指从精、卵结合,形成受精卵,经蚤状幼体、大眼幼体、仔蟹、幼蟹、成蟹,直至衰老死亡的整个生命过程。中华绒螯蟹的受精卵在长江口水域一般经 3～4 个月发育可孵出蚤状幼体。蚤状幼体随潮水扩散至河口浅海处浮游 30～40 d,经 5 次蜕壳后变态为大眼幼体,俗称蟹苗。大眼幼体对淡水十分敏感,且具有明显的趋光性,可随潮水进入河口,经 6～10 d 后蜕壳变态为 I 期仔蟹。仔蟹开始营底栖爬行生活,然后继续上溯进入江河、湖泊中生长和育肥。经过若干次蜕壳后,仔蟹可逐步长成幼蟹和成蟹。幼蟹的性腺尚未成熟,性腺小,肝脏大,肝脏比性腺重 20～30 倍,背壳呈土黄色,通常称其为"黄蟹"。每年 8～9 月,2 秋龄的中华绒螯蟹成熟蜕壳后,即进入成蟹阶段,其头胸甲长度和宽度不再增大,但肌肉和内脏器官则不断充实,背甲颜色呈青绿色,通常称为"绿蟹"。黄蟹与绿蟹的鉴别特征见表 2－5(王韩信,1996;张列士,2001)。

表 2-5　黄蟹与绿蟹的鉴别特征

形 态 特 征	黄　蟹	绿　蟹
背甲颜色	土黄色	青绿色或黄绿色
雌蟹腹部形状	未长足,呈三角形,不能覆盖头胸甲腹面	长足,呈椭圆形,可覆盖头胸甲腹面
雌蟹腹脐周边及附肢刚毛	短而稀	长而密
雄蟹螯足绒毛及步足刚毛	短而稀	绒毛稠密,刚毛粗长
雄蟹交接器	呈软管状,未骨化	坚硬,为骨质化管状物
打开头胸甲看性腺发育	橘黄色肝脏明显,看不到性腺	雌蟹卵巢为 2 条紫色长条物,雄蟹精巢为两条白色块状物

中华绒螯蟹进入绿蟹阶段后,甲壳不再增大,而肌肉进一步充实,性腺迅速发育,重量明显增加,并开始进行"生殖洄游"。雌蟹与雄蟹交配产卵后抱卵,雄蟹则陆续死亡。抱卵蟹选择合适的浅滩孵化受精卵,长江口区一般每年4～5月份孵化出蚤状幼体。抱卵蟹散卵后,耗尽体力,蛰伏在河口浅滩的沙丘上,其头胸甲及四肢被苔藓虫、薮枝虫等附着,腹部有蟹奴寄生,至 6 月底 7 月初相继死亡。

以长江口 2 秋龄中华绒螯蟹为例,其生活史模式图如图 2-7 所示,各发育阶段的时间相继为：Ⅰ～Ⅴ期蚤状幼体(4～5 月)→大眼幼体(5～6 月)→Ⅰ～Ⅴ期幼蟹(仔蟹)→豆蟹(6～7 月)→当龄幼蟹(扣蟹)期(8～12 月)→幼蟹(扣蟹)越冬期(12 月至次年 2 月)→2 龄(Ⅰ$^+$)幼蟹(黄蟹)期(3～9 月)→2龄(Ⅰ$^+$)成蟹(绿蟹)期(9～11 月)→亲蟹期(12 月至次年 2 月)→交配产卵期(12 月至次年 4 月)→蚤状幼体释放期(4～5 月)→产后亲蟹死亡期(雄蟹 4～5 月,雌蟹 6～7 月)。从蚤状幼体起,雌蟹的寿命为 2 足龄,雄蟹则交配后即死亡,寿命比雌蟹短 2 个月。当年性成熟的中华绒螯蟹寿命仅 1 年,性腺成熟缓慢的个体,寿命较长,有的可达3～4 年。因此,如为 1 秋龄中华绒螯蟹繁殖群或 3 秋龄中华绒螯蟹繁殖群,根据以上推算,其生活史应缩短或延长生命周期为 1 年或 3 年(王武等,2007)。

目前,国内中华绒螯蟹的人工养殖,大多以两年为一个养殖周期。因此,人工养殖的中华绒螯蟹生命周期一般是两年。第一年主要是蟹苗的人工繁殖和各级苗种的培育,即选取性成熟的雌、雄蟹在人工控制的咸水池塘中交配繁殖;待受精卵孵化后在精确控制盐度的池塘中进行高密度的苗种培育,将浮游的蚤

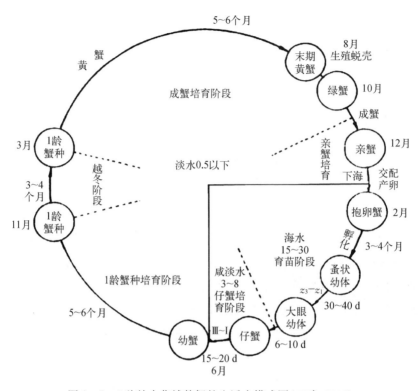

图 2-7　2 秋龄中华绒螯蟹的生活史模式图（王武,2007）

状幼体培育至大眼幼体（蟹苗）；将大眼幼体（蟹苗）转移至淡水池塘养殖 7～9 个月,培育成"扣蟹"。第二年的主要工作是将人工养殖的扣蟹养殖成商品蟹。根据各养殖单位的条件,成蟹的养殖一般在上年的年末或者当年的 2～4 月份,将人工养殖的扣蟹运至大型的养蟹池塘、水库或湖泊中放养,养殖到当年的 10 月份后便能起捕销售,规格一般为 50～200 g/只。此时,中华绒螯蟹的生长发育已经成熟,俗语"九月圆脐十月尖,持螯饮酒菊花天"说的便是农历九月的雌蟹蟹黄（卵巢）黄多油满,农历十月的雄蟹蟹膏（精巢）甘香肥美,是中华绒螯蟹最好吃的时候,也正是人们品蟹尝鲜的最佳季节。

但扩散至欧洲的中华绒螯蟹,普遍被认为其生命周期为 3～5 年（Panning,1938a,1938b）,还有学者认为生活在北欧的中华绒螯蟹由于当地的气候条件、温度比较低,所以达到性成熟的时间需要 4～5 年（Gollasch,1999）。世界各地中华绒螯蟹达到性成熟的时间不同,因而其生命周期也随之变化,这主要取决于当地的环境条件,尤其是温度条件（Rudnick et al.,2005a,2005b）。

2.3　洄游

通过洄游变换栖息场所,扩大对空间环境的利用,可以最大限度地提高洄游生物种群存活、摄食、繁殖和避开不良环境的能力。因此,洄游也是中华绒螯蟹物种获得延续、扩散和生长的行为特性。中华绒螯蟹一生有两次洄游,分别是蟹苗和仔蟹的溯河洄游(索饵洄游)和成熟后亲蟹的降河洄游(生殖洄游)。溯河洄游是由海水游向淡水,在淡水中生长、育肥;降河洄游是由淡水游向河口地区,并在咸淡水中完成交配、产卵、孵化等过程;这两次洄游是中华绒螯蟹生长、繁殖的必需过程,构成了中华绒螯蟹完整的一个生命周期。

2.3.1　生殖洄游

中华绒螯蟹的降河洄游,是指由于遗传特性的原因,中华绒螯蟹在淡水中完成生长育肥后,从淡水洄游到河口附近的半咸水域中去繁殖后代的过程。渔谚有:"西风起,蟹脚痒。"在长江流域,每年 9～12 月间,完成生殖蜕壳后的中华绒螯蟹(一般为 2 秋龄)会沿长江而下,成群结队向河口浅海处迁移,洄游高峰在农历霜降前后,具体起始时间因江段而异。中华绒螯蟹生殖洄游时最主要的生态需求是适宜的盐度、水流和温度。盐度通过影响渗透压,促使中华绒螯蟹在洄游过程中性腺进一步发育成熟;水流可以使中华绒螯蟹感受水流的流向刺激,起到指引生殖洄游航向的作用;水温是中华绒螯蟹生殖洄游的诱因,同时长江口浅海水域冬、春两季的水温比内陆湖泊高,也有利于满足中华绒螯蟹交配繁殖时对温度的要求(宋大祥,1984)。

生殖洄游过程中,中华绒螯蟹有昼匿夜出、趋弱流顺强流的习性,顺水而下可直达河口浅海的繁殖场。中华绒螯蟹繁殖场对盐度有一定的要求,长江口中华绒螯蟹集中交配繁育时间为 12 月到次年 3 月,繁殖场水域的盐度为 8～15。20 世纪 70～80 年代经多年监测调查,发现崇明东旺沙、横沙岛以及佘山、鸡骨礁一带的广大浅海区是我国中华绒螯蟹最大的天然产卵繁殖场。该产卵场由北向东较集中于崇明浅滩、横沙以东的铜沙至九段沙浅滩和长江口南岸带的中浚等 3 处,处于地理坐标 121°50′～122°15′E 的区域范围内。由于目前长江北支趋于淤塞,咸潮倒灌,南支为长江主要入海通道,所以绝大多数亲蟹都经南支顺流而下进入半咸水,长江北支很少有亲蟹分布。因此,长江口区中华绒螯蟹洄游路线是沿长江南支到达长兴岛后,分成两支洄游群体,一支沿崇明与长兴岛之间的深水道,穿越横沙与东旺沙夹道,抵达横沙浅滩北侧的202~204灯浮处的1号产卵场;另一支沿长兴岛南侧洄游至九段沙西部再分成2支,其中一支穿越横沙浅滩南侧与九段沙夹道,经北槽到达横沙东南浅滩与九段沙东北浅滩间深水区的2号产卵场,另一支沿南支南槽到达九段沙南滩与长江南岸中浚江段深水区的3号产卵场(施铭等,1986;张列士等,1988)。

中华绒螯蟹生殖洄游到达长江口的时间最早可在每年10月中下旬,但由于长江口水面宽阔,资源密度较低,尚无捕捞价值。历史上长江口有中华绒螯蟹冬蟹和春蟹2个汛期,主汛期一般在每年的11月初~12月中下旬(农历霜降~冬至),历时约40 d,主要捕捞工具为蟹拖网、拦网、刺网等。由于资源减少及市场需求变化,目前只有冬蟹1个汛期有渔民专业捕捞。随着中华绒螯蟹人工育苗和增养殖技术的突破,中华绒螯蟹的增养殖区域已遍布全国,但支撑该产业发展的基础仍依赖于天然的种质资源。目前,我国各大水系中华绒螯蟹种群中,种质和养殖性能以长江水系中华绒螯蟹最优,养殖推广面积也以长江水系中华绒螯蟹最大。因此,保护和合理开发利用好长江口的中华绒螯蟹资源意义重大,是一项长期而艰巨的基础工作。

2.3.2 索饵洄游

中华绒螯蟹的索饵洄游是指在河口繁殖的中华绒螯蟹蚤状幼体发育到蟹苗或幼蟹阶段,根据其对饵料等条件的需求,借助潮汐的作用,由河口逆江而上,进入湖泊等淡水水体育肥的过程。

每年4~5月份,长江口区中华绒螯蟹的受精卵经3~4个月发育孵出蚤状幼体,这些蚤状幼体在潮流的作用下飘向外海,集于浅海营浮游生活,时间约30~40 d,经5次蜕皮后变态为大眼幼体。大眼幼体具有趋淡性(anadromous)、趋流性(rheotaxis)和趋光性(phototaxis),兼营浮游及底栖生活,能迅捷地游泳,又有强烈的溯水性。涨潮时,随着潮水缘河而上;退潮时,并不随潮水下退,而是隐伏水底,利用其腹肢附着在江河沿岸带的石块等隐蔽物下,等到下一次涨潮时再继续缘河而上。大眼幼体就这样一潮接着一潮地溯河上迁。每年农历芒种前后,在崇明岛周边水域和九段沙至江苏靖江江段都会先后迎来蟹苗汛期。据张列士等

(2002)推算,其上迁速度大约每天 24~40 km。

靖江江段以上,大眼幼体都已发育成为幼蟹。幼蟹继续沿江上溯迁移,在水底成群爬行,形成幼蟹汛期,先后进入内陆的河流和湖泊中生长、育肥。冬季上迁途中的幼蟹会迁移到水深约 5~8 m 的河床内越冬,等到次年春季水温回升后再次溯河上迁。在长江流域,幼蟹主要分布于江苏靖江与安徽安庆之间,集中在马鞍山至铜陵的江段,上迁从 3 月份开始,一直可持续到 5~6 月份。随着水温的不断上升,上迁的稠密蟹群 5 月份开始逐渐分散,其中一部分幼蟹进入江河的支流、沟渠以及湖泊等较浅的水域里定居育肥生长;另一部分则分散到江河的沿岸带继续上迁,但迁徙速度减慢。

幼蟹上迁活动主要在夜间(特别是在后半夜)进行,这主要是因为夜晚不仅气温较低、湿度较高,而且可以利用夜色躲避天敌。在上迁过程中,幼蟹需通过急流等复杂河流环境,爬越闸、坝、堤以及鱼栅等多种障碍物。因此,幼蟹上迁的速度较慢,每天约 1~3 km。幼蟹一面上迁,一面不断地觅食、生长和发育,所以离河口愈远,幼蟹规格愈大。同时,幼蟹的大小又与其上迁速度密切相关,幼蟹个体大,上迁速度快,幼蟹个体小,上迁速度慢。上迁的能力,雄蟹大于雌蟹,前者爬行距离(离河口)比后者远,所以雌蟹多数滞留于近河口的下游江段,江河上游雄蟹多于雌蟹(李长松等,1997;倪勇等,1999)。

2.4 资源

2.4.1 蟹苗资源

历史上,我国各大河流入海口,如珠江口、闽江口、瓯江口、长江口、海河口、辽河口等,均有中华绒螯蟹蟹苗汛,汛期时间因各地地理位置而不同,总体规律是南方早于北方。长江口有捕捞生产价值的蟹苗汛期通常都在 6 月上旬的农历芒种到夏至前后,以芒种前后的汛期苗发可能性最大、数量最多、最集中。长江以南的瓯江口、闽江口、珠江口蟹苗汛期依次比长江口提早 15~45 d,相差1~3.5 个潮汐周期;长江以北的海河口、辽河口比长江口晚 15~30 d。目前,有开展蟹苗捕捞生产价值的河口仅为上海市的长江口(含长江北岸的江苏北部等地)以及浙江省的瓯江口、杭州湾等地。

自从 1969 年在江苏太仓浏河闸和崇明北八滧发现中华绒螯蟹蟹苗资源

后,崇明岛附近长江口水域一直是我国中华绒螯蟹最大的天然蟹苗捕捞场所。但由于长江水质污染、沿岸诸多水利工程的建设和人们对中华绒螯蟹资源的酷渔滥捕等原因,长江中华绒螯蟹蟹苗资源一直处于衰退之中,期间虽偶有爆发但呈极不稳定状态。

历年统计资料表明,1970～2003年长江口天然蟹苗资源量年间差异变动极大,呈衰减趋势(图2-8)(俞连福等,1999)。其中,1970～1981年,长江口天然蟹苗总体资源丰富,1981年达历史最高产量20 052 kg,为蟹苗捕捞的黄金时代;但1982～2003年长江口蟹苗资源骤降,2003年降到了仅15 kg,完全失去了开捕天然蟹苗的商业价值,为蟹苗资源的衰竭阶段。直到2004年中国水产科学研究院东海水产研究所首次开展了2万只中华绒螯蟹亲蟹放流后,这一趋势才得以扭转。

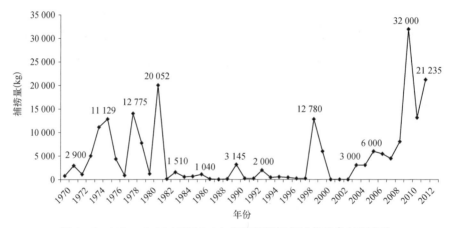

图2-8　1970～2012年长江口中华绒螯蟹蟹苗捕捞量的年度变化

2004年后,长江口每年均开展了亲蟹的增殖放流,蟹苗资源逐年恢复,重新出现了苗汛。同时,由于近年来渔民捕捞工具的改进和捕捞效率的提高,蟹苗旺发年份的蟹苗捕捞量大增,2010年蟹苗捕捞量达到32 000 kg,2012年也达到21 235 kg,均高于1981年的历史最高产量20 052 kg。

因长江口具有淡水、半咸水、海水等多种水域生境,多种蟹类的苗种(大眼幼体)存在混杂分布的情况。不同年份之间或同一年份的不同水域及蟹苗汛的前后期,捕捞的中华绒螯蟹蟹苗纯度均有差异,有的蟹苗纯度很高,几无杂质;有的蟹苗则纯度问题较大,不仅常有直额绒螯蟹、狭颚绒螯蟹等苗种混在其中,而且还有大量的螃蜞苗混在其中。为方便广大养殖户选购蟹苗时快速鉴别中华绒螯蟹蟹苗与其它蟹苗,根据长江口区常见蟹类苗种的形态特征(图 2－9),考虑生态学上长江口蟹苗的分布范围和繁育季节所处时空条件的差异,蟹苗发汛和潮汐半月周期的相关性,形态学上以大眼幼体的头胸甲形状、步足和前额缘形态及蟹苗的个体大小等作为主要鉴定指标,附录长江常见蟹类苗种的检索表如下。

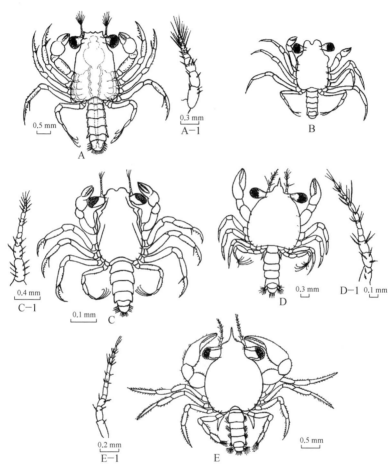

图 2－9　长江口常见蟹类苗种(大眼幼体)的形态特征(张列士,2001)

A. 中华绒螯蟹(A～1 第二触角);B. 天津厚蟹;C. 字纹弓蟹(C～1 第二触角);
D. 三疣梭子蟹(D～1 第二触角);E. 拟穴青蟹(E～1 第二触角)

附录:长江常见蟹类苗种检索表

(1) 头胸甲长方形,长＞宽,额缘内凹或具波纹状,额部前方无 1 枚尖锐的额棘 ┄┄┄┄┄┄ 见(2)

　　头胸甲卵圆形,长≥宽,额缘向外呈弧形外凸,额部前方具 1 枚尖锐的额棘 ┄┄┄┄┄┄ 见(3)

(2) 体长 4.0～4.5 mm,每千克蟹苗 14 万～16 万只,或每克蟹苗生物量在 140～160 只;额缘内凹呈

波纹状或中央具一浅的"V"形缺刻,额缘两侧具双角状突起;体玉白色,在长江口汛期为 5～6 月
·· 中华绒螯蟹(图 2-9-A)

体长 3.1～3.3 mm,每千克蟹苗 20 万只以上,或每克蟹苗生物量在 200 只以上;额缘中央具一深的
缺刻,两侧无双角状突起;体色深灰色,在长江口汛期为 5～8 月 ············· 天津厚蟹(图 2-9-B)

体长 4.3 mm,每千克蟹苗 12 万～14 万只,或每克蟹苗的生物量在 140 以下;额缘中央具一浅的
缺刻,两侧圆钝,无双角状突起;体玉白色,在长江口苗汛期在 9 月下旬至 10 月上旬,主要分布在长江北
支及浅海的沿岸带,汛期内蟹苗也进入微咸水、淡水 ·················· 字纹弓蟹(图 2-9-C)

(3) 体长 3.7～4.2 mm;腹部 7 节,尾叉消失,末节后缘中央具 3 根羽状刚毛;第二触角各节刚毛数为
3、3、5、0、0、4、2、3、2、4、3;第 2～4 对步足指节侧缘具 4～7 根细刺;腹肢 5 对,双肢型,第 1～5 对外肢刚毛为
23、24、24、21、13。蟹苗汛期在 5～7 月,分布于河口浅海的半咸水水域 ·········· 三疣梭子蟹(图 2-9-D)

体长 3.6～3.7 mm;腹部 7 节,尾叉消失,末节后缘具 5 根羽状刚毛;第二触角各节刚毛数为 1、1、2、
0、0、3、2、5、2、3;第 2～4 对步足指节内侧缘具 8～11 根细刺;腹肢 5 对,双肢型,第 1～5 对外肢刚毛数为
22、21、21、18、12。蟹苗汛期为 5～7 月,分布于河口的半咸水水域 ·············· 拟穴青蟹(图 2-9-E)

2.4.2　亲蟹资源

中华绒螯蟹具有生殖洄游习性,长江水系中华绒螯蟹性成熟后的最终洄游目的地是长江口。因此,长江流域中华绒螯蟹的生殖洄游路线是从湖北的沙市、武穴等江段一直到长江口,并于每年的 9～12 月形成长江水系中华绒螯蟹的汛期。长江各江段亲蟹洄游起始时间因江段而异,其原因主要是受各江段地理位置所决定的气候影响,水温的下降是亲蟹洄游的诱因,历史上长江各江段汛期时间如表 2-6 所示。由表可见,长江沿江而下,越近河口的江段亲蟹起汛时间越晚,但蟹汛汛期持续时间也越长,如南京和长江口亲蟹起汛时间分别比武穴晚了 10 d 和 45 d,汛期持续时间分别比武穴长了 49 d 和 123 d(施炜纲等,2002)。21 世纪以后,由于长江中华绒螯蟹资源衰减,长江很多江段多年未见蟹汛,自 2004 年起长江的一些江段才重新出现具有商业捕捞价值的蟹汛。

表 2-6　长江各江段亲蟹汛期时间(施炜纲等,2002)

江　段	汛初时间	高潮时间	汛末时间
武　穴	9 月 10 日	10 月 4 日	10 月 5 日
九　江	9 月 12 日	10 月 6 日	10 月 9 日
安　庆	9 月 15 日	10 月 10 日	10 月 22 日
芜　湖	9 月 18 日	10 月 13 日	11 月 27 日
南　京	9 月 20 日	10 月 15 日	12 月 3 日
镇　江	9 月 22 日	10 月 17 日	12 月 8 日
江　阴	9 月 24 日	10 月 19 日	12 月 12 日
长江口	10 月 25 日	10 月 30 日	3 月 20 日

　　四十余年亲蟹捕捞量统计资料表明,1970～2003 年长江口亲蟹资源量年间变幅较大,总体呈衰减趋势(图 2 - 10)。其中,1970～1984 年长江口亲蟹资源丰富,总体保持较高捕捞产量。随着捕捞工具改进和捕捞效率提高,于 1976 年达历史最高产量 114 t,此阶段年均中华绒螯蟹捕捞量达到了 48 t;1985～1996 年,长江口亲蟹资源骤降,除 1991 年中华绒螯蟹捕捞量达到 25.5 t 外,其余年份捕捞量均为 10 t 左右,年均捕捞量仅为 11.3 t,不到前一阶段的四分之一,为亲蟹资源的衰减阶段;1997～2003 年,长江口中华绒螯蟹资源趋于枯竭,每年捕捞量降到了不足 1 t(1999 年捕捞量为 1.2 t),最低 2003 年仅为 0.5 t,年均中华绒螯蟹捕捞量仅为 0.8 t,完全失去了捕捞中华绒螯蟹的商业价值(施炜纲等,1992;刘凯等,2007)。

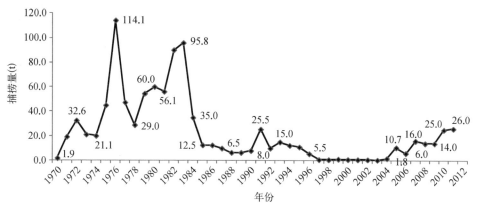

图 2 - 10　1970～2012 年长江口中华绒螯蟹捕捞量的年度变化

　　2004 年东海水产研究所首次开展了大规模中华绒螯蟹亲蟹放流后,这一趋势才得以扭转。2004～2015 年,长江口每年均开展了亲蟹的增殖放流,中华绒螯蟹资源得以逐年恢复,重新出现了冬蟹和蟹苗渔汛。据不完全统计,2004～2011 年,长江口中华绒螯蟹年均捕捞量逐渐恢复到了 14.2 t,资源量总体呈上升趋势。2010 年至 2015 年,年均资源量达 100 吨以上。

　　基于上述分析,为了保护长江水系中华绒螯蟹这一天然珍稀资源,保持其优异的种质特性,为我国中华绒螯蟹产业健康可持续发展提供良种保障,我们应该吸取 20 世纪后期盲目提高捕捞能力、酷渔滥捕导致中华绒螯蟹资源枯竭的历史教训。建议当前要继续做好三方面的工作:一是加强中华绒螯蟹汛期的渔政管理,在长江中下游干流禁捕亲蟹,尤其是在长江口区禁捕抱卵蟹,以保护长江水系中华绒螯蟹这一优质种质资源;二是继续开展长江口区的中华绒螯蟹亲蟹人工增殖放流工作,以促进资源的进一步恢复;三是高度重视长江口水质污染和深水航道、滩涂围垦等水利工程对中华绒螯蟹产卵场的影响,做好生态监测和影响评估工作,切实落实各项保护措施。

第3章 中华绒螯蟹洄游亲蟹对盐度的响应

河口是江海相互作用的过渡地带,河流的径流与海洋的潮汐交汇,海水被来自内陆河流的淡水所稀释,形成一定的盐度梯度变化,许多广盐性的生物种类在这里完成部分或全部生活史。中华绒螯蟹在淡水中生长育肥,每年秋冬之交,性成熟蜕壳后的河蟹(长江流域一般为 2 秋龄)成群结队向河口浅海处洄游,在洄游过程中,性腺逐步发育,在咸淡水中性腺发育成熟,河蟹到了性成熟阶段,对温度、流水和渗透压等外界因子的变化十分敏感。每当晚秋季节,水温骤降,河蟹开始进行降河生殖洄游,渔谚"西风起,蟹脚痒"就反映了这个道理。随着河蟹的降河洄游,其性腺愈趋成熟,当亲蟹群体洄游至入海河口的咸淡水交界处,雌雄亲蟹进行交配产卵。河蟹交配产卵的适宜温度为 8～12℃,在长江口河蟹交配产卵的时间为 12 月中旬至次年 4 月。在长江口生殖洄游期间,中华绒螯蟹亲蟹机体需要对长江口盐度变化作出相应的行为与生理适应,以便维持机体渗透压平衡,保证种群的繁衍。

3.1 洄游亲蟹对盐度的行为响应

对不同渗透环境的生理适应是生物体与环境渗透压相互作用后自然选择的结果,而行为反应可以改变生物体实际经历的渗透环境。目前对盐度改变后甲壳类的行为调节研究较少,比如定量描述动物某种行为在盐度改变后的变化。已有研究显示两种瓷蟹(*Porcellana platycheles* 和 *Porcellana longicornis*)(Davenport,1972;Davenport & Wankowski,1973)可以区别出其耐受能力范围外的盐度,即对盐度表现出选择行为。在环境盐度改变后,一些蟹类如寄居蟹(*Pagurus bernhardus*)(Davenport et al.,1980)可以通过调节自身的多种行为控制体内外渗透差,因此在较广的盐度范围内均可存活。McGaw 等(1999)报道指出随着盐度降低,强渗透压调节者蓝蟹(*Callinectes sapidus*)和普通滨蟹(*Carcinas meanas*)表现出口部活动、腹部张开行为增加,用螯足清洁口部、清洁第一、第二触角以及第一触角抖动行为等;而弱渗透压调节者首长黄道蟹(*Cancer magister*)和渗透压随变者蜘蛛蟹(*Libinia emarginata*)的上述行为活动随着盐度降低的增加程度弱于强渗透压调节者,且在低盐度下基本不活动。中华绒螯蟹洄游于淡水和海水之间,渗透调节能力较强,已成为国内外甲壳类渗透压调节研究的热点生物,但关于渗透环境改变后中华绒螯蟹的行为调节国内外均未见报道。本试验以生殖洄游期的中华绒螯蟹雌蟹为试验对象,采用视频记录分析的方法,参照 McGaw(1999)的试验及统计方法,通过观察盐度改变后中华绒螯蟹的行为反应,探讨广盐性甲壳类的渗透调节行为机制。

3.1.1 亲蟹对不同盐度的行为反应

3.1.1.1 试验材料与方法

试验所用中华绒螯蟹雌性亲蟹性腺发育至Ⅳ期,采自江苏江阴。试验蟹分四组饲养于圆形玻璃纤维缸($\varphi 1$ m,H75 cm)内,维持水体高 15 cm,试验用水为经净水设备(Paragon263/740F,USA)处理过的自来水,曝气 3 d 以上。试验蟹在淡水中暂养一周后,其中一组继续饲养于淡水中,另外 3 组采用逐步增盐法(2~3 d)升至盐度 18,饲养一周后选择规格一致(体质量 97.88±7.38 g,壳宽 60.16±2.21 mm)、肢体无残缺健康的亲蟹进行实验。饲养期间,每天 18:00 投喂螺肉,并于次日 08:00 换水 1/3,保持水中溶氧>5 mg/L,氨氮<0.5 mg/L,水温 20±1℃。正式实验前禁食 2 d。

实验共设四个组:淡水对照组,盐度 18 适应组,盐度 30 骤变组(18→30),盐度 0 骤变组(18→0),盐度 30/盐度 0 骤变组用软管将盐度 18 的水体全部抽出并加入盐度 30/盐度 0 的实验水体(水体盐度变化 5 min 内完成)。淡水对照组用淡水饲养的蟹进行实验,其他三组均用盐度 18 水体饲养的蟹进行实验。行为实验装置为底部铺有鹅卵石作为隐蔽物的水族箱($40 \times 25 \times 30$ cm³),水族箱上方架有 1 根 20 W 日光灯管,于密闭暗室内进行 SONY DV 摄像。为避免蟹产生应激反应,实验前将蟹单只放入水族箱内适应 1 h(水体盐度与饲养盐度一致),然后用软管缓慢虹吸出全部的淡水/盐水,并加入同体积预先调好温度和盐度的水体代替,使水族箱内水体盐度达到实验设定盐度。5 min 后开始计时,利用视频记录分析法记录亲蟹的 8 项行为:运动活力、第三颚足摆动、外肢闪动、第一触角回缩、第二触角抖动、眼柄活动、封闭反应、腹部开合。设定录像时间点(0.5 min、10 min、15 min、20 min、30 min、40 min、50 min、65 min、80 min、100 min、120 min、150 min、180 min),每个时间点摄像 1 min,每次实验放入 1 只蟹持续 3 h。每组观测 6 只蟹,实验结果取组内实验蟹同一指标的平均值。

行为指标的统计记录方法如下。

1. 运动活力:将水族箱均分为 6 个区域,每一次蟹在水平位置或垂直位置上的变化记录一次。

2. 口器活动:第三颚足开合左右摆动一次做一次记录,颚足外肢闪动一次做一次记录。

3. 第一触角回缩:第一触角折叠缩回槽内,记录每一次第一触角的回缩时间。

4. 第二触角抖动:第二触角上下抖动,每一只触角的活动都是独立的,每一次独立的活动做一次记录。

5. 眼柄活动:每一次眼柄横卧摆动活动记录一次。

6. 封闭反应:记录每一次封闭反应的时间,具体表现为:身体不活动,口部封闭,第三颚足及外肢均不活动,第一触角回缩至壳内,螯足伸出背对着身体。

7. 腹部开合:通常蟹用足支起身体的时候可以观察到这项行为,记录每一次腹部开合的时间,具体表现为:刚开始的时候最后的腹节伸展收缩,接着整个身体的腹部打开暴露尾肠和直肠,或者保持腹部伸展打开,或者有规律地开合。实验所有数据均以平均值±标准误(Mean±SE)表示。实验数据用 SPSS 18.0 软件进行单因素方差分析(One-Way ANOVA),Duncan 多重比较,$P<0.05$ 表示差异性显著。

3.1.1.2　试验结果与分析

仅在盐度 18 组和盐度 30 骤变组可观察到中华绒螯蟹亲蟹出现封闭反应行为,此时口部封闭,第三颚足收回紧紧封闭鳃室,且所有外肢均收回停止闪动,入水孔封闭,第一触角回缩至槽内,身体处于不动状态(图 3-1)。盐度 18 组和盐度 30 骤变组封闭反应行为均随着实验时间的延长而增强,1 h 后,蟹每分钟封闭反应时间约为 40~55 s，且盐度 30 骤变组封闭反应总时间显著高于盐度 18 组（$P < 0.05$）（图 3 - 2）。

中华绒螯蟹腹部开合行为仅见于盐度 0 骤变组，此项行为具体表现为：腹部伸展初期，最后的腹节伸展收缩，接着整个身体的腹节打开暴露尾肠和直肠，此时蟹或者保持腹部伸展打开，或者有规律地开合。实验过程中发现，蟹在前 20 min 未出现腹部伸展开合行为，20 min 后开始观察到此项行为，且此项行为多发生在 2 h 左右。盐度 0 骤变组无触角回缩行为。盐度 18 组和盐度 30 骤变组第一触角回缩行为均随着时间的延长而增强，1 h 后蟹每分钟第一触角回缩时间在 42~60 s，对照组偶尔会出现第一触角回缩现象且持续时间仅为几秒钟，盐度 18 与盐度 30 骤变组第一触角回缩时间显著高于对照组（$P < 0.05$）。

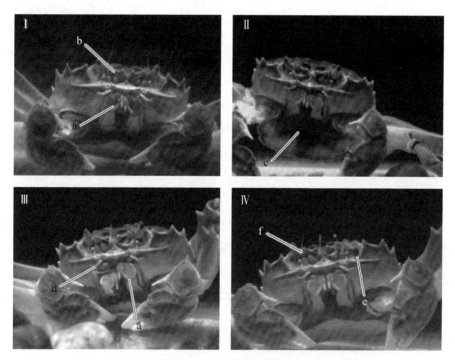

图 3 - 1　不同盐度条件下中华绒螯蟹亲蟹各项行为指标变化

Ⅰ. 封闭反应行为，箭头 a 为第三颚足收回封闭鳃室，箭头 b 为第一触角回缩至壳槽内；Ⅱ. 腹部开合行为，箭头 c 为腹部伸展打开；Ⅲ. 第三颚足摆动开合及外肢闪动，箭头 a 示第三颚足摆动开合，箭头 d 示外肢闪动；Ⅳ. 眼柄活动及第二触角抖动箭头，e 示眼柄活动，f 示第二触角弯折

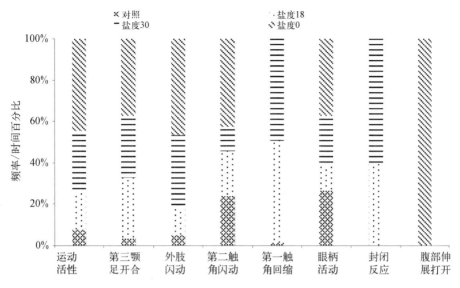

图 3-2　盐度改变后中华绒螯蟹的行为反应

运动活力、第三颚足摆动、外肢闪动、第二触角抖动、眼柄活动等 5 项行为指标活动频率均在盐度 0 骤变组最大，且第三颚足摆动、外肢闪动显著高于对照组（$P<0.05$），第二触角抖动显著高于盐度 30 骤变组（$P<0.05$）（表 3-1），其他三组间此 5 项行为指标均无显著性差异（$P>0.05$）。实验过程中发现，盐度 0 骤变组运动活力先升高后降低，50 min 时运动活力最大，1 min 内位置变化 5 次，然后运动活力降低，在 2 h 后运动活力基本趋于稳定，每分钟位置变化 2 次。且实验发现，中华绒螯蟹位置变动时常伴随着第三颚足摆动开合及外肢闪动情况，偶尔可同时出现触角清洁、眼柄活动及第二触角弯折现象。中华绒螯蟹在盐度 30 骤变组前 10 min 运动活力最强烈，平均每分钟位置变动 3～4 次，但随时间的延长运动活力呈下降趋势，100 min 后身体位置基本保持不变。

表 3-1　中华绒螯蟹亲蟹各项行为指标在不同盐度条件下比较

行为指标	不同盐度组比较					
	18Vs 对照	18→0Vs 对照	18→0 Vs18	18→30Vs 对照	18→30 Vs18	18→30Vs 18→0
运动活力	NS	NS	NS	NS	NS	NS
第三颚足摆动	NS	*	NS	NS	NS	NS
外肢闪动	NS	*	NS	NS	NS	NS
第一触角回缩	*	NS	*	*	NS	*

（续表）

行为指标	不同盐度组比较					
	18 Vs 对照	18→0 Vs 对照	18→0 Vs18	18→30 Vs 对照	18→30 Vs18	18→30 Vs 18→0
第二触角抖动	NS	NS	NS	NS	NS	*
眼柄活动	NS	NS	NS	NS	NS	NS
封闭反应	*	NS	*	*	*	*
腹部开合	NS	*	*	NS	NS	*

注："NS"表示无显著性差异，"*"表示差异显著($P < 0.05$)

3.1.1.3 讨论与小结

本研究发现，亲蟹运动活力、第三颚足摆动、外肢闪动、第二触角抖动、眼柄活动 5 项行为指标活动频率均在盐度 0 骤变组最高。有研究表明，行为改变通常是低盐暴露后的首要反应，以帮助蟹类渡过不利环境，初始行为变化表现为运动活性增加。蟹类暴露在低盐环境中，高效的渗透压调节导致其活动性及离子转运均增加，机体耗氧率增加，同时心率和心脏输出率均增加，从而帮助血淋巴在体内的重新调整分配。在本研究中，盐度骤变至 0，中华绒螯蟹的口部活动增加，口部第三颚足频繁摆动，伴随着口部外肢的快速闪动。分析认为，蟹口部颚足和外肢的活动与鳃室通气翻转有关，通过口部吸水注入后鳃，清洁鳃室的同时灌溉后鳃。实验证明后鳃 Na^+/K^+-ATP 酶活性较高，通气翻转活动有助于增加与后鳃该泵接触的水量，从而帮助机体吸收更多的离子。低盐环境下，第二触角与眼柄活动均可作为盐度探测的化学感受器，本实验发现盐度骤变至 0，中华绒螯蟹的第二触角抖动及眼柄活动均最强烈，可以证明第二触角和眼柄作为化学感受器以增强适应外界低盐环境的能力。

中华绒螯蟹在盐度 18 及盐度骤变至 30 条件下，均观察到了封闭反应现象。封闭反应过程中，口部封闭，第三颚足封闭鳃室，收回外肢，第一触角回缩至槽内。分析认为，蟹通过口部封闭隔离鳃室，来维持鳃腔中一定的盐度，此时氧摄取量下降，通过减少心血管输出量减少鳃的血流量，将有助于减少水的吸收和扩散。此外，因为大部分的盐度变化与潮汐变化有关，短时间的隔离机制可以减少身体活动的能量消耗。在封闭反应期间第一触角回缩，有研究证实，第一触角上的绒毛可作为膨胀的机械感受器，触角回缩可能是感觉到肿胀后的反应,此外第一触角和第二触角均可作为盐度探测的感受器,且有实验证明,第一触角较第二触角在盐度探测过程中更重要。

腹部伸展开合行为仅在盐度 0 骤变组被观察到,此项行为与 Mcgaw 等(1999)研究发现的低盐度下蟹的腹部开合行为类似。有研究证实,甲壳类动物的尾肠有渗透压和离子调控的功能。本研究中,盐度骤变至 0,细胞外渗透压锐减,引起组织膨胀,腹部的伸展引起了尾肠与水体的直接接触。分析认为,腹部伸展开合行为是中华绒螯蟹在低盐度下暴露尾肠并吸收水中离子以调节体内渗透压的一种行为策略。

3.1.2　亲蟹对不同盐度的行为选择

3.1.2.1　试验材料与方法

试验用中华绒螯蟹于 2010 年 11 月 3 日(洄游高峰期)捕于江阴市八圩码头附近(120°27′E, 31°95′N)。盐度<0.5,水温 19℃,于当天运输至实验室,按照性别分别暂养在圆形树脂玻璃缸(直径 1 m,高 80 cm)中。雌、雄蟹的平均体质量分别为 102.03±7.49 g、116.23±14.03 g,平均壳宽分别为 62.18±11.63 mm、62.58±2.61 mm。

试验所用盐度选择装置为六分室盐度选择试验装置(图 3-3),该装置原用于鱼类的盐度偏好性试验,根据鱼类与蟹类运动方式的不同将原装置进行了适当修改,用于中华绒螯蟹亲体的盐度选择行为研究。该装置的具体尺寸、结构如图 3-3。六分室盐度选择试验装置为圆形,高 1 m,直径 6 m,分内、外两层,外层分室之间隔墙长 2 m,高 1 m。内、外分室的隔墙高 1 m,隔墙的底部设置高40 cm 的通道门,使内、外相通。内层分室为六边形,中间修建水泥质圆锥体,内层用水泥板分成与外层相通的 6 个区域,水泥板一边与内层六边形六个顶点连接,另一边镶嵌在水泥圆锥体中。水泥板高度与锥体高度一致(50 cm),圆锥体顶部呈直径 20 cm 的圆平面,圆锥体顶部与锥体表面之间以弧形过渡以便蟹可以自主爬行选择。各分室外侧底部设一出水口,下接塑料水管,管道末端安装活动的限水位垂直水管,用于各分室排水。在 6 个盐度分室中配置不同盐度水体时使中间区域的水位略低于水泥隔板 1cm,以保证各盐度分室水体不混合。六分室盐度选择试验装置修建于一个安静、避光、独立的试验室内。因甲壳类对红光敏感性差,本试验中在六分室盐度选择行为试验装置的中央区顶部和六个外层盐度分室上方各安装红色灯管,保证试验装置光照强度一致。因蟹对红色光不敏感,因此整个试验可被认为在黑暗中进行。

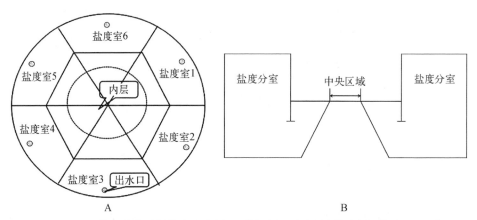

图3-3　六分室盐度选择装置示意图(A俯视图,B侧视图)[引自何绪刚(2008)]

在6个盐度分室中均加入过滤后的自来水,水位以低于中间区域水泥隔板1 cm为标准,按照随机性原则,在其中5个盐度分室中加入一定量的海盐分别配置成盐度7、14、21、28、35,共5个盐度,剩余1个盐度分室中维持淡水环境,之后在每个盐度分室中配置充气石以曝气,曝气1 d后开始试验,试验前用YSI便携式水质分析仪对各盐度分室的盐度进行校准。因水泥板的阻隔各盐度分室水体的盐度在配置后一周内仍维持稳定。

每次试验用6只蟹,试验蟹从暂养缸中捞出后用干毛巾擦干壳表面水分,在壳上依次贴上白色反光膜做成的不同标志(图3-4),标志蟹在试验环境下(打开红色灯管)适应30 min,之后随机放入各外层盐度分室中并记录放入的各标志蟹对应盐度分室的编号,即刻开始用视频记录分析系统连续记录6 h试验蟹在盐度选择装置中的行为活动。雌、雄蟹的盐度选择试验分别进行,各进行3次重复,另增加两组淡水对照组试验(六盐度室内全部为淡水)。所有试验蟹在试验过程中仅使用一次,试验于每天的9:00到15:00进行,连续进行8 d。

图3-4　已标志的中华绒螯蟹

　　放入各盐度分室的蟹可沿着内圈的锥形体运动到近锥体顶部区域,从而对不同盐度进行选择,如遇到偏好盐度即可爬行进入外层。本试验在内圈正上方安装监控设备,同时安装 3 个监控红外灯对内圈中华绒螯蟹的盐度选择行为实施全程监控,在红外灯的辅助下,蟹背部反光膜标志清晰可见,将监控数据传送到计算机,通过在计算机上观察不同标志蟹在内层的活动可以监测到所有蟹的选择行为,最终进行统计分析。

　　通过观察监控录像,记录每次试验中每只蟹的行踪即从一个盐度分室移出、移入另一个盐度分室的时间,最后统计所有蟹在每一个盐度分室出现的总次数和停留的总时间。用 SPSS 16.0 软件对蟹在不同盐度分室中停留的平均时间、出现总次数进行显著性分析,用 Tukey's HSD 法进行多重比较,显著性水平定义为0.05。试验蟹分布数量百分比显著高于其他盐度组即判断为最喜好盐度,依此类推。

3.1.2.2　试验结果与分析

　　在 0~21 的盐度范围内,雌蟹在各盐度分室的出现频率随着分室内盐度的增加而逐渐增加,雌蟹在盐度 21 分室中 6 h 内的出现次数超过 15 次,雌蟹在28 盐度分室中出现频率显著低于 14、21 和 35 盐度分室中出现的频率,而在 35盐度分室的出现频率显著高于 0、7 和 28 盐度分室中出现的频率。雄蟹在 0~21 范围内的盐度分室及 35 盐度分室中的出现频率无显著差异,而在 28 盐度分室中出现频率最低,且显著低于其在 35 盐度分室中出现的次数($P<0.05$)。

　　雌蟹在 7 盐度分室中停留时间较长,之后雌蟹在各盐度分室中停留的时间随着盐度的升高而逐渐减少。雌蟹在 28 盐度分室中停留时间最短而在 35 盐度分室中停留时间最长,但雌蟹在不同盐度分室中停留的时间不存在显著差异。雄蟹在 21、35 盐度分室中停留时间长于其他盐度分室,但无显著差异(图3-5~图3-7)。

3.1.2.3　讨论与小结

　　在淡水湖泊、河流中完成最后一次蜕壳的中华绒螯蟹需向河口进行生殖洄游,在河口完成配对、排卵、胚胎发育与幼体生长。河口盐度的变化使得中华绒螯蟹需要重新进行渗透调节,这将涉及各相关生命活动的重新适应调节。中华绒螯蟹亲体可以耐受较广的盐度范围,在 0~35 的盐度范围内中华绒螯蟹亲体可以进行有效的渗透调节,而盐度是否也是决定生殖洄游中华绒螯蟹在河口分布的主要因子未见试验报道。

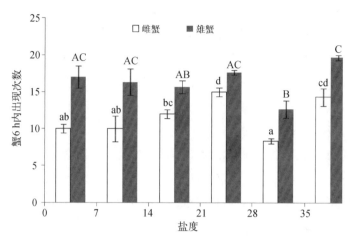

图 3-5　雌、雄中华绒螯蟹 6 h 内在不同盐度分室中出现的总次数

注:不同小写字母代表雌蟹 6 h 内在不同盐度分室中出现的次数具有显著性,不同大写字母则代表雄蟹 6 h 内在不同盐度分室中出现的次数具有显著性($P<0.05$)。下图同

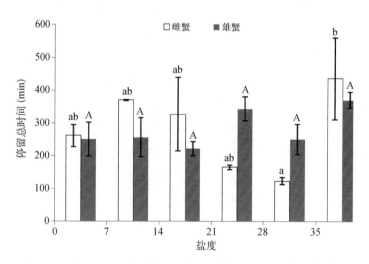

图 3-6　雌、雄中华绒螯蟹 6 h 内在不同盐度分室中停留总时间

　　本试验结果显示,在提供的 0～35 的盐度范围之间,雄蟹在 28 盐度分室中出现次数最少而在 35 盐度分室中出现次数最多,在 21 与 35 盐度分室中停留时间略长于其他盐度分室,但均未表现出显著性差异,表明适应淡水的洄游雄蟹对盐度并未表现出显著的偏好行为。我们通常假设在提供一系列盐度后水生动物会主动选择接近于等渗的盐度环境,使得用于渗透调节的能量支出降到最低。因此,

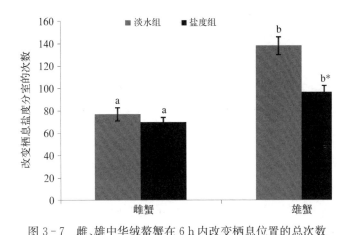

图 3-7　雌、雄中华绒螯蟹在 6 h 内改变栖息位置的总次数

注：不同的小写字母代表雌、雄蟹在 6 h 内改变栖息位置的次数存在
显著差异，星号代表提供可选择盐度对蟹运动活力具有显著影响

根据这一假设，水生动物对盐度的偏好性不受动物个体大小、季节等影响。这一假设也得到了验证(Serrano et al.，2010)。事实上，在野外多种生物、非生物因子的影响下，甲壳类实际选择的盐度可能不是假设的等渗环境，而这种选择性也可能在将试验蟹从野外运输到实验室后仍然保持着。因此，在本试验中，适应低盐环境后的中华绒螯蟹可能在实验室内仍然对低盐度不表现出拒绝行为，而且并不对某一范围盐度表现出明显的偏好行为。研究表明，中华绒螯蟹在 0～30 的盐度范围内均可以进行有效的渗透调节，因此，雄蟹在耐受盐度范围内并不表现出明显的盐度偏好行为，可能也与其极强的渗透调节能力有关。此外，在短期环境盐度改变后雄蟹也可能通过行为调节以适应不同的盐度，这使得其对不同盐度并未表现出明显的选择行为。雄蟹在 21 和 35 盐度分室中出现的频率及停留的时间略高于其他盐度分室，这两个盐度位于等渗点(28)附近，可能意味着机体用于渗透调节的能量支出较低，是较为适宜的盐度。

已有研究显示，性别和成熟时期影响动物对温度的偏好性(Hesthagen，1979；Stauffer et al.，1985)，但关于不同性别和成熟状态的动物对盐度的选择性是否存在差异未见报道。雌、雄蟹在实验室内对盐度存在不同的选择行为，与雄蟹不同，在 0～21 的盐度范围内，雌蟹在各盐度分室中出现的频率随着盐度的增加逐渐升高，且在 21 盐度分室中的出现频率显著高于淡水和盐度 7 分室，这表明雌蟹存在明显的趋盐行为。雌、雄蟹所表现出的不同的盐度选择行为可能与其在繁殖过程中担任着不同的使命、在产卵场交配后分布于不同的区域以及性腺发育的速度、洄游时间存在先后性等有关。调查显示,在洄游过程中雄蟹生殖迁移速度比雌蟹快,首先到达产卵场,而雌蟹在随后的一个月内陆续到达(堵南山,2004)。雌蟹性腺发育的速度滞后于雄蟹,以长江中华绒螯蟹为例,初到长江口的雌蟹性腺仅发育到Ⅲ期,在咸水的刺激下迅速发育到Ⅳ期,而雄蟹在抵达长江口区域时性腺已发育成熟。盐度对雌蟹性腺最终成熟的重要性似乎远大于雄蟹。此外,在雌、雄交配结束后,雌蟹仍需抱卵并向盐度相对较高的区域洄游以利于胚胎的发育,直到孵出蚤状幼体,而雄蟹在抱卵后已完成使命,相对而言,雌蟹对咸水的依赖性更强,这些均可能引起雌、雄蟹对盐度呈现不同的选择行为。

比较雌蟹在不同盐度分室中的停留时间,可见雌蟹在盐度 7 分室中停留时间最长,之后随着盐度的增加,停留时间逐渐缩短,在盐度 28 分室中停留时间达到最低。中华绒螯蟹亲体虽然可以耐受一定范围的盐度,但从适应淡水快速进入高盐环境时机体需要重新进行调节以适应环境盐度的变化,因此蟹可能选择接近先前适应的盐度环境,如在本试验中,雌蟹停留时间在盐度 7 分室中的时间最长,且随着盐度的升高其停留时间缩短。综合雌蟹在不同盐度室中的出现频率以及停留时间,表明雌蟹在短时间内虽表现出偏好高盐的行为,但仍偏好长时间停留在低盐环境中。这也可能与雌蟹在短时间内调节体内渗透压的能力与雄蟹存在差异有关。值得注意的是,雌、雄蟹在盐度 35 分室中出现的频率及停留的时间均相对较高,且表现出显著性,其原因仍需进一步研究。

本试验结果发现无论是否提供可选择的盐度环境,雄蟹的活动活力均显著高于雌蟹。雌、雄蟹呈现不同的运动活力与其部分形态特征存在一定差异有关。叶元土等(2000)对雌、雄中华绒螯蟹部分可量性状进行了比较,显示雄蟹的螯足和 4 对步足的长度及重量均高于雌蟹。螯足的作用主要是摄食及防御敌害,而步足则主要用于运动,因此,雌、雄形态特征的差异也支持雄蟹在爬行能力方面强于雌蟹。本试验结果通过记录一定时间内雌、雄蟹改变其在盐度分室中位置的次数,精确定量了雌、雄蟹的运动活力,进一步证实了这一结果。此外,雄蟹具有极强的争斗性,本试验过程中发现当两只或多只雄蟹同时通过盐度选择装置的中央区域时会发生争斗行为,而这一行为亦加速雄蟹重新选择新的盐度分室。

与对照组(无盐度)相比,在提供可选择的盐度后,雌、雄蟹的运动活力均降低,特别是雄蟹。其原因可能主要有以下两方面:① 在提供不同的盐度环境后中华绒螯蟹在不同盐度室中进行选择需要跨越盐度屏障,进行渗透调节,这可能在一定程度上限制了蟹的运动活力;② 提供一系列盐度后中华绒螯蟹表现出一定的偏好行为,特别是雌蟹,这也导致蟹改变栖息盐度分室的次数降低。

3.2 洄游亲蟹对盐度的生理响应

生活在淡水中的中华绒螯蟹在完成最后一次生殖蜕壳后需向河口和海洋进行生殖洄游。在河口性腺达到最终成熟后,雌、雄交配,之后雌性亲体抱卵,释放蚤状幼体。蚤状幼体在河口和近海水体中发育,变态为大眼幼体时开始进行索饵洄游,盐度是其两次洄游过程中经历的最重要的因子。中华绒螯蟹在淡水和海水中均可以存活,这种广盐性的特性使其成为国内外甲壳类离子调节和排泄(Péqueux & Gills,1988)、鳃离子转运酶(Torres et al.,2007)、神经内分泌因子(如多巴胺、钙调蛋白和环腺苷酸)对鳃离子转运的影响(Mo et al.,1998)等甲壳类渗透调节研究的热点生物。在低盐环境中,中华绒螯蟹与其他广盐性蟹类一致,主要通过后鳃主动吸收外界离子(主要是 Na^+ 和 Cl^-)而维持血淋巴的高渗状态(Péqueux & Gilles,1988)。离子的转运主要是通过调节转运蛋白和离子转运相关酶而完成的。Na^+/K^+ - ATPase(NKA)和碳酸酐酶(carbonic anhydrase,CA)是所有广盐性蟹类离子转运和调节系统中最重要的两种酶。到目前为止,大多数研究均在探讨幼蟹或亲体适应淡水的调节机制,而对亲体生殖洄游时重新适应半咸水或海水的渗透调节未见研究报道。

免疫因子已被作为重要指标用于评估环境应激对动物健康状况的影响。对虾、蟹类的研究显示,盐度变化影响血淋巴总血细胞数(THC)、呼吸爆发力(respiratory burst)以及免疫酶活性(陈宇锋等,2007;郑萍萍等,2010)等相关免疫因子,关于盐度这一最重要的生态因子是否影响中华绒螯蟹亲体的免疫指标以及其生殖洄游重新适应升高盐度时的免疫调节国内外尚未见报道。广盐性蟹类主要通过生理、生化和/或行为的调节来适应环境盐度的改变,维持血淋巴与环境水体之间的渗透平衡(Anger,2001)。在低盐环境中,蟹通过后鳃从环境中吸收 Na^+ 和 Cl^- 以调高血淋巴渗透压,而高渗调节是一个耗能的生理过程,因此,机体需重新调节自身代谢水平以满足离子吸收对能量的需求。相反,盐度升高后,机体对离子的吸收相应的减少,对能量的需求也随之降低。消化酶是个体能量代谢调节的重要部分,机体通过改变酶的量或活性进而进行调节,最终改变其代谢水平(Hochachka & Somero,1984)。到目前为止,虽然已对盐度变化后甲壳类的渗透调节从不同方面进行了大量研究,但从生理、生化水平上关注环境渗透压改变后甲壳类的消化调节(如消化酶活性)的研究较少。

3.2.1 盐度对渗透压调节的影响

3.2.1.1 试验材料与方法

试验设置7、14、21、28、35共5个盐度组及淡水对照组。暂养1周后从各暂养缸中随机挑选健康、附肢无残缺的雌、雄蟹各60只随机分养在6个同规格的圆形玻璃缸中。适应3 d后从雌、雄组分别随机选取9只蟹作为淡水组试验样品,同时其余各组开始升高盐度,每天升高盐度3~4,达到设定试验盐度后维持3 d,从雌、雄组分别选取9只蟹作为该盐度组试验样品,其余各组继续升高盐度,依次类同。试验共持续16 d。取样前48 h停止投饵。通过在自来水中添加一定量的海盐调节成试验设定盐度,并用手持式折光盐度计进行校准。试验过程中无蟹死亡。

采样时将蟹在冰水中麻醉30 min,捞出后吸干体表水分,用2 mL一次性无菌注射器从第3或第4步足基部关节处采集血淋巴,采集的血淋巴快速注入1.5 mL无菌离心管中并放入-80℃冰箱中保存备用。采集血淋巴后小心移去背壳,暴露鳃组织,在冰上用眼科小剪刀剪下第七、八对鳃迅速装入1.5 mL离心管中并放入-80℃冰箱中保存备用。

第7对鳃用于测定NKA活性,将鳃解冻后去鳃弓,加入9倍体积的预冷生理盐水(0.86%)匀浆,匀浆液4℃下1 000 r/min离心5 min,上清液用于酶活性的测定。NKA活性采用南京建成生物工程研究所的试剂盒测定。鳃组织中蛋白含量采用考马斯亮蓝法(南京建成)测定,以牛血清蛋白作为标准蛋白。

第8对鳃用于测定碳酸酐酶(CA)活性,CA活性测定方法参考Henry的ΔpH法并加以改进。鳃解冻、去鳃弓后按照1:19 w/v加入预冷的Tris缓冲液(225 mmol/L甘露醇,75 mmol/L蔗糖,10 mmol/LTris,用10%的磷酸调到pH 7.4),用手持式玻璃匀浆器进行匀浆,匀浆液在4℃下8 000 r/min离心20 min,上清液用于酶活性的测定。取50~100 μL组织匀浆液(取决于鳃的大小和适应盐度)加入7.90~7.95 mL预冷的Tris缓冲液稀释至8 mL,组成反应缓冲体系。在微震荡、4℃环境下(MSI Minishaker IKA,Shanghai,China)插入 pH 电极(Mettler toledo delta 320 pH meters, Switzerland)开始监测反应缓冲体系 pH 变化,待起始 pH 稳定,加入 240 μL 的 0℃饱和 CO_2 水溶液,即刻计时,记录 pH 下降 0.15 个单位所用的时间(t_{enz})。

3.2.1.2　试验结果与分析

中华绒螯蟹亲体血淋巴渗透压随着外界环境渗透压升高而显著增加($P <$ 0.01),且二者存在显著的线性关系(雌蟹:$Y = 0.347X + 590.988, R^2 = 0.917$;雄蟹:$Y = 0.359X + 583.383, R^2 = 0.929$。其中 Y 代表血淋巴渗透压,X 代表环境水体渗透压)。在 8 - 631 $mOsm/kgH_2O$ 的渗透压范围内,雌、雄蟹显著调高其血淋巴渗透压(图 3 - 8)。雌、雄蟹的等渗点约为 839 $mOsm/kgH_2O^{-1}$(盐度 28)。环境渗透压达到 1 044 $mOsm/kgH_2O$(盐度 35)时,雌、雄蟹均略调低其血淋巴渗透压。图 3 - 9 显示了中华绒螯蟹渗透调节能力(OC)随着环境渗透压的变化趋势,雌、雄中华绒螯蟹亲体的渗透调节能力随着盐度的增加分别平均降低了 99.8%和 97.7%。不同盐度下雌、雄蟹血淋巴渗透压无显著差异($P > 0.05$)。

除了从盐度 7 增加到盐度 14 时雄蟹血淋巴 Na^+ 含量的增加无显著性差异外,雌、雄蟹血淋巴 Na^+ 含量均随着盐度的升高而显著升高($P < 0.05$)。雌、雄蟹血淋巴 Cl^- 含量随着盐度的增加呈现升高的趋势,但在 0~14 的盐度范围内未表现出显著性差异,之后随着盐度的升高,雌、雄蟹血淋巴 Cl^- 含量均显著升高($P < 0.05$)。不同盐度下血淋巴 Na^+、Cl^- 含量无显著的性别差异(图 3 - 8~图 3 - 10)。

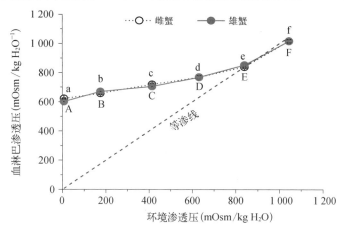

图 3 - 8　中华绒螯蟹血淋巴渗透压随着环境渗透压的变化

注:不同小写字母代表不同盐度组雌蟹血淋巴渗透压存在显著差异,不同大写字母代表不同盐度组雄蟹血淋巴渗透压存在差异($P < 0.05$),下同

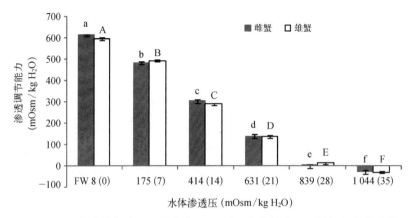

图 3-9　中华绒螯蟹渗透调节能力（OC）随环境水体渗透压增加的变化趋势

注：横坐标括号中数值为盐度

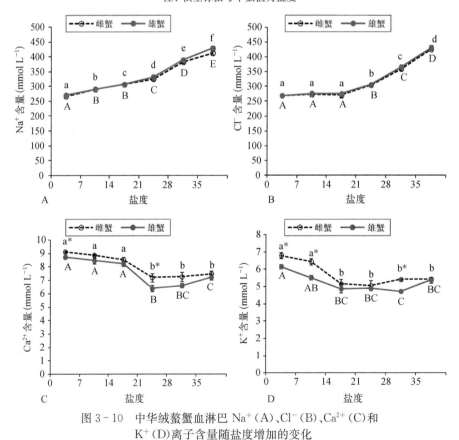

图 3-10　中华绒螯蟹血淋巴 Na^+（A）、Cl^-（B）、Ca^{2+}（C）和
K^+（D）离子含量随盐度增加的变化

注：空心圆圈上方不同的小写字母代表不同盐度组雌蟹血淋巴离子含量差异显著（$P<$ 0.05）；实心圆圈下方不同的大写字母代表不同盐度组雄蟹血淋巴离子含量差异显著（$P<$ 0.05）；小写字母右上方的"＊"代表该盐度下雌、雄蟹离子含量存在显著差异（$P<0.05$）

在 0～14 的盐度范围内,雌、雄蟹血淋巴 Ca^{2+} 含量呈现降低的趋势,但未表现出显著性差异,在盐度升高到 21 时,雌、雄血淋巴 Ca^{2+} 含量均显著降低($P<$ 0.05),之后,随着盐度的增加雌蟹血淋巴 Ca^{2+} 含量维持不变,而雄蟹血淋巴中 Ca^{2+} 含量升高且在盐度 35 时钙含量显著高于盐度 21 时的水平($P<0.05$)。

雌蟹血淋巴 K^+ 含量在盐度增加到 14 时显著降低($P<0.05$),之后维持在稳定水平。雄蟹血淋巴 K^+ 含量随着盐度的增加逐步降低,在盐度 28 时达到最低值,显著低于淡水组和盐度 7 组($P<0.001$),在盐度 35 时血淋巴 K^+ 含量略增加。雌蟹血淋巴 Ca^{2+} 和 K^+ 含量在盐度增加的过程中均高于雄蟹,其中血淋巴 Ca^{2+} 含量在盐度 0 和 21 时,K^+ 含量在盐度 0、7 和 28 时均表现出极显著的性别差异($P<0.001$)。

比较不同盐度下血淋巴 Na^+、Cl^-、Ca^{2+} 和 K^+ 含量占血淋巴渗透压的比例,雌、雄蟹血淋巴 Na^+ 和 Cl^- 分别占总渗透压的 $80\%～88\%$ 和 $82\%～89\%$,而血淋巴 Ca^{2+} 和 K^+ 分别仅占 $0.53\%～1.45\%$ 和 $0.53\%～1.47\%$,表明 Na^+、Cl^- 是最主要的渗透压调节离子(表 3 - 2)。

表 3 - 2　不同盐度下中华绒螯蟹血淋巴 Na^+、Cl^-、Ca^{2+} 和 K^+ 含量占血淋巴渗透压的比例

盐度	Na^+		Cl^-		Ca^{2+}		K^+	
	雌	雄	雌	雄	雌	雄	雌	雄
0	42.85	45.00	43.27	44.75	1.47	1.45	1.09	1.02
7	44.03	43.46	41.46	41.36	1.35	1.26	0.98	0.82
14	42.54	43.43	37.71	39.09	1.19	1.17	0.72	0.69
21	42.19	43.23	39.59	39.84	0.94	0.83	0.66	0.64
28	45.53	45.61	42.77	43.02	0.87	0.78	0.65	0.55
35	40.55	42.19	41.82	42.31	0.74	0.71	0.53	0.53

盐度显著影响雌、雄蟹后鳃酶活性,从淡水逐步升高盐度到 35 引起雌、雄蟹后鳃 NKA 活性分别降低了 31.50% 和 44.22%。雌、雄蟹 NKA 活性无显著差异($P>0.05$)(图 3 - 11)。

雌蟹鳃 CA 活性在盐度升高到 7 时显著增加($P<0.05$),之后 CA 活性维持在淡水水平,在盐度升高到 35 时 CA 活性再次显著降低($P<0.05$)。与淡水组相比,盐度升高对雄蟹鳃 CA 活性无显著影响,但雄蟹鳃 CA 活性在盐度 7 时略升高,且酶活性显著高于盐度 28 和 35 时的水平($P<0.05$)。雌蟹 CA 活性在盐度 7、28 时显著高于雄蟹鳃 CA 活性($P<0.05$)(图 3 - 12)。

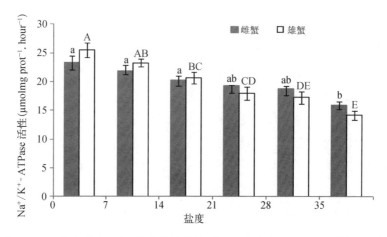

图 3-11 盐度升高对雌、雄中华绒螯蟹后鳃 $Na^+/K^+-ATPase$ 活性的影响

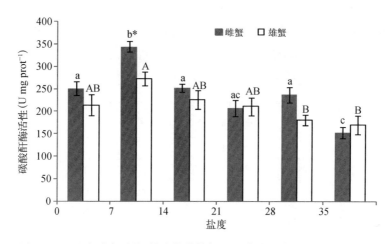

图 3-12 盐度升高对雌、雄中华绒螯蟹后鳃碳酸酐酶(CA)活性的影响

3.2.1.3 讨论与小结

本试验中得出中华绒螯蟹亲体的等渗点接近盐度 28，Cieluch 等(2007)研究了中华绒螯蟹渗透压调节能力的个体发生，得出 I、II 期仔蟹的等渗点稍高于盐度 25.5，但低于 32.2。中华绒螯蟹亲体的等渗点与 I、II 期仔蟹等渗点接近，表明中华绒螯蟹亲体的渗透压调节能力在 I 期仔蟹时已经形成且不随个体发育而改变。值得注意的是，中华绒螯蟹亲体长时间生活在淡水或低盐环境下而其等渗点仍然较高。中华绒螯蟹血淋巴渗透压会随着发育期蜕壳、性腺的成熟而升高，因此本试验中中华绒螯蟹亲体较高的等渗点可能与性腺的成熟有关。Roast 等(2002)对入侵中华绒螯蟹的研究显示，9 月份收集于英国泰晤士

河的成熟中华绒螯蟹（即将进行生殖洄游）的等渗点接近盐度 33，这一结果稍高于本试验所得出的等渗点，这一差异可能与中华绒螯蟹的地理分布不同、生活环境存在差异有关，此外试验蟹个体大小、摄食状况、栖息地盐度、适应时间长短、试验温度等均可能影响等渗点数值。

本试验中血淋巴 Na^+ 和 Cl^- 含量随着试验盐度的增加而升高，这与其他虾蟹类的研究结果一致（Castille & Lawrence，1981；Lima et al.，1997；Freire et al.，2003）。血淋巴离子浓度的增加可能是盐度升高后环境中离子被动进入、血淋巴水分被动流失以及鳃主动吸收离子的综合结果。血淋巴渗透压的调节主要是通过调节离子 Na^+ 和 Cl^- 的浓度而完成的，这两种离子是血淋巴最主要的渗透压贡献者（Castille & Lawrence，1981；Chen & Chia，1997）。本试验中雌、雄蟹血淋巴 Na^+ 与 Cl^- 分别占总渗透浓度的 80%～88% 和 82%～89%（表 3-2）。除无机离子外，血淋巴游离氨基酸在甲壳类细胞内渗透压调节过程中也发挥着重要的角色（Gilles，1997），特别是在淡水高调甲壳类适应高盐环境后（Abe et al.，1999a，1999b）。

钙是甲壳类外骨骼的主要成分，主要从水环境中吸收或从食物中获得。钙由鳃和肠吸收，通过表皮被转运到壳中或存储在血淋巴或其他组织如肝胰腺中（Li & Cheng，2012）。本试验中显示盐度增加后中华绒螯蟹血淋巴 Ca^{2+} 含量降低，低盐度下血淋巴 Ca^{2+} 含量高于高盐度下血钙含量的现象在甲壳类蜕壳过程中也曾被报道（Price-Sheets & Dendinger 1983；Parado-Estepa et al.，1989）。在低盐下，水体中可利用的钙较少，因此，血淋巴维持较高的钙含量有利于蜕壳过程中新壳的钙化及维持其他生理稳态。相反，在高盐下，环境中可利用钙的含量增加，因此，甲壳类血淋巴中储存的钙可能降低，而转为利用环境中的钙。血淋巴中钙可能被用于渗透压调节，或储存，抑或转运到其他组织（Wheatly，1996；Li & Chang，2012）。本试验中盐度增加后血淋巴 Ca^{2+} 含量的降低表明 Ca^{2+} 并不参与调高血淋巴渗透压，降低的血淋巴 Ca^{2+} 可能被转运到其他组织用于其他生理功能的发挥。钙对于脊椎动物和无脊椎动物卵母细胞的成熟、受精和胚胎发育非常重要（Silva-Neto et al.，1996），相比而言，钙对雌蟹可能比雄蟹更为重要。本试验中发现，雌蟹血淋巴 Ca^{2+} 含量在不同盐度下均高于雄蟹，这一结果在甲壳类中未见报道，但 Vonck 等（1988）曾报道雌性莫桑比克罗非鱼（*Oreochromis mossambicus*）血钙含量显著高于雄性。作者认为，

雌蟹血淋巴较高的 Ca^{2+} 含量可能与卵黄蛋白合成对钙的需求较高有关。

本试验中随着盐度的升高,血淋巴 K^+ 含量的变化趋势与 Ca^{2+} 的变化趋势一致,K^+ 和 Ca^{2+} 含量不随着血淋巴渗透压的增加而增加,表明这两种离子并不参与增加血淋巴渗透压,而 Na^+ 和 Cl^- 以及游离氨基酸可能是血淋巴渗透压升高的主要贡献者。本试验中在盐度 14～35 的范围内血淋巴 K^+ 含量维持稳定水平。血淋巴 K^+ 含量维持稳定可能与触角腺从原尿中对 K^+ 进行重吸收有关(Lin et al. ,2000)。到目前为止,关于甲壳类血淋巴 K^+ 的调节模式仍不明确,因此,今后仍需要探索甲壳类血淋巴 K^+ 在渗透环境改变后的调节模式。与 Ca^{2+} 相似,本试验中雌蟹血淋巴 K^+ 含量高于雄蟹,血淋巴 K^+ 含量存在性别差异在蓝蟹的研究中也有报道(Novo et al. ,2005),但 Novo 等(2005)的报道显示雌蟹血淋巴 K^+ 含量仅在夏季高于雄蟹,其他季节无显著性差异。

NKA 是水生动物进行离子调节最关键的酶。在甲壳类上,环境盐度降低诱导鳃 NKA 活性增加已被广泛报道并认可(Siebers et al. ,1982;Péqueux,1995;Lucu & Towle, 2003),酶活性的升高与 Na^+ 的主动吸收增加直接相关。升高的酶活性可能是由于合成新的酶(Torres et al. ,2007)或激发隐藏的酶活性位点。本试验中从淡水逐步转入海水引起中华绒螯蟹后鳃 NKA 活性降低。盐度升高引起鳃 NKA 活性降低在淡水沼虾(*Macrobrachium olfersii*)(Lima et al. ,1997)和中华绒螯蟹幼蟹的研究中也曾有报道(Torres et al. ,2007)。盐度升高后 NKA 活性降低可以解释为当环境和血淋巴 Na^+ 含量增加后,鳃主动吸收 Na^+ 降低,NKA 适应性地调低。近年来的研究又从鳃显微结构和 NKA mRNA 转录水平上证实了盐度增加后 NKA 活性降低的原因。

碳酸酐酶主要存在于十足目甲壳类的鳃上,是生物体内参与渗透压调节、离子调节、酸碱平衡等生理生化过程的核心酶之一,其主要功能是催化 CO_2 和 H_2O 转化为 HCO_3^- 和 H^+。位于基底侧膜上的 CA 主要功能是进行 CO_2 排泄,而位于细胞质中的 CA 主要为 Na^+/H^+ 和 Cl^-/HCO_3^- 交换提供离子。CA 参与离子调节在十足目甲壳类中已被广泛报道。盐度降低引起 CA 活性升高在多种甲壳类的研究中均得到证实,酶活性的增加可能是通过增加基因的表达、蛋白的合成(Henry et al. ,2006),或是通过激活大量已经存在的酶而实现。本试验中直到盐度升高到 28 或更高,中华绒螯蟹亲体鳃 CA 活性仍无显著变化,这可以解释为机体仍需要较高的 CA 活性水解 CO_2 为 Na^+ 和 Cl^- 的吸收提供相反的离子以调高血淋巴渗透压。而在盐度达到或高于 28 时 CA 活性的降低可能与离子的主动吸收降低有关。Olsowski 等(1995)的研究结果发现,中华绒螯蟹鳃 CA 主要位于膜上,且适应淡水的蟹鳃 CA 活性显著高于适应海水的蟹 CA 活性。本试验中从淡水逐步转入海水后中华绒螯蟹鳃 CA 活性降低与 Olsowski 等(1995)的研究结果一致。但本试验中 CA 活性降低程度较小,这可能与 CA 在鳃上的分布有关。根据 Olsowski 等(1995)的研究,CA 主要位于膜上而仅少部分位于细胞质中,而本试验中 CA 的活性主要来源于细胞质,因此,CA 对盐度变化可能相对不敏感。本试验中发现从淡水增加到盐度 7 时,蟹鳃 CA 活性升高,CA 活性的升高似乎与离子调节无关,而可能与 CA 的其他生理功能如 CO_2 的排泄有关,可能是盐度增加后 CO_2 排泄暂时增加的一种应激反应。

渗透、离子调节不存在性别差异在淡水蟹 *Esanthelphusa dugasti* 和 *Eosamon smithianum*(Esser & Cumberlidge,2011)的研究中曾被报道。相反,研究显示不同性别拟穴青蟹(*Scylla paramamosain*)(Chen & Chia,1997)和颗粒张口蟹(*Chasmagnathus granulata*)(Novo et al.,2005)的渗透调节能力存在显著差异。本试验中发现中华绒螯蟹亲体渗透压、离子调节不存在性别差异。Novo 等(2005)将雌、雄颗粒张口蟹对低盐的耐受性存在差异部分归因于个体大小的差异,个体较小的蟹通常具有较大的鳃表面区域,而较大的鳃表面区域可能引起更多的离子流失。但本试验中雄蟹的体重显著高于雌蟹,雄蟹的鳃也明显大于雌蟹,但雌、雄蟹的渗透压、离子浓度不存在显著差异。综合已有研究显示,渗透调节能力是否存在性别差异与其栖息环境盐度是否存在差异是一致的,本试验中雌、雄蟹渗透、离子浓度不存在显著的性别差异,其部分原因可能是因为本试验中所用的雌蟹并不是抱卵蟹,而抱卵后的中华绒螯蟹雌蟹与雄蟹的分布范围及栖息环境盐度可能存在差异。

综上所述,本试验测定了中华绒螯蟹亲体从淡水逐步适应不同盐度后其血淋巴渗透压、离子浓度、鳃 NKA 和 CA 活性的变化,结果表明,雌、雄中华绒螯蟹亲体具有较强的高渗调节能力但其低渗调节能力相对较弱。试验结果证实血淋巴 Na^+ 和 Cl^- 是主要的渗透调节物质,而 K^+ 和 Ca^{2+} 似乎与渗透压调节无关。盐度升高后 NKA 和 CA 活性降低是 Na^+ 主动吸收减少的一种适应性生理反应。中华绒螯蟹亲体的渗透、离子调节能力不存在性别差异。本研究为进一步解析淡水甲壳类的渗透调节机制提供参考。

3.2.2 盐度对血淋巴代谢的影响

3.2.2.1 试验材料与方法

实验所用中华绒螯蟹雌性亲蟹共 180 只,性腺为Ⅳ期,产自太湖。亲蟹暂养容器为圆形玻璃纤维缸(φ1 m,H75 cm),水深 15 cm,缸底用瓦片构建 2 个隐蔽场所,亲蟹暂养两周后,选择规格一致(体质量 60.60±5.74 g,壳宽 54.75±5.80 mm)的亲蟹用于实验。实验用水为经净水设备(Paragon 263/740 F,USA)处理过的自来水,曝气 3 d 以上。暂养期间,每天 18:00 投喂螺肉,并于次日 08:00 换水 1/3。自然光照(12L:12D)。

实验容器为圆形塑料缸(φ20 cm,H40 cm),水深 15 cm,每只缸内放 1 只蟹。实验盐度用海水晶(深圳金创兴公司)和自来水配制,并用便携式多参数水质分析仪(YSI 公司)校准。实验期间水体持续充氧,保持水中溶氧>5 mg/L,水温 20~22℃。

依据长江口各采样点监测的盐度状况,本实验共设 3 个盐度梯度:盐度25(高盐度组)、盐度12(低盐度组)和淡水对照组,每个梯度 6 个重复。正式实验前 2 d 停止投饵,且整个实验周期内不投食。实验时,直接将亲蟹从暂养缸转移至各实验缸中。于第 0 h、3 h、6 h、12 h、24 h、48 h、72 h、96 h、144 h 取样,每个取样点每盐度 6 只蟹。取样时将蟹置于冰盒中麻醉 15~20 min,快速测量体质量、壳宽。再置于冰盘中于第三步足基部抽取血淋巴,4 000 r/min离心20 min,取上清。用迈瑞 MINDRAY - BS200 全自动生化分析仪测定血清葡萄糖(GLU)、总蛋白(TP)、甘油三酯(TG)、尿素(UREA)、乳酸脱氢酶(LDH)、碱性磷酸酶(ALP)等指标。采血及血清指标测定均在同一天内完成。

3.2.2.2 试验结果与分析

在 0~144 h 内,盐度 12 组各取样时间点 TP 水平均无显著性差异($P>$0.05),盐度 25 组 TP 在前 6 h 显著升高($P<0.05$),6 h 后各取样时间点 TP水平均无显著性差异($P>0.05$)(表 3 - 3)。盐度组中华绒螯蟹雌性亲蟹血淋巴 TP 在前 6 h 显著高于淡水对照组($P<0.05$),其他取样时间各实验组间TP 均无显著性差异($P>0.05$)。盐度组 TP 的变化均呈先升高后降低再升高趋势,且在96 h后盐度12与盐度25组TP水平趋于一致,并保持在略高于对照组的稳定水平。整个实验周期内,高低盐度组间TP水平无显著性差异($P>0.05$)。

盐度25组UREA呈降低趋势,随盐度作用时间的延长,在72~144 h显著低于对照组($P<0.05$),但与盐度12组没有显著性差异($P>0.05$)。整个实验周期内,盐度12组与对照组UREA在各时间段均无显著性差异($P>0.05$)(表3-3)。

表3-3　盐度对中华绒螯蟹亲蟹血淋巴蛋白质及尿素浓度的影响

时间 (h)	总蛋白(g/L)			尿素(mmol/L)		
	对照	盐度12	盐度25	对照	盐度12	盐度25
0	54.43±9.44[a/A]	54.43±4.72[a/A]	54.43±4.72[a/A]	1.86±0.42[a/A]	1.86±0.42[a/A]	1.86±0.42[a/A]
3	55.22±3.77[a/A]	71.83±3.29[a/B]	75.02±3.55[b/B]	1.82±0.04[a/A]	1.83±0.20[a/A]	1.61±0.47[ab/A]
6	55.28±8.80[a/A]	69.33±5.95[a/B]	72.17±3.82[b/B]	1.82±0.41[a/A]	1.65±0.36[a/A]	1.56±0.13[ab/A]
12	56.86±2.17[a/A]	60.41±6.75[a/A]	64.21±4.79[ab/A]	1.87±0.12[a/A]	1.56±0.38[a/A]	1.51±0.11[ab/A]
24	55.96±9.31[a/A]	62.34±2.99[a/A]	60.75±8.11[ab/A]	1.78±0.44[a/A]	1.66±0.61[a/A]	1.54±0.22[ab/A]
48	58.67±2.44[a/A]	71.78±6.89[a/A]	62.36±2.67[ab/A]	1.96±0.16[a/A]	1.76±0.30[a/A]	1.49±0.59[ab/A]
72	59.33±6.99[a/A]	70.66±2.37[a/A]	69.16±9.97[ab/A]	2.01±0.59[a/A]	1.61±0.14[a/AB]	1.32±0.58[ab/B]
96	58.16±3.32[a/A]	70.58±6.19[a/A]	70.40±7.90[ab/A]	2.03±0.05[a/A]	1.77±0.24[a/AB]	1.16±0.32[b/B]
144	60.71±4.77[a/A]	70.30±9.15[a/A]	71.14±3.52[ab/A]	2.09±0.62[a/A]	1.89±0.48[a/AB]	1.15±0.46[b/B]

注:数据右上角的小写字母表示同一盐度不同时间对所测指标的影响,字母相同表示无显著性差异($P>0.05$);大写字母表示同一时间不同盐度对所测指标的影响,字母相同表示无显著差异($P>0.05$)。下同

随盐度作用时间延长,盐度12组TG呈降低趋势,且在6~144 h显著低于对照组($P<0.05$),72 h后显著低于盐度25组($P<0.05$),其他时间段内各实验组间均无显著性差异。盐度25组TG呈先下降后上升趋势,且在72 h后恢复至对照水平。整个实验周期内,盐度25组与对照组TG无显著性差异($P>0.05$)。

中华绒螯蟹血淋巴GLU含量随盐度的升高而增大,盐度越高,GLU含量越大,但随着盐度作用时间延长,盐度组的GLU相继升到最大值后开始逐步下降。盐度12组GLU于48 h达到最大值,盐度25组GLU在72 h达到最大值且显著高于盐度12和对照组($P<0.05$),其他时间段内各实验组间均无显著性差异($P>0.05$)(表3-4)。

表 3-4　盐度对中华绒螯蟹血淋巴甘油三酯和葡萄糖浓度的影响

时间(h)	甘油三酯(mmol/L)			葡萄糖(mmol/L)		
	对照	盐度 12	盐度 25	对照	盐度 12	盐度 25
0	0.065±0.006a/A	0.065±0.006a/A	0.065±0.006a/A	0.112±0.025a/A	0.112±0.025a/A	0.112±0.025a/A
3	0.065±0.007a/A	0.051±0.012ab/A	0.065±0.013a/A	0.139±0.042a/A	0.143±0.023a/A	0.153±0.081ab/A
6	0.064±0.006a/A	0.047±1.010b/B	0.055±0.010a/AB	0.135±0.044a/A	0.153±0.015a/A	0.218±0.079ab/A
12	0.062±0.007a/A	0.046±0.016b/B	0.053±0.012a/AB	0.143±0.037a/A	0.168±0.115a/A	0.233±0.091ab/A
24	0.063±0.005a/A	0.044±0.008b/B	0.056±0.017a/AB	0.183±0.031a/A	0.197±0.091a/A	0.263±0.083ab/A
48	0.061±0.006a/A	0.042±0.016b/B	0.054±0.015a/AB	0.143±0.037a/A	0.247±0.130a/A	0.290±0.136ab/A
72	0.059±0.007a/A	0.040±0.013b/B	0.058±0.012a/AB	0.110±0.090a/A	0.147±0.130a/A	0.367±0.090b/B
96	0.061±0.006a/A	0.042±0.012b/B	0.060±0.019a/A	0.116±0.019a/A	0.130±0.036a/A	0.232±0.118ab/A
144	0.060±0.011a/A	0.042±0.009b/B	0.060±0.011a/A	0.137±0.021a/A	0.153±0.111a/A	0.223±0.144ab/A

　　盐度组 LDH 活性变化趋于一致,均在 3 h 达到最大值,12 h 降至最小值且显著低于淡水对照组($P<0.05$)。盐度 12 组 LDH 在 3 h 显著升高($P<0.05$)后降低,48 h 后与对照组水平相近。

　　盐度组 ALP 活性均呈先升高后降低趋势,盐度 12 组 ALP 活性在 24～48 h 显著升高($P<0.05$),48 h 时到达最高点后活性降低,且在 48 h 时显著高于对照组和盐度 25 组($P<0.05$)。盐度 25 组 ALP 于 24 h 时到达最大值并显著高于淡水对照组($P<0.05$)(表 3-5)。

表 3-5　盐度对中华绒螯蟹血淋巴乳酸脱氢酶及碱性磷酸酶浓度的影响

时间(h)	乳酸脱氢酶(U/L)			碱性磷酸酶(U/L)		
	对照	盐度 12	盐度 25	对照	盐度 12	盐度 25
0	48.40±12.04a/A	48.40±12.04a/A	48.40±12.04a/A	37.77±6.86a/A	37.77±6.86a/A	37.77±6.86a/A
3	43.41±6.22a/A	69.33±26.78b/A	50.35±27.52a/A	32.77±4.43a/A	34.93±4.26a/A	40.03±15.43a/A
6	45.40±9.91a/A	44.50±21.03a/A	33.78±7.86a/A	29.33±6.17a/A	48.88±8.98ab/A	35.43±7.53a/A
12	40.98±4.48a/A	25.06±8.63c/B	20.12±9.01b/B	29.91±1.12a/A	40.10±8.70a/A	38.60±7.92a/A
24	36.44±9.24a/A	31.81±10.94ac/A	26.68±5.35ab/A	31.20±6.68a/A	70.25±8.77bc/B	57.23±16.58a/B
48	39.30±2.50a/A	39.31±8.96ac/A	34.72±6.97ab/A	30.01±1.05a/A	80.17±4.31c/B	36.80±18.84a/A
72	41.11±4.77a/A	48.08±12.43ac/A	43.02±4.13a/A	29.21±5.79a/A	43.58±6.02a/A	39.40±12.17a/A
96	40.85±8.44a/A	40.52±14.52ac/A	33.94±19.72a/A	29.39±0.22a/A	44.73±5.57a/A	35.10±17.69a/A
144	40.34±6.94a/A	40.83±10.89a/A	33.24±25.25ab/A	29.63±6.71a/A	32.13±4.75a/A	35.33±14.87a/A

3.2.2.3　讨论与小结

　　根据渗透压调节原理,水生生物在等渗点时渗透压调节消耗的能量最少,可实现最大的能量转换效率,呈现出良好的生长状况。本研究发现,盐度组中华绒螯蟹雌性亲蟹血淋巴 TP 在前 6 h 显著高于对照组。分析认为,中华绒螯蟹为广盐性蟹类,等渗点在盐度 33 左右,由淡水进入咸水后,因盐度差减少导致渗透压调节耗能减少,蛋白质分解速度减慢,因此盐度组 TP 含量上升且高于对照组。同时,进入咸水后中华绒螯蟹 TP 水平显著升高也可能与卵黄蛋白的合成有关,中华绒螯蟹交配和产卵依赖咸水刺激,本实验所用材料为性腺发育至Ⅳ期的雌性亲蟹,在咸水刺激下可迅速发育到Ⅴ期,盐度刺激加速其性成熟,因而致使卵黄蛋白大量积累,血淋巴 TP 含量升高。因此,推断中华绒螯蟹雌性亲蟹血淋巴 TP 含量升高是渗透压调节与卵黄蛋白积累共同作用的结果,而关于两者之间具体的关系尚需进一步研究。王顺昌等(2003)研究发现,中华绒螯蟹雌蟹由淡水进入咸水(盐度 20)后第 24 h 血清 TP 显著升高,这与本研究结果类似。但吕富(2002)研究发现,在盐度范围 0~16,中华绒螯蟹血淋巴 TP 浓度随外界盐度升高而降低,与本研究结果不同,这可能是由于实验盐度及实验材料的发育时期不同所导致的。在本研究中,盐度组中华绒螯蟹血淋巴 TP 含量的变化主要在前 6 h,6 h 后变化不显著。分析认为,中华绒螯蟹有很强的渗透压调节能力,可迅速地进行渗透压调节。Liu 等(2008)研究发现蟹血淋巴渗透压随盐度的升高而升高,在 3~6 h 血淋巴渗透压的升高尤为显著,这一结果支持了本研究结论。本研究发现 96 h 后盐度组 TP 趋于一致,可以推测此时机体已完成渗透压调节过程,机体蛋白质代谢情况趋于稳定。尿素为蛋白质代谢产物,其含量变化直接反映蛋白质代谢状况。本研究发现盐度 25 组尿素含量在 72 h 后显著降低。分析认为,盐度升高,氨基酸作为代谢底物的比例减少,蛋白质代谢减慢,导致其高盐度组代谢产物尿素含量降低。

　脂肪是中华绒螯蟹亲蟹标准状况下最主要的供能物质,当外界环境改变时,蟹为克服胁迫而动用脂类提供能量,酯酶活性上升而使体内脂类水解增强。甘油三酯可分解为甘油和脂肪酸,然后释放能量。中华绒螯蟹由淡水进入盐度 12 水体 6 h 后,血淋巴 TG 含量显著下降,表明 TG 消耗增多,显示此阶段脂类作为能源物质的比例加大,机体加速动用脂类以分解供能。推测盐度 12 组机体 TG 含量的显著下降主要与应激反应耗能有关。由淡水进入咸水后,机体产生应激反应,消耗一定的能量,因此导致盐度 25 组 TG 在前 12 h 含量下降,但随着盐度作用时间的延长,盐度 25 组 TG 在 72 h 后显著高于盐度 12 组。分析认为,盐度 25 较盐度 12 靠近其等渗点,因此渗透压调节耗能减少,血淋巴中

TG 的含量上升恢复至对照水平并高于盐度 12 组。

中华绒螯蟹由淡水进入咸水后,葡萄糖含量上升,且盐度越高葡萄糖含量越高。这一发现与 Al-azhary 等(2008)报道的随着盐度升高,蟹血淋巴葡萄糖含量升高的结论类似。Lorenzon 等(1997)发现甲壳动物血糖增加是由于高血糖激素释放,导致糖原利用增强。分析认为,中华绒螯蟹由淡水进入咸水,机体产生应激反应,在高血糖激素的作用下,加快动用糖原产生单糖,导致其血淋巴中葡萄糖含量升高。有研究报道糖异生途径参与了蟹类渗透压适应过程,推断本研究中高盐度时葡萄糖的升高也可能与糖异生有关。随着盐度作用时间的延长,盐度组的 GLU 相继升到最大值后又开始逐步下降,作者推断,中华绒螯蟹由淡水进入咸水,应激反应后进入盐度适应阶段,盐度组较淡水对照组更接近其等渗点,因此渗透压调节耗能减少,此时动用的碳水化合物减少,因此血淋巴中 GLU 含量降低。

中华绒螯蟹由淡水进入咸水,LDH 在 3 h 显著增加,证明血淋巴中乳酸显著增加,主要归因于高盐度下机体耗氧率的增加。Clark 等研究发现盐度变化导致虾蟹产生呼吸抑制行为,因此,耗氧率的增加和组织缺氧导致糖酵解加速,最终导致乳酸积累。Daniel 等(2007)研究发现,蟹在 3 h 内行为变化最强烈,3 h 后活动性快速降低。因此,推断本研究中血淋巴 LDH 活性 3 h 后迅速下降与机体活动性快速降低有关。机体活动性降低导致乳酸的生成减少,同时乳酸的糖异生作用加速,此时 LDH 活性迅速下降。

本研究中,盐度组 ALP 在 24 h 显著高于淡水对照组($P < 0.05$),Pinoni 等(2005)报道广盐性蟹在不同盐度下肌肉中的 ALP 随着盐度降低而降低,这一发现与本研究结果类似。盐度组碱性磷酸酶活性均呈现先逐步升高后降低趋势,分析认为 ALP 可能是 $Na^+/K^+ - ATP$ 酶的效应因子,其活性与 $Na^+/K^+ - ATP$ 酶的活性呈负相关。

盐度组中华绒螯蟹雌性亲蟹血淋巴各项生化指标在 96 h 均已基本保持稳定。Liu 等(2008)研究发现,蟹进入咸水后,其血淋巴渗透压 3 d 后趋于稳定。吕富(2002)对中华绒螯蟹的研究发现,盐度作用 3 d 时血淋巴渗透压、离子、TP 及 $Na^+/K^+ - ATP$ 酶活性均处于稳定状态。因此,可以认为本实验中,中华绒螯蟹雌性亲蟹在进入咸水 96 h 后代谢情况趋于稳定,其机体已基本完成渗透压调节过程,并适应了水体盐度。受水利工程、咸水倒灌等影响,近年来,长江口不同区域的盐度持续变化,本实验结果可为亲蟹对环境的适应性评估提供参考数据。此外,在中华绒螯蟹亲蟹放流活动中,应充分考虑其在不同盐度下的生理代谢情况,选择适宜盐度水域进行放流,以达到较好的效果。

综上所述,中华绒螯蟹雌性亲蟹在生殖洄游过程中,其机体进行代谢调整以逐渐适应外界水体盐度变化。进入咸水后,中华绒螯蟹雌性亲蟹加速动用脂类和糖类作为能源物质应对盐度突变刺激,并最先调节蛋白质代谢过程,进行渗透压调节响应外界环境的渗透压变化。中华绒螯蟹雌性亲蟹各项血淋巴生化指标在第 96 h 均已处于稳定状态,此时中华绒螯蟹已经完成渗透压调节过程,机体代谢情况趋于稳定,且最终能够适应外界较高盐度水体。

3.2.3 盐度对非特异性免疫的影响

3.2.3.1 试验材料与方法

取样过程同上节,测定时将血淋巴在冰上解冻,用无菌针头划破血凝块,8 000 r/min,4℃,离心 20 min,析出的血淋巴用于各试验指标的测定。

氧合血蓝蛋白含量的测定用紫外分光光度法。AKP、SOD 活性均采用试剂盒(购自南京建成生物工程研究所)并严格按照说明书进行测定。SOD 活性测定时将离心后血淋巴用 0.86% 生理盐水稀释 20 倍,取样量为 50 μL。PO 活力的测定以 L-dopa 为底物。

试验所有数据均以平均值±标准误(Mean±SE)表示,用单因素方差分析(ANOVA)及 Tukey's HSD 法对不同盐度组的各测定指标差异进行多重比较。将雌、雄蟹在不同盐度下各免疫参数分别作为整体,用 t 检验分析各指标的性别差异。

3.2.3.2 试验结果与分析

从淡水逐步升高盐度到 35,雌、雄蟹血淋巴氧合血蓝蛋白含量从 1.72±0.06 mmol/L 和 1.51±0.11 mmol/L 分别降低到 1.37±0.07 mmol/L 和 1.11±0.08 mmol/L。雌蟹血淋巴氧合血蓝蛋白含量在盐度升高到 35 时显著高于淡水时的水平($P<0.05$),雄蟹血淋巴氧合血蓝蛋白含量随着盐度的升高呈现下降趋势,但各盐度组无显著差异($P>0.05$)。t 检验结果表明,雌蟹血淋巴氧合血蓝蛋白含量显著高于雄蟹($P<0.05$)(图 3-13)。

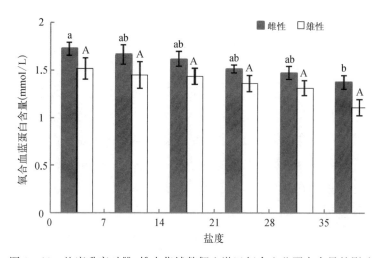

图 3-13　盐度升高对雌、雄中华绒螯蟹血淋巴氧合血蓝蛋白含量的影响

注：不同小写字母代表各盐度组的雌蟹血淋巴氧合血蓝蛋白含量存在显著差异（$P<0.05$），反之则差异不显著（$P>0.05$），大写字母代表各盐度组的雄蟹血淋巴氧合血蓝蛋白含量存在显著差异

　　随着盐度的升高，雌、雄蟹血淋巴 AKP 活性均在盐度升高到 7 时略上升，之后逐渐降低，盐度达到及高于 28 时，雌蟹血淋巴 AKP 活性显著低于盐度 7 时的水平（$P<0.05$），雄蟹血淋巴 AKP 活性显著低于盐度 7、14 时的水平（$P<0.05$）。t 检验结果表明雌蟹血淋巴中 AKP 活性极显著高于雄蟹（$P<0.001$）（图 3-14）。

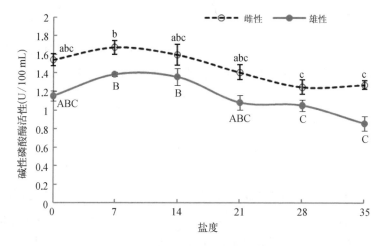

图 3-14　盐度升高对雌、雄中华绒螯蟹血淋巴
碱性磷酸酶（AKP）活性的影响

从淡水逐步升高盐度到 21 的过程中,雌、雄蟹血淋巴 SOD 活性略呈降低趋势,但各盐度组间无显著差异($P>0.05$),盐度高于 21 时 SOD 被激活,盐度升高到 35 时雌蟹血淋巴 SOD 活性显著高于盐度 7、14 和 21 时的水平($P<0.05$),雄蟹血淋巴 SOD 活性显著高于盐度 21 时的水平($P<0.05$)。t 检验结果表明,雄蟹血淋巴中 SOD 活性极显著高于雌蟹($P<0.001$)(图 3-15)。

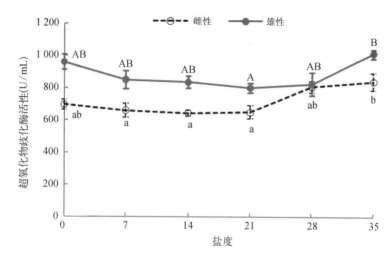

图 3-15　盐度升高对雌、雄中华绒螯蟹血淋巴超氧化物
歧化酶(SOD)活性的影响

在淡水环境中雌蟹血淋巴 PO 活力为 0.23 ± 0.03 U/mL,盐度升高到 21 时,PO 活力降低到 0.12 ± 0.03 U/mL($P<0.05$),之后保持在这一水平。雄蟹血淋巴 PO 活力从淡水时的 0.17 ± 0.02 U/mL 降低到盐度 35 时的 0.03 ± 0.00 U/mL($P<0.05$),盐度达到 21 时 PO 活力显著低于淡水组,盐度高于 21 时 PO 活力显著低于淡水、盐度 7、14 时的水平($P<0.05$)。t 检验结果表明,雌蟹血淋巴 PO 活力极显著高于雄蟹($P<0.001$)(图 3-16)。

3.2.3.3　讨论与小结

氧合血蓝蛋白是一种呼吸蛋白,属于血蓝蛋白的一种。血淋巴中血蓝蛋白的含量对动物的健康状况起着很好的指示作用(Chen & Cheng,1993)。其含量受到性别、蜕壳周期、营养状态、盐度等影响(Cheng et al.,2001)。血蓝蛋白占甲壳动物血淋巴总蛋白含量的 $60\%\sim95\%$(Cheng et al.,2001)。本试验中发现氧合血蓝蛋白含量随着盐度的升高而降低,其原因可能是部分血蓝蛋白分

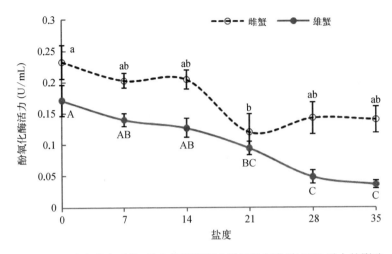

图 3-16　盐度升高对雌、雄中华绒螯蟹血淋巴酚氧化酶(PO)活力的影响

解为游离氨基酸,发挥其渗透调节的功能(Péqueux,1995),用于维持体内的高渗环境。此外,对血蓝蛋白与氧结合特性的研究表明,盐度升高后无机离子含量的增加会提高甲壳类血蓝蛋白与氧的亲和力(Weiland & Mangum,1975),较高的氧亲和力使得同等代谢强度下机体对血蓝蛋白的需求量降低,因此,本试验中血蓝蛋白含量的降低也可能与盐度升高提高了血蓝蛋白与氧的亲和力有关,如研究表明,凡纳滨对虾(*Litopenaeus vannamei*)氧合血蓝蛋白水平较高与氧摄入和 CO_2 排出水平较高有关(Li et al.,2007)。中华绒螯蟹在淡水中为了维持体内较高的渗透压,需要从外界水体中主动吸收 Na^+ 和 Cl^-,而离子的主动吸收需要消耗一定的能量,机体需要较高的代谢水平才能完成这一过程。随着盐度的升高,体内外渗透压差逐渐降低,用于渗透压调节所需的能量降低,其代谢水平也相应降低。因此,本试验中氧合血蓝蛋白含量的降低也可能与盐度升高后用于渗透压调节的能量需求降低,氧摄入和 CO_2 排出降低有关。近年来的研究发现,血蓝蛋白除了具有载氧特性外,还具有酚氧化酶活性、抗菌肽活性和凝集活性的免疫特性(潘鲁青和金彩霞,2008),因此,盐度升高后血淋巴血蓝蛋白含量的降低可能会在一定程度上降低机体的免疫防御能力。

磷酸酶不仅是生物体内的重要代谢调控酶,也是溶酶体的标志酶,是吞噬细胞杀菌的物质基础,能形成消化酶体系,破坏和消除侵入体内的异物,达到机体防御的功能(刘树青,1999)。酚氧化酶原系统是甲壳动物重要的免疫防御和识别系统,而酚氧化酶作为该系统的终端酶在甲壳动物体液免疫因子中占有重要的地位(孟凡伦等,1999),其在机体内发挥着识别异物、促进血细胞的吞噬和包掩、介导凝集与凝固、产生杀菌物质等重要的作用。超氧化物歧化酶是生物机体抗氧化酶系统中的一种重要抗氧化酶,在体内发挥着清除超氧阴离子自由基(O_2^-)保护机体免受损伤的重要作用。这三种酶活性的变化可以反映机体免疫防御能力的强弱。

本研究结果表明,在 0～21 的盐度范围内,随着盐度的升高血淋巴三种免疫酶活性呈现下降的趋势,但除了 PO 活力在盐度 21 时显著低于淡水时的水平外,其余 2 种免疫酶活性均无显著变化。表明在盐度 0～21 的盐度范围内对中华绒螯蟹亲体的免疫力影响较小。但当盐度达到 28 时,雌、雄蟹血淋巴 AKP 与雄蟹血淋巴 PO 活力分别显著降低,表明盐度达到 28 时已导致机体的免疫防御能力显著降低,这也体现在 SOD 上,SOD 活性在盐度达到 28 时开始升高,表明体内自由基增多,需要激活抗氧化酶以消除体内过多的自由基,保护机体免受自由基侵害。综合三种免疫酶活性的变化,表明盐度接近或高于 28 会对中华绒螯蟹的非特异性免疫功能造成显著影响。作者研究表明中华绒螯蟹的等渗点接近盐度 28,因此,影响中华绒螯蟹血淋巴免疫酶活性的最低盐度与其等渗点一致,表明当环境盐度达到或高于其等渗点时将影响机体的非特异性免疫防御功能。

虽然中华绒螯蟹亲体具有极强的广盐性,可以在海水中存活,人工繁殖时雌、雄蟹可以在 8～33 的盐度范围内进行配对(成永旭等,2007),但交配最适盐度仍在半咸水(7～22)范围之内,这也与张列士等(1988)对长江口中华绒螯蟹繁殖场环境调查中得出的盐度范围(5～22)相吻合。中华绒螯蟹在低盐环境下具有极强的高渗调节能力,但在高盐下其低渗调节能力较弱(顾保全等,1990),盐度较高虽然不影响中华绒螯蟹的存活,但可能影响其免疫防御能力。与海水相比,亲体可能更适应半咸水环境,相反高盐可能导致体内渗透平衡紊乱,高渗透环境引起机体代谢功能失调,非特异性免疫防御功能受到影响。

本研究结果发现雌蟹血淋巴氧合血蓝蛋白含量显著高于雄蟹,这一结果与虾蟹类的多数研究结果不同。Engel 等(1993)研究了环境条件变化对蓝蟹(*Callinectes sapidus*)血蓝蛋白含量的影响,指出血蓝蛋白含量与性别无关。另有学者研究发现蜕壳间期的日本囊对虾（*Penaeus japonicas*）仔虾（Chen & Cheng，1993）、拟穴青蟹（*Scylla paramamosain*）（Castille & Lawrence，1981）、17~48 g 的罗氏沼虾（*Macrobarchium rosenbergii*）（Cheng et al.，2001）血淋巴血蓝蛋白及总蛋白含量不存在性别差异。而 Cheng 等（2001）的研究中发现体重超过 50 g 的雌性罗氏沼虾血淋巴氧合血蓝蛋白含量高于雄性个体，本试验结果与此研究结果一致。血淋巴总蛋白、血蓝蛋白含量是否存在性别差异可能主要与雌、雄个体大小、栖息地环境、营养状况、性腺发育等有关。潘伟槐等（2001）研究表明，生殖期雌性日本沼虾（*Macrobrnahium nipponese*）腹肌乳酸脱氢酶酶活性明显高于雄性，本试验中所用中华绒螯蟹处于生殖洄游高峰期，血淋巴卵黄蛋白原含量较高可能是引起雌蟹血淋巴氧合血蓝蛋白含量高于雄蟹的一个重要原因。

本研究结果发现雌蟹血淋巴中 AKP 活性和 PO 活力显著高于雄蟹，这与赵青松等（2009）发现的性腺发育到Ⅰ、Ⅱ期的拟穴青蟹雌蟹血淋巴中 AKP 活性高于雄蟹相似。较高的免疫酶活性表明雌蟹免疫防御能力高于雄蟹。免疫酶活性的性别差异可能与雌、雄蟹在繁育过程中发挥的作用不同有关，雌、雄蟹交配后，雄蟹已完成使命，而雌蟹仍担负着幼体孵化的重任，相对而言，雌蟹需要更强的免疫力才能有效抵抗在幼体孵化过程中环境因子（温度、盐度、低氧）胁迫和细菌、病毒、寄生虫的侵袭，保证幼体孵化的顺利进行。此外，本试验中的雄蟹性腺已经发育成熟，肝胰腺的营养物质更多地转移到性腺中，储存能量的降低可能导致其免疫力降低，而雌蟹的性腺发育晚于雄蟹，营养物质还未完全转移。因此，雌、雄性腺发育速度的差异也可能造成其免疫防御能力存在差异。本试验中雄性血淋巴 SOD 活性显著高于雌性，这与潘伟槐等（2001）报道的雄性日本沼虾心肌组织中 SOD 活性高于雌性相一致，免疫酶活性存在性别差异的意义以及是否与性腺发育的不同步相关还需进一步探讨。

综上所述，本研究表明中华绒螯蟹 5 种免疫相关因子的含量或活性存在性别差异。盐度升高导致中华绒螯蟹血淋巴氧合血蓝蛋白含量降低且影响免疫酶活性，盐度接近或超过 28 时显著影响中华绒螯蟹机体的免疫防御能力。结果提示，较高的盐度可能会影响中华绒螯蟹亲体的免疫防御功能，从而对其繁殖活动造成潜在的不利影响，但对此结论尚需进一步研究。

3.2.4　盐度对消化酶活性的影响

3.2.4.1　试验材料与方法

肝胰腺组织采样时将蟹在冰水中麻醉 30 min,捞出后吸干体表水分,采集血淋巴后小心移去背壳,暴露肝胰腺组织,在冰上用眼科小剪刀剪下足量肝胰腺组织,迅速分装入 1.5 mL 离心管中,并放入 −80℃冰箱中保存备用。

测定消化酶活性时将肝胰腺在冰上解冻,按照 1:5w/v 加入磷酸盐缓冲液(0.025 mol/L KH_2PO_4,0.025 mol/L $Na_2PO_4 \cdot 12H_2O$, pH 7.5)在超声波细胞破碎仪上进行细胞破碎(400 A,破碎 4 s,10 次),细胞破碎后混匀,先取一定量的初酶液用于脂肪酶活性的测定,其余酶液 100 000 r/min,4℃,离心 30 min,上清液用于其他消化酶活性的测定。

胃蛋白酶活性测定:取离心后的上清液 0.4 mL,加入 0.5%干酪素溶液 2 mL,0.04 mol/L $EDTA-Na_2$ 0.1 mL,0.2 mol/L 的柠檬酸缓冲液(pH 3.0) 0.4 mL,加双蒸水,使总体积为 3.5 mL,混匀,置于 37℃水浴中,反应 15 min。加入 30%三氯醋酸 1 mL,离心,取上清液,用福林-酚试剂在 540 nm 处比色测定酪氨酸生成的含量。在 37℃下,每分钟水解干酪素所产生 1 μg 酪氨酸作为一个酶活力单位 μg/min。

类胰蛋白酶活性测定:测定所用缓冲液为 0.05 mol/L 的硼砂-氢氧化钠缓冲液(pH 9.8),其他与胃蛋白酶活力的测定方法相同。标准酪氨酸浓度: 100 μg/mL 的酪氨酸标准溶液稀释成 0、10 μg/mL、20 μg/mL、40 μg/mL、60 μg/mL、80 μg/mL、100 μg/mL。

淀粉酶活性测定:加入用 0.067 mol/L 磷酸缓冲液(pH 6.9)配置的 1%淀粉溶液 0.5 mL,酶液 0.5 mL,摇匀,置于 25℃水浴中,保温 3 min,然后加入 3, 5-二硝基水杨酸指示剂溶液 2 mL,置于沸水浴中 5 min 后,取出,流水冷却,定容至 10 mL,540 nm 处比色测麦芽糖的含量。25℃条件下,每分钟催化淀粉生成 1 μg 麦芽糖作为一个酶活力单位 U(μg/min)。标准麦芽糖浓度:1 mg/mL 的麦芽糖标准溶液稀释成 0 mg/mL、0.02 mg/mL、0.06 mg/mL、0.1 mg/mL、0.14 mg/mL、0.18 mg/mL、0.2 mg/mL。

纤维素酶活性的测定:0.1 mol/L 醋酸缓冲液(pH 4.5)4 mL,0.5%羧甲基纤维素钠溶液 1 mL,酶液 0.5 mL,去离子水 1.5 mL,置 40℃水浴中糖化

30 min,取出立即于沸水中煮沸 10 min,取 1 mL 糖化液,加入 3,5-二硝基水杨酸指示剂 3 mL,于沸水浴中煮沸 15 min,流水冷却,加去离子水 6 mL,540 nm处比色测定葡萄糖含量。在 40℃下,每分钟催化纤维素生成 1 μg 葡萄糖作为一个酶活力单位 U(μg/min)。标准葡萄糖浓度:1 mg/mL 葡萄糖标准溶液稀释成 0 mg/mL、0.02 mg/mL、0.04 mg/mL、0.06 mg/mL、0.08 mg/mL、0.1 mg/mL、0.12 mg/mL、0.14 mg/mL。

脂肪酶活性测定:在 37℃ 水浴中,将空白瓶和样品瓶中分别加入 0.025 mol/L 磷酸缓冲液(pH 7.5)5 mL,聚乙烯醇底物溶液 4 mL,20% 牛胆酸钠溶液 0.4 mL,酶液 0.1 mL,空白瓶中先加入 95% 乙醇 15 mL,混匀,反应 10 min 后立即取出,样品瓶中立即加入 95% 乙醇 15 mL,再加入 1% 的酚酞溶液 0.1 mL,用 0.05 mol/L 的氢氧化钠标准溶液滴定脂肪酸含量(溶液呈粉红色为止)。37℃ 下,每分钟催化产生 1 μmol 脂肪酸作为一个酶活力单位 U(μmol/min)。可溶性蛋白含量测定:采用南京建成生物工程研究所的考马斯亮蓝试剂盒测定(mg/L)。酶的比活力:所测以上各种酶的活力单位(U)除以相应酶液中的可溶性蛋白含量(mg/L)即为酶的比活力,以 U/mg表示。

3.2.4.2 试验结果与分析

对雌蟹而言,从淡水逐步升高盐度到 21 对淀粉酶活性无显著影响,当盐度达到及超过 28 时,淀粉酶活性显著降低($P<0.05$);对雄蟹而言,盐度增加到 14 时淀粉酶活性显著升高($P<0.05$),盐度升高到 21 时淀粉酶活性降低到盐度 14 时酶活性水平的 1/2 以下,之后维持在盐度 21 时的酶活性水平。除了盐度 21 组外,雄蟹肝胰腺淀粉酶活性均显著高于雌蟹($P<0.05$)(图3-17)。

对雌蟹而言,从淡水逐步增加盐度直到 28,肝胰腺纤维素酶活性无显著变化,盐度升高到 35 时肝胰腺消化酶活性显著降低并低于淡水组($P<0.05$),但与其他盐度组相比无显著性差异。对雄蟹而言,淡水组和盐度 14 组肝胰腺纤维素酶活性显著高于其他盐度组($P<0.05$),盐度升高到 14 时酶活性最高,盐度升高到 35 时纤维素酶活性降到最低,且显著低于淡水组、盐度 7、14 组($P<0.05$)。除 21 盐度组外,雄蟹肝胰腺纤维素酶活性均显著高于雌蟹($P<0.05$)(图 3-18)。

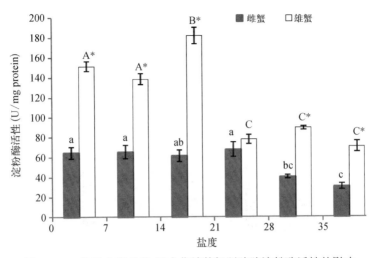

图 3-17　盐度升高对雌、雄中华绒螯蟹肝胰腺淀粉酶活性的影响

注：不同小写字母代表雌蟹消化酶活性不同盐度下存在显著差异，大写字母代表雄蟹，大写字母上星号表示此盐度下消化酶活性存在显著性别差异。下同

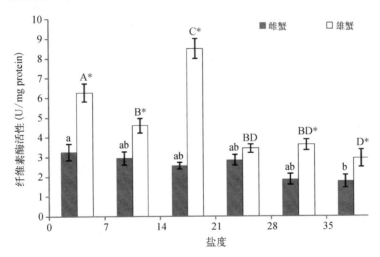

图 3-18　盐度升高对雌、雄中华绒螯蟹肝胰腺纤维素酶活性的影响

对雌蟹而言，从淡水逐步升高到盐度 21 肝胰腺胃蛋白酶活性无显著改变，当盐度达到及超过 28 时胃蛋白酶活性显著降低（$P<0.05$）。对雄蟹而言，当盐度升高到 14 时胃蛋白酶活性被显著诱导并达到最高水平（$P<0.05$），盐度升高到 21 时酶活性急剧下降（$P<0.05$），在盐度升高到 35 时酶活性再次显著降低并达到最低值（$P<0.05$）。除 21 盐度组外，其余各盐度下雄蟹肝胰腺胃蛋白酶活性均显著高于雌蟹（$P<0.05$）（图 3-19）。

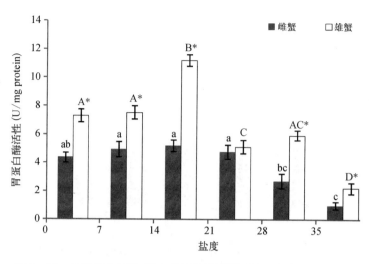

图 3-19　盐度升高对雌、雄中华绒螯蟹肝胰腺胃蛋白酶活性的影响

对雌蟹而言,胰蛋白酶活性在盐度增加到 7 时显著升高($P<0.05$),之后维持这一酶活性水平直到盐度 21,盐度达到及高于 28 时,胰蛋白酶活性显著降低($P<0.05$)。对雄蟹而言,胰蛋白酶活性在盐度增加到 14 时显著升高,在盐度升高到 21 时酶活性急剧降低($P<0.05$),盐度升高到 35 时酶活性再次降低,且显著低于其他盐度组($P<0.05$)。雄蟹肝胰腺胰蛋白酶活性在淡水、盐度 14、28 时显著高于雌蟹($P<0.05$)(图 3-20)。

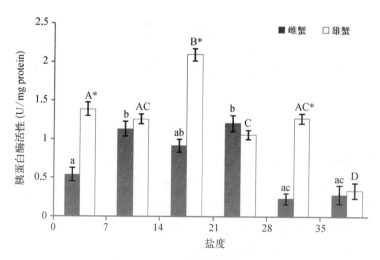

图 3-20　盐度升高对雌、雄中华绒螯蟹肝胰腺胰蛋白酶活性的影响

随着盐度的增加,雌、雄蟹肝胰腺脂肪酶活性均呈现先升高而后降低的趋势,雌蟹肝胰腺脂肪酶活性在盐度 14 时最高,之后随着盐度的升高逐渐降低;雄蟹肝胰腺脂肪酶活性在盐度升高到 7 时增加,之后维持在这一水平,盐度达到及高于 28 时降低。由于本试验中所测定的脂肪酶活性值偏差较大,导致各盐度组之间无显著性差异($P>0.05$)。除 28 盐度组外,其余各盐度下雄蟹肝胰腺脂肪酶活性均高于雌蟹,但仅在盐度升高到 35 表现出显著性差异($P<0.05$)(图 3 - 21)。

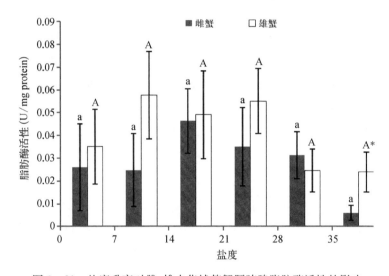

图 3 - 21　盐度升高对雌、雄中华绒螯蟹肝胰腺脂肪酶活性的影响

3.2.4.3　讨论与小结

在洄游期中华绒螯蟹的肝胰腺中检测到较高的淀粉酶、纤维素酶、胃蛋白酶和胰蛋白酶活性,这一结果与其他学者对中华绒螯蟹消化酶的研究结果类似(施炜纲等,2000;周永奎等,2005),这表明中华绒螯蟹可以水解糖类、蛋白质类饵料作为营养源。对本地和入侵中华绒螯蟹摄食习性的研究均显示,中华绒螯蟹为杂食性甲壳类,主要摄食一些以藻类为食的无脊椎动物和生活在浅水区域的脊椎动物(Rudnick et al.,2005),因此,本试验中中华绒螯蟹亲体具有较高的消化酶活性与其食性相吻合。

糖类是甲壳动物维持生长、发育的重要能源物质,淀粉酶和纤维素酶是两种重要的糖类消化酶。研究发现草食性和杂食性甲壳动物比肉食性甲壳动物具有更高的淀粉酶活力(Johnston & Yellowless,1998)。本试验中检测到中华绒螯蟹肝胰腺中淀粉酶活性远高于其他四种消化酶的活性,这一结果与中华绒螯蟹(施炜纲等,2000;周永奎等,2005)、凡纳滨对虾(黄凯等,2007)、中国明对虾(刘玉梅等,1984)、淡水螯虾(Coccia et al.,2011)等十足目甲壳类消化酶的研究结果一致。碳水化合物主要以肝糖原的形式储备在甲壳动物的消化腺 R 细胞中(Icely & Nott,1992),通过糖酵解作用水解成葡萄糖和能源物质 ATP,淀粉酶是糖原分解过程中关键的多糖酶(Johnston,2003)。通常认为,饵料是影响甲壳类消化酶活性的最重要因子,因此,消化酶活性的高低常被用于指示饲料中不同营养成分的重要性。中华绒螯蟹肝胰腺中较高的淀粉酶活性似乎表明碳水化合物在其营养物质来源中占有重要的地位,但本试验中试验蟹自野外收集、运输到实验室后,整个暂养及试验过程中仅投喂螺蛳肉作为饵料,未投喂碳水化合物类饵料。结果可能表明,中华绒螯蟹具有较强的消化碳水化合物的能力,且这种能力不受其摄食饵料种类的影响。

盐度改变后机体需要进行相应的渗透调节以适应环境,这同时也涉及机体代谢的重新调整,从生化水平上进行消化调节可以改善机体对基本能源物质的消化能力,从而获得能量。Asaro 等(2011)研究发现,低盐胁迫会诱导张口蟹(*Neohelice granulata*)淀粉酶活性显著升高。黄凯(2007)研究显示低盐度下凡纳滨对虾消化酶活性升高,本试验结果与此类似。雌、雄蟹四种消化酶活性分别在盐度达到或超过 28 或 21 时显著降低。在低盐下,广盐性甲壳类主要通过主动从环境中吸收 Na^+ 和 Cl^- 以调高血淋巴渗透压,而这一过程是耗能的,较高的消化酶活性可有效地促进机体对饵料的消化、吸收以及利用,使动物从食物中摄取更多的能量以满足离子吸收对能量的需求。因此,在低盐度下中华绒螯蟹肝胰腺消化酶活性较高可能是动物消化能力的一种适应性生理反应。

一般认为,在血淋巴渗透压接近外界环境渗透压时机体用于离子、渗透压调节的能量支出降低。作者研究表明中华绒螯蟹亲体的等渗点接近盐度 28,而本实验中雌、雄蟹消化酶活性在接近盐度 28 时显著降低,本试验结果支持这一理论。在接近等渗环境时用于渗透调节的能量需求降到最低,机体可能相应地降低从食物中获取能量的比例,因此,消化酶活性也可能适应性地下调。此外,动物的活动性强弱通过影响机体的代谢水平,从而可能间接地影响消化酶的活性。盐度降低后强渗透压调节者蟹类活动性增强已被报道(McGaw et al.,1999)。本试验过程中发现盐度达到 35 时中华绒螯蟹亲体虽然可以存活,但活动性显著降低,因此,在本试验中,蟹活动性的降低引起的机体代谢减弱也可能是消化酶活性降低的一个原因。神经内分泌激素参与调节甲壳类的摄食行为(Curtis & McGaw,2010)和消化酶的活性(Wormhoudt,1974)。Curtis 和 McGaw(2010)发现在低盐环境中首长黄道蟹(*Cancer magister*)摄食量降低,这主要受位于窦腺的神经内分泌激素的控制。神经内分泌激素参与机体渗透调节的调控已被广泛证实,其调控酶的合成也曾报道(Wormhoudt,1980),但关于在盐度胁迫下神经内分泌激素是否直接调控消化酶的活性未见报道。目前关于鱼类在渗透压调节过程中的摄食和消化调节机制仍存在争议(Boeuf & Payan,2001),而关于甲壳类渗透胁迫下的摄食和消化研究较少,因此,仍需进行相关研究才能阐明渗透环境改变后甲壳类的摄食与消化调节机制。

野外调查显示,在生殖洄游期间,中华绒螯蟹雄蟹先到达河口半咸水区域,雌蟹在随后的一个月之内到达(Anger,1991)。因此,在盐度的刺激下精子细胞比卵母细胞成熟更早,这可能使得雄蟹表现出繁殖行为。本试验中,雄蟹四种消化酶活性均在盐度升高到 14 时被激活,这可能与盐度刺激下雄蟹出现繁殖行为,对能量的需求增加有关,升高的消化酶活性可以促进机体从有限的饵料中获取更多的营养物质,为之后的繁殖活动储备能量。雌、雄蟹配对后,雌蟹洄游到河口盐度更高的水域,在第二年春天释放蚤状幼体(Herborg et al.,2006),而雄蟹似乎并不需要经历相对较高的盐度环境。因此,在繁殖过程中雌、雄蟹不同的使命使得从生理、生化水平上,雌蟹需要比雄蟹对高盐环境有更强的适应能力。本试验中盐度增加后雌、雄蟹消化酶活性的变化证实了这一假设。本研究中盐度升高诱导雄蟹消化酶活性降低的最低盐度(21‰)低于雌蟹(28‰),这从消化生化的角度表明,相对而言雌蟹比雄蟹对高盐环境具有更强的适应性。因此,作者推测消化酶活性的性别差异与其在繁殖期间经历的盐度环境相吻合。

本试验发现在多个盐度梯度下中华绒螯蟹雄性亲体的消化酶活性是雌性亲体的约 2 到 3 倍,这一结果与叶元土等(2000)的研究结果一致。叶元土等(2000)研究发现雌、雄蛋白酶活性存在差异,但这种性别差异主要取决于消化部位。雄蟹具有强大的螯足和步足,因此,相对而言,雄蟹的摄食、捕食和爬行能力更强,因而可能具有较高的消化酶活性。叶元土等(2000)的研究中试图解释雄蟹虽然具有较强的摄食能力且具有较大的摄食容量,但与雌蟹相比,其对食物的消化能力可能较弱。基于先前研究与本试验的研究结果,作者推测,雌、雄中华绒螯蟹肝胰腺消化酶活性的差异与其活动性和摄食能力有关。

本试验研究证实,盐度升高后中华绒螯蟹消化酶活性进行适应性的调节。肝胰腺具有较高的淀粉酶和纤维素酶活性显示了中华绒螯蟹具有较强的水解碳水化合物的能力。雄蟹消化酶活性受到抑制的初始盐度低于雌蟹,这可能从消化生化的角度上显示雌蟹在一定程度上比雄蟹更耐受高盐环境。盐度接近等渗点时消化酶活性降低是用于离子调节的能量需求降低后机体的一种消化调节。雄蟹肝胰腺消化酶活性高于雌蟹与其较强的运动活力和摄食能力有关。更多的研究仍需进行,以阐明渗透环境改变后甲壳类消化酶活性的调节机制。

第4章 中华绒螯蟹放流亲蟹培育

中华绒螯蟹(*Eriocheir sinensis*)在淡水中生长育肥,每年秋冬之交,性成熟蜕壳后的中华绒螯蟹成群结队向河口浅海处洄游,在洄游过程中,性腺逐步发育,在咸淡水中性腺发育成熟,并完成交配、产卵和孵化等过程。孵出后的苗体呈水蚤状,称蚤状幼体。蚤状幼体经 5 次蜕壳后变态为大眼幼体,俗称蟹苗。大眼幼体随潮水进入淡水江河口,蜕壳变态为Ⅰ期仔蟹。仔蟹继续上溯进入江河、湖泊中生长,经过若干次蜕壳,逐步生长为幼蟹(蟹种)。幼蟹又经多次蜕壳,进入成蟹阶段。成熟蜕壳后性腺迅速发育,开始向浅海处生殖洄游,进入亲蟹阶段。人工培育技术环节主要包括幼体培育、扣蟹培育、成蟹养殖、亲蟹培育等。

4.1 幼体培育

幼体培育指从初孵的Ⅰ期蚤状幼体(Z_1)到大眼幼体(M)的培育,约需 19～22 d(王武等,2010)。一般采用天然海水土池生态育苗法,整个育苗过程主要包括以下几个方面。

4.1.1 育苗池条件

育苗池要求水源充足,水质良好,进排水方便,池底平坦,淤泥少(邹勇等,2014)。每个育苗池面积 0.5～3 亩,长方形,坡比为 1:2。育苗池水深1.2 m 以上。蟹苗投放前 15～20 d,将池水排干,让池底暴晒数天后,采用干法清池。用 80～100 kg/亩的生石灰加水溶化后向池四周均匀泼洒,次日再用铁耙翻动底泥,使石灰浆与底泥充分混合,以便杀死野杂鱼、敌害生物及病原菌。

4.1.2 池塘育肥

蟹苗下池前 7～10 d,向池内注水 50 cm,并投施鸡粪、牛粪、猪粪等有机肥料,培育饵料生物。投施肥料的用量为 150～200 kg/亩。在育苗池塘四周浅水区,种植适应咸淡水生长的茨藻(俗称咸丝草),覆盖面占水面的 40% 左右,为幼体提供栖息和隐蔽的环境。

4.1.3 蟹苗放养

(1) 放养时间

由于幼体出膜时间是按胚胎发育程度推测的。因此,同一批蟹,各个体的孵幼时间并非一致。为了要求同一培育池的幼体出膜时间不相差 1 d 以上的时间,需采取一定的技术措施。具体方法是:在抱卵蟹的饲养过程中,当腹肢刚毛上的卵大部分变得透明时,将抱卵蟹置入蟹笼内,每只笼放养 25～36 只。然后将蟹笼置于漂白粉溶液中浸泡 30～40 min,消毒后放入幼体培育池,并每隔 2～3 h 检查一次幼体出膜情况。当孵出幼体数达到计划放养量时,取出蟹笼,移至下一个培育池继续孵幼。

(2) 密度

每立方米水体放养第Ⅰ期蚤状幼体 4～6 万只,一般不宜超过 10 万只。幼体放养量的计算目前多采用估算法,即按下式计算:放养量＝放养密度×水体容积/平均怀卵量×孵化率。孵化率一般以 70% 计算。平均怀卵量是通过抽样取平均值计算的,即在群体抱卵蟹中抽取大、中、小三个等级的抱卵蟹,取下卵块,称重,按每克 18 000 粒卵来计算,分别得出 3 个等级蟹的卵量,再取其平均值即得。

4.1.4 生物饵料培育

生物饵料又称为活饵料,是指经过筛选的优质饵料生物经过人工培养后,以活体作为养殖对象食用的专门饵料,如单胞藻、轮虫、枝角类、桡足类和贝类等(王武等,2010)。河蟹各期蚤状幼体都是杂食性的,以动物性饵料为主,植物性饵料为辅,也摄食有机碎屑。无论是单一饵料品种。还是各种饵料混合使用,均能育成大眼幼体。大量试验表明,幼体食谱极为广泛:有三角褐指藻(*Phaeodactylum tricornutum*)、新月菱形藻(*Nitzschia closterium*)、舟形硅藻、扁藻、盐藻、鞭藻、角毛藻（*Chaetoceros* sp.）等单细胞藻类;有轮虫、沙蚕幼体、面盆幼虫、担轮幼虫、盐水丰年虫无节幼体等动物性饵科;还有豆浆、白蛤肉酱、豆腐、人工微粒配合饵料等十余种。

（1）单胞藻的培养

育苗培养的单胞藻主要有三角褐指藻、牟氏角毛藻（*Chaetoceros muelleri*）、亚心形扁藻（*Platymonas subcordiformis*）和小球藻（*Chlorella vulgaris*）等。单胞藻的生态条件是否适宜是培养藻类的技术关键,特别重要的生态条件有光照、温度、pH、盐度、营养盐等,几种常见单胞藻的适宜生态条件如表4-1所示。

表4-1　几种单胞藻的适宜生态条件

藻　名	生　态　因　子			
	盐度	温度（℃）	光照（Lux）	pH
扁藻	18～38	20～28	10 000～15 000	7.5～8.5
褐指藻	15～30	15～20	3 000～5 000	7.5～8.5
义鞭金藻	20～25	25～32	5 000～10 000	7.5～8.5
小新月菱形藻	18～32	16～20	6 000～8 000	7.5～8.5

注:引自张列士等（2002）

单胞藻从接种到大面积培养可以分为三级培养。

一级培养主要在实验室中进行,将少量纯种单胞藻放在250～5 000 mL的三角烧杯中培养,培养液的配制方法参考王武等（2010）。配制好培养液后,将购入的纯种藻种以1∶20的比例在三角烧瓶中扩大培养。根据该藻生长繁殖所需的生态要求,控制好培养温度和照度。一般5～7 d后可以达到较高密度,为防止藻种老化,要及时分杯进行扩大培养。

二级培养是在日光温室内的小型水泥池中培养,培养池的面积约为9～15 m²,保持池深50 cm,池底及内壁镶上白瓷砖。二级培养的培育程序如下:① 消毒。培育池和工具清洗后,将所有的培育池加入过滤海水。再用浓度20 mg/L的漂白粉消毒培育池,5 d后接种藻种;② 注水。为提高藻种浓度,初次注水深度约10 cm左右,以后随着藻液浓度的增加,采用分期注水的方法促进藻类生长;③ 施肥。注水后立即施用化肥。化肥的浓度以适中的N（氮）浓度（30～50 mg/L）为标准,按照N（氮）∶P（磷）∶Si（硅）∶Fe（铁）＝1∶0.1∶

0.05：0.01 的比例配制。每天早晨添加新水后随即施肥;④ 接种。接种的藻种需保持较高的浓度。如三角褐指藻为 100 万个/mL,牟氏角毛藻为 50 万个/mL,亚心形扁藻为 10 万个/mL,小球藻为 100 万个/mL;⑤ 管理。日常管理要按照"四勤"要求,即勤检查、勤搅拌、勤施肥和勤清理。搅拌可以防止表层产生藻膜,并使下层藻体上浮,以获得充分的光照。每天至少搅拌 7～8 次。采用充气装置促进藻体的生长繁殖,效果更好。

三级培养是直接在育苗池中扩大培养,目的是为蚤状幼体提供大量的适口饵料。具体方法如下：在蚤状幼体放散前 7～10 d,将二级培育池的藻种移入育苗池中培养,操作方法同二级培养。藻液接种比例为 1：3～5,并连续 24 h 充气。根据藻体生长的天气情况,每天确定加水、追肥的数量,经过 7 d 的培养后,藻体浓度可以达到蚤状幼体放养要求。

（2）轮虫的培养

轮虫是一群微小的多细胞动物,种类繁多,广泛分布于淡水、半咸水和海水水域中。由于轮虫具有生命力强、繁殖迅速、营养丰富、大小适宜和容易培养等特点,是甲壳类和鱼类幼体的重要天然饵料,其中在中华绒螯蟹人工育苗种常用的是褶皱臂尾轮虫(*Brachionus plicatilis*)。轮虫的培养通常包含以下几个环节。

1）轮虫休眠卵的采集：秋冬季节,在老养鱼池的底泥层中沉积有大量的休眠卵,用机械或铁链搅动底泥,使休眠卵上浮水面,在池边或四周能见到一层微红色的卵浮膜,将其采出后可以作为移植于其他水体或室内培养的"种源"。

2）轮虫休眠卵的保存：采用保存休眠卵的方式进行保种。将采集的轮虫休眠卵阴干后,装瓶蜡封,放在低于 5℃ 的冰箱内保存,这种方法可以保存 1～2 年。

3）轮虫休眠卵的孵化：用 150～200 目的筛绢过滤海水后,将保存的休眠卵放在海水中孵化,孵化水温 25～30℃,盐度 20 为最适条件,在孵化过程中经常搅拌促进其孵化,经过 7 d 左右即可孵出轮虫幼体。

4）轮虫培育池：池塘面积 3～5 亩,池底平整,围堤坚固。池塘水深保持1～1.2 m,排灌水方便,可采用水泵动力提水;也可以在闸门处安装 250 或 300目密筛绢的过滤网,涨潮时海水经过滤后进入池中。

5）清塘：清塘方法有两种。一为干法清塘,把池水排干,在烈日下暴晒 3～5 d;另一种为带水清塘,按水体量加入药物杀死敌害生物,在无池水浸泡的池壁,则用清池药液泼洒消毒。

6) 注水:清塘药效消失后,即可注水入池。注入海水前,先用 250 或 300 目的密筛绢网过滤,以清除敌害生物。一次进水不宜过多,第一次进水约 20~30 cm,随后再逐步增加注水量。

7) 施肥培养藻类:灌水后即施肥,培养藻类作为饵料。采用有机肥和无机肥混合使用的方法,有机肥以发酵鸡粪为主,每亩施发酵鸡粪 100~150 kg 为基肥。施肥时,先将 1/2 的鸡粪肥均匀撒于池内,其余 1/2 堆在池塘四周,依靠雨水使肥分缓缓流入池中或作日后追肥用。施好基肥后每亩再施 2 kg 尿素和0.5 kg 过磷酸钙。

8) 接种:轮虫的接种量以 0.5~1 个/mL 较为适宜,将繁殖已达高峰的培养池中的轮虫,连池水带轮虫抽入池中进行接种。

9) 采收:轮虫的采收方法,可以用 200 目筛绢做成拖网,沿着池边拖曳采收。也可以利用轮虫趋光的特点,利用光诱,使轮虫大量聚集在强光处,轮虫集中的地方呈褐红色,用水桶直接舀取采收。

(3) 枝角类培养

枝角类又称为水蚤、红虫、鱼虫,隶属于节肢动物门、甲壳纲、枝角目,是一种小型甲壳动物。枝角类营养丰富,体内富含丰富的蛋白质,并含有鱼类和其他水生动物所需的必需氨基酸、脂肪酸、维生素和矿物质等。其生活周期短,繁殖速度快,对环境的耐受性强,是一种理想的人工培育的动物性饵料(王武等,2010)。枝角类的培养技术流程如下。

1) 休眠卵采集与分离:在自然水体中,当秋末冬初时,枝角类会产生大量的休眠卵沉于泥底。用采泥器采集底泥(从表层到 5~6 cm 的淤泥),将采集的淤泥与休眠卵用 100~120 目的筛绢过滤,去除泥沙等大颗粒杂质,再放入 50% 蔗糖溶液中,用 3 000 转/min 的离心机转 5 min,休眠卵即浮到溶液表层,捞出即可采集。

2) 休眠卵保存:将分离的枝角类休眠卵用滤纸过滤,除去水分后阴干,装瓶蜡封,存放于冰箱或阴凉干燥处保存。

3) 休眠卵孵化:根据不同种类枝角类的生态要求,提供最适的水温、盐度、照度,在饵料(加入单细胞藻类)充足的条件下,提供微充气的孵化条件,枝角类休眠卵在 3~5 d 内开始孵化,3 周内全部孵化完。

采用室外土池施肥培养枝角类,具体培养方法如下:

1) 培养池及清池:培育池要求的条件及清池方法参考轮虫土池培养,培养条件与轮虫培养基本相同。

2) 进水:待清池药效消失后,即可注水入池。注入的水先用80目的筛绢网过滤,以清除敌害生物,第一次进水约20~30 cm,待水中单细胞藻类培养繁殖达到一定浓度后再逐步增加注水量。

3) 施肥:注水后施有机肥和无机肥培养单细胞藻类。有机肥以鸡粪为主,施肥量为100~150 kg/亩,其他畜粪为300~500 kg/亩;施无机肥时,施肥量为每亩施放2 kg尿素和0.5 kg过磷酸钙,选择在晴天施肥。

在天气晴朗有阳光的条件下,一般经过3~5 d藻类开始繁殖。若藻类数量太大,池水透明度低于20 cm时,可适当加水5~10 cm;当水位升到50~60 cm时,则可接入枝角类种。在培养过程中,根据藻类的生长情况,每隔5~7 d以同样的量追施化肥1次。

4) 接种:采用室内培养的枝角类作为备种,接种量为5~10个/L以上。半个月后枝角类大量繁殖,当水色呈暗红色时,开始采收枝角类。

5) 日常管理:枝角类主要摄食单细胞藻类、光合细菌和有机碎屑,因此,维持水体中单细胞藻类的数量,保持合适的透明度,是日常管理的主要工作。在土池培养枝角类时,维持水体透明度为20~30 cm,当水中透明度密度过高时,表明枝角类密度大,此时需要及时追施肥料。在管理过程中,控制枝角类的密度在300~500个/L为宜。

(4) 卤虫孵化与无节幼体的分离

卤虫又称盐水丰年虫,是一种世界性分布的小型甲壳类,隶属于节肢动物门、甲壳纲、无甲目、卤虫科、卤虫属。卤虫是生活在高盐度水域的个体,体色较深,呈红色,其无节幼体是中华绒螯蟹人工育苗的主要饵料。卤虫的培养主要是从它的冬卵孵出无节幼体的过程。卤虫冬卵的孵化技术如下。

1) 卤虫冬卵质量鉴别:冬卵要求杂质少,无霉烂,破卵率低,颜色呈棕褐色,卵外观有光泽,手摸无潮湿感。选用孵化率达到90%以上的卵作为备用孵化冬卵。

2) 卤虫冬卵贮藏:一种方法是将冬卵充分晒干后,置于干燥通风的常温下保存,及时翻晒,预防潮湿。另一种方法是将冬卵用饱和盐水浸泡,再贮藏在冷库,在-15℃条件下长期保存。

3) 卤虫卵的清洗、浸泡与消毒:将卤虫卵装入 150 目的筛绢袋中,在自来水中充分搓洗至水澄清后,再将虫卵在洁净的淡水中浸泡 1 h。将浸泡好的虫卵用 300 mg/L 的高锰酸钾溶液浸泡 5 min,用海水冲洗至流出的海水无色。

4) 卤虫冬卵的孵化:孵化器用玻璃、塑料或玻璃钢制成,底部呈圆锥形,底部开口用阀门控制。利用气泡石在容器底部连续充气,保证卵在水中不断翻滚。孵化密度小于每升水 2～3 g 卤虫卵,保持孵化水温 20～30℃,盐度 15～25,水体 pH 在 8～9 之间。

卤虫初孵无节幼体的分离:采用静置和光诱相结合的方法分离卤虫无节幼体。当虫卵孵化完成后,停止充气,并在孵化容器顶端蒙上黑布,静置 10 min。在黑暗环境中,未孵化卵最先沉入池底,并聚集在容器的锥形底端,卵壳则漂浮在水体表层。缓慢打开孵化容器底端的出水阀门,将最先流出的未孵化卵排掉,在出水口套上 120 目的筛绢网袋,收集无节幼体。将筛绢袋中收集到的无节幼体转移到装有干净海水的玻璃水槽中,利用无节幼体的趋光性,进一步做光诱分离,获得较为纯净的卤虫无节幼体。

4.1.5　饵料投喂

蚤状幼体在不同的发育阶段要求不同的适口饵料:Z_1 以单胞藻为主,Z_2、Z_3 以捕食轮虫为主,Z_4、Z_5 以捕食卤虫幼体为主,大眼幼体以捕食卤虫成体为主。根据各阶段对不同饵料的需求,培育生产中常采用以下方法:以单胞藻作为蚤状幼体阶段的基础饵料,轮虫作为蚤状幼体的开口饵料,卤虫(包括无节幼体)为育幼的主体饵料,大型浮游动物(水蚤等)或商品饲料(鱼、虾肉糜)作为补充饵料,形成育苗的饵料系列。同时,在育苗前期还可投喂蛋黄,投喂量为 0.2～0.5 个/(m³·d),投喂时先用细筛绢过滤,然后再全池均匀泼洒。在蚤状幼体阶段,还可泼洒豆浆作为辅助饲料,每天上午、中午、下午各泼一次,每次每亩池泼 15～17 kg 豆浆。

在幼体培育过程中,单胞藻作为基础饵料不可替代,轮虫、卤虫等在育苗池中也摄食单胞藻。因此,在育苗水体中保持一定数量的单胞藻极为必要。在单胞藻合适的密度下,培育出的幼体活力强,变态整齐。

投喂轮虫和卤虫数量视幼体的摄食情况酌情增减,投饵原则是少投勤投,每天分 10～12 次投喂。收购的轮虫、大卤虫要用海水冲洗干净后,用 20 mg/L 的高锰酸钾溶液充气浸泡 10～15 min,消毒后投喂。在大眼幼体阶段可泼洒鱼糜、虾糜为辅助饲料,投饵量为体重总重量的 20%,投喂过多会引起水质恶化。各阶段投喂饵料见表 4-2。

表 4-2 中华绒螯蟹土池生态育苗分阶段饲养管理

阶 段	名 称	幼体发育	时 间	饵 料
第一阶段	藻类阶段	Z_1	4 d	单胞藻,蛋黄辅以轮虫
第二阶段	浮游动物阶段	Z_2、Z_3、Z_4	3、3、3 d	轮虫和小型水蚤为主,辅以蛋黄和豆浆
第三阶段	变态阶段	Z_5	3～4 d	以水蚤为主
第四阶段	淡化阶段	M	6～10 d	以水蚤为主,鱼、虾糜为辅

注:根据王武等(2010)并适当进行改编

4.1.6 日常管理

中华绒螯蟹幼体发育较快,新陈代谢旺盛,每天摄食量大,排泄物多,排泄物和残饵易污染水质,因此应经常用虹吸法消除污物,并更换池水。Ⅳ期蚤状幼体转为营底栖生活,要求Ⅳ期、Ⅴ期蚤状幼体分别换池 1 次。此外,蚤状幼体趋光性和集群性强,有时会造成池中局部缺氧而致幼体死亡,因此育苗期间,应随幼体发育而进行充气,每分钟充气量占水体的 1%～2.5%,以冲散集群,并随气流充氧,保持水体中有足够的溶氧。

温度与幼体发育速度密切相关。在适温范围内,温度越高,幼体生长发育速度越快,完成变态所需的时间也越短。水温低于 18℃,幼体变态时间延长,且易感染疾病;水温高于 26℃,幼体发育加快,但抗病力差,幼体成活率低。因此在幼体培育期间,除了及时换水外,还要相应控制好水温,以保持幼体正常发育。

除了适时换水和温度控制外,中华绒螯蟹幼体对光照也有一定的要求。蚤状幼体和大眼幼体都喜欢弱光,对强光直射会产生回避反应。因此,在育苗期间,育苗池上方要用遮阳网防止强光直射。不同发育时期对光照的要求不同,Z_1～Z_2 时期,适宜的光照强度为 4 000～5 000 Lux,以后可以逐步升高,到大眼幼体时可提高到 10 000 Lux。

幼体培育管理工作要求较高,一有疏忽,就会造成幼体大批死亡,带来难以挽回的损失。幼体培育种的日常管理可以归纳为“一看、二查、三防、四措施”。

"一看"即先观看培育池水质是否好。幼体培育池水质好坏与养鱼池的水质好坏概念不同,与肥度的概念也不同。对于培育河蟹幼体的水质,要求在水体中具有一定密度的单细胞藻类,对于后期幼体,水质要求清净、无杂蚤。再在培育池边观看幼体活动状况。一般幼体活动均在培育池的上风、边角,观察幼体的密集程度,是否有病害;再看当天天气情况和培育池进、出水情况。发现问题要立即采取措施。

"二查"即查幼体变态情况;查幼体肠胃饱食程度;查培育池饵料品种和密度;查幼体是否有病害;查幼体死亡原因;测水温、pH 等。

"三防"即在晴天防止幼体搁浅晒死,在雨天防止池水盐度突降,平时防止弹涂鱼等跳入池内,伤害幼体。

"四措施"即根据以上"一看""二查""三防"所出现的问题,及时采取相应有效措施,以保证幼体培育的顺利进行。

4.1.7　胚胎与幼体发育

中华绒螯蟹受精卵的卵裂方式为典型的表面卵裂,依据中华绒螯蟹胚胎发育中一些易于观察的形态特征并参考蟹类的分期方法,对中华绒螯蟹的胚胎发育进行了如下分期:

(1)受精卵(fertilized eggs)　受精卵为圆形,卵径(367 ± 6) μm,含卵黄较多,受精卵内部的卵质和卵膜贴得很紧,卵质颜色较深,在这一时期卵膜的颜色始终是透明的。随着时间的推移,一部分卵质开始和卵膜分离(图版 4-1 a)。

(2)卵裂期(cleavage stage)　随着时间的推移,胚胎进一步发育。卵裂首先在动物极出现隘痕,不久即分裂成两个大小不等的分裂球,由于分裂是不等分裂,二分裂球后相继出现 4、8、16、32 细胞期,发育至 64 细胞期后,分裂球的大小已不易区分,胚胎进入多细胞期。整个卵膜内的卵质都在收缩,其体积较受精卵期明显缩小,最后整个卵质表面都呈现成大小不等的裂块,为典型的表面卵裂(图 4-1 b~f)。

(3)囊胚期(blastula stage)　中华绒螯蟹的受精卵不具有常见形式的囊胚腔,发育到囊胚期时,先是受精卵的一部分发生隆起,而另一部分仍为卵裂期。分裂开始变快,细胞增加很多,这些细胞都呈圆形或椭圆形,排列在胚胎的周围,组成一层薄的囊胚腔,囊胚层下的囊胚腔则全被卵黄颗粒所填充,也称卵黄

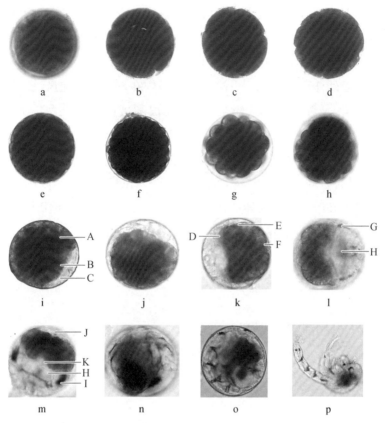

图 4-1　中华绒螯蟹胚胎发育(图中标尺均为 $100~\mu\mathrm{m}$)(黄晓荣等,2011)(后附彩图)

　　a.受精卵;b.2 细胞;c.4 细胞;d.8 细胞;e.16 细胞;f.32 细胞;g~h.囊胚期;i~j.原肠期;k.前无节幼体期;l.后无节幼体期;m.前蚤状幼体期;n.蚤状幼体期;o.出膜前期;p.出膜期

　　A.胚区;B.原口;C.胚外区;D.视叶原基;E.似桥细胞群;F.腹板原基;G.视叶;H.头胸甲原基;I.复眼;J.心脏;K.口道

囊(图 4-1 g~h)。

　　(4) 原肠期(gastrula stage)　随着胚胎的发育,胚胎以内移方式形成原肠胚,胚胎的一端出现一个透明区域,在卵的一侧出现一块新月形的透明区,从而与黄色的卵巢块区别开来。随着分裂的加速,细胞越来越小,胚胎前端的大部分形成细胞密集的区域,称为胚区,而后端的一小部分则形成胚外区。在胚区的后端还另有一小区,称为原口或胚孔。随着原口的出现,在胚区前端两侧形成一对密集的细胞群,这对细胞群初呈盘状,后呈球状,突露于胚胎上,称为视叶原基。随后胚区左右各侧又出现拱桥状的增厚细胞带,称为似桥细胞群(图

4-1 i～j)。

（5）前无节幼体期（egg-nauplius stage）　无色透明区继续向下凹陷,约占整个卵面积的 1/5～1/4 左右,胚区似桥细胞群形成 3 对附肢原基,同时视叶原基明显增大,成为视叶(图 4-1 k)。

（6）后无节幼体期（egg-metanauplius stage）　透明区已占整个卵面积的 2/5 左右,幼体的附肢增加到 5 对,最终甚至达到 7 对,胚胎左右两侧各出现一条纵走的隆起,这就是头胸甲原基(图 4-1 l)。

（7）原蚤状幼体期（original zoea stage）　头胸甲原基不断生长,左右相连,成为头胸甲。透明区继续扩大,约占 2/3～1/2,在胚体头胸部前下方的两侧出现橘红色的眼点,呈扁条状,后来条纹逐渐增粗而呈星芒状,复眼的发育基本完成,复眼色素形成后,眼点部分色素加深变黑,眼直径扩大,复眼已呈大而显眼的椭圆形,复眼内各单眼分界逐渐分明,呈放射状排列。胚胎上可见多数棕黑的色素条纹,这些条纹逐渐变粗而呈星芒状。卵黄收缩呈蝴蝶状,卵黄囊的背方开始出现心脏原基,不久心脏开始跳动(图 4-1 m～n)。

（8）出膜前期（prehatching stage）　随着胚胎进一步发育,心跳频率继续增加,间隙次数减少,并且趋于稳定,节律性增加,心跳次数增加至每分钟 170～200次。胚胎腹部的各节间相继出现黑色素,胚体在卵膜内转动(图 4-1 o)。

（9）孵化期（hatching stage）　受精后 978 h,有效积温 10 758 h·℃。胚胎发育完全后,借尾部的摆动破膜而出,即为第一幼体(图 4-1 p)。初孵幼体体型与成体基本相同,全长 1.6～1.79 mm,头胸甲长 0.7～0.76 mm,腹部长 1.1～1.18 mm,腹部卷曲,活动能力很弱,依靠卵黄为营养物质,附着在母体腹足上生活。

在试验温度(16℃)下,中华绒螯蟹胚胎发育所需时间较长,历时 978 h,各个时期的发育时间、所需有效积温和典型特征见表 4-3。

表 4-3　中华绒螯蟹胚胎发育与有效积

发育时期	发育时间(h)	有效积温(h·℃)	发 育 特 征
受精卵	0	0	圆形,含卵黄较多
卵裂期	96	1 056	不等分裂,表面卵裂型
囊胚期	340	3 740	形成囊胚腔
原肠期	400	4 400	新月形的透明区

（续表）

发育时期	发育时间(h)	有效积温(h·℃)	发育特征
前无节幼体期	580	6 380	视叶出现
后无节幼体期	750	8 250	头胸甲原基形成
原蚤状幼体期	798	8 778	复眼形成,心脏跳动
出膜前期	954	10 494	心跳频率增加
孵化期	978	10 758	第一幼体孵出

注：引自黄晓荣等(2011)

刚从卵孵化出的幼体,外形似水蚤,故称蚤状幼体(图4-2)。幼体分为五期,胚体出膜后进入海水的幼体为第Ⅰ期蚤状幼体,以后每隔3～5天蜕皮1次,依次变为第Ⅱ、Ⅲ、Ⅳ、Ⅴ期蚤状幼体。

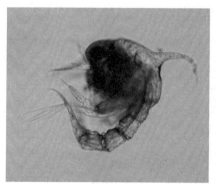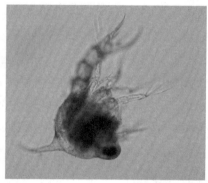

图4-2　Ⅱ期蚤状幼体

蚤状幼体各期伴随着每次蜕皮,体形和体态都发生了明显的变化,但各期的主要区别是第一、二颚足外肢末端的羽状刚毛数和尾叉内侧缘的刚毛对数以及胸足与腹肢的雏芽出现与否。

第Ⅰ期：幼体全长1.5 mm左右,第一、二颚足外肢末端的羽状刚毛为4根,尾叉内侧缘刚毛对数为3对,胸足与腹肢的雏芽未出现。

第Ⅱ期：幼体全长2.0 mm左右,第一、二颚足外肢末端的羽状刚毛为6根,尾叉内侧缘刚毛对数为3对,胸足与腹肢的雏芽未出现。

第Ⅲ期：幼体全长约2.7 mm左右,第一、二颚足外肢末端的羽状刚毛为8根,尾叉内侧缘刚毛对数为4对,未出现胸足与腹肢的雏芽。

第Ⅳ期：幼体全长约3.5 mm左右,第一、二颚足外肢末端的羽状刚毛数为10根,尾叉内侧缘刚毛对数为4对,开始出现胸足与腹肢雏芽。

第Ⅴ期：幼体全长约 4.6 mm，第一、二颚足外肢末端的羽状刚毛对数为 12 根，尾叉内侧缘刚毛对数为 5 对，第三颚足长出，胸足基本成形。

第Ⅴ期蚤状幼体经 3~5 d 后蜕皮即变态为大眼幼体，俗称蟹苗（图 4-3）。幼体扁平，胸足 5 对，腹部狭长。大眼幼体具有较强的趋光性和溯水性，能适应淡水生活。对淡水水流较敏感，往往溯水而上，形成蟹苗汛期。在培育池中喜沿池壁往同一方向成群游动，有时也附在岸边石壁或水草等附着物上。大眼幼体可用鳃呼吸，离水后保持湿润可存活 2~3 d，这一特性为蟹苗干运提供了便利。大眼幼体为杂食性，能捕食比它自身还大的浮游动物。

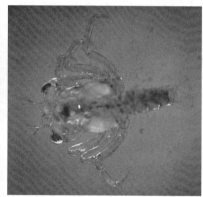

图 4-3　大眼幼体

大眼幼体蜕皮后变成第Ⅰ期幼蟹（图 4-4），以后每隔 5 天蜕一次壳，经 5~6 次蜕壳后变为蟹时的形状。幼蟹为杂食性，主要以水生植物及其碎屑为食，也能采食水生动物尸体和多种水生动物如无节幼体、枝角类、蠕虫类等。

图 4-4　第一期幼蟹

4.2 扣蟹培育

由大眼幼体经过 5～8 个月的饲养,到当年年底或翌年 3～4 月份的生长阶段总称蟹种培育。此时大部分幼蟹长成规格为每千克 100～400 只的扣蟹(张列士等,2002)。这个阶段是中华绒螯蟹养殖过程中的重要阶段,也是成蟹养殖苗种来源的主要途径(李洪进,2014)。这一阶段养殖的技术难点是仔蟹成活率较低,为提高仔蟹成活率,在此培育阶段应从以下方面做好饲养和管理工作。

4.2.1 池塘条件

仔蟹需要清水、浅水、水草多、无敌害生物的环境,且仔蟹只有在浅水条件下才能蜕壳。因此,在扣蟹培育过程中,培育池应选择在环境安静、水源充足、水质清新、饵料丰富、无工业和生活污染的地方。培育池面积以 1～3 亩为宜,坡比为 1∶3,保持池塘水深 0.6～1.2 m。土质为黏土,淤泥小于 10 cm。池底自进水口一端向排水口一端倾斜,两端高度差为 20 cm 左右,便于蟹种起捕。池塘配备抽水、增氧机等机电设备。

仔蟹具有强烈的趋光及趋流性,逃逸能力很强。为了防止仔蟹的逃逸,要在培育池四周设置防逃设施。具体方法为:在培育池四周用 4 目/cm^2 的聚乙烯网片围起,网底部埋入土下 10 cm,网高 1.0～1.2 m,用木桩或竹桩固定。距离聚乙烯网片内侧 1～2 m 处用塑料薄膜作防逃墙,防逃墙高 50～60 cm,底部埋入土下 10 cm,并向池子内侧倾斜,用木桩或竹桩固定,在拐角处做好圆弧形。在进出水口用密网封好扎牢,防止幼蟹外逃和敌害生物进入。

4.2.2 放养前准备

清池消毒:幼蟹入池前 10～15 d 用生石灰清池,干法清塘用量为 75～100 kg/亩,带水清塘时用 150～200 kg/亩,以杀灭病原菌、野杂鱼等敌害生物。

注水施肥:清池后 5～7 d,注水 30～40 cm,进水口用 60 目网袋过滤。在幼蟹入池前 7～10 d,施经发酵过的鸡粪、猪粪、人粪等有机肥,用量为 300～500 kg/亩,同时施氨基酸肥水素 2～4 kg/亩,促进浮游生物的繁殖,为即将下塘的幼蟹提供大量的适口天然饵料。

移植水草：放养和种植水生植物不仅为蟹苗提供栖息、蜕壳的环境，提供新鲜可口的植物性饵料，还解决了池塘水浅、水质容易恶化的弊病。因此，栽培水生植物是提高仔蟹成活率的技术关键。在养殖池四周设置 1.5 m 宽水花生带，用竹杆固定。池内保持一定量的水浮萍，池底移植轮叶黑藻、苦草、马来眼子菜等。水草覆盖面要达到 60％以上。

投放抱卵青虾：在养殖池内投放抱卵青虾（1 kg/亩），投放时间为 4 月下旬，让青虾在池内自然繁殖，为幼蟹提供天然动物性饵料。

4.2.3　幼蟹放养

幼蟹质量：挑选出来的优质幼蟹体色要呈青灰色，肢体完整，无伤无病，活动能力强，反应灵敏。

幼蟹放养：幼蟹从仔蟹培育池中捕出后，采用专门的仔蟹网袋运输仔蟹，袋内放置水草，将仔蟹均匀撒入水草中，每袋放苗 0.25～0.5 kg。挑选规格为 1 500～1 800 只/kg 的幼蟹进行放养，放养密度为 8～10 kg/亩，具体视池塘情况、规格大小和养殖水平而定。仔蟹下塘前温差应控制在 5℃以内，放养时先将仔蟹网袋在池水中浸泡 2～3 次，经过 10～15 min 使仔蟹适应池内水温后，再把网袋打开放在池中水草边让仔蟹爬出。

4.2.4　水质调控

水位调控：幼蟹培育前、后期，每 5～7 d 加入 1 次新鲜水，保持水位 0.8～1.0 m。养殖中期（高温季节）每 3～5 d 加入新鲜水 1 次，保持水位在 1.5 m 以上并保持稳定。

水温调控：幼蟹生长最佳水温为 22～28℃，当水温高于 30℃时，幼蟹生长受到抑制，长时间处于高水温时会造成积温过高，容易引起性早熟。因此，在扣蟹培育过程中应尽量控制好水温。

水质调控：幼蟹对水质的变化较为敏感，在培育过程中，应保持水质的"新、活、嫩、爽"。每 15～20 d 使用 1 次生石灰，用量为 8～10 kg/亩，加水后全池泼洒，调节水体的 pH 在 7.5～8.5。定期使用光合细菌、枯草芽孢杆菌等生物制剂，改良水质和底质，保持池水的透明度在 40 cm 左右，池水盐度控制在 3 以内。

增氧措施：经常使用增氧设备，是扣蟹培育过程中的一项重要措施。在增氧设备上安装溶氧控制器，设定池水溶氧的最高和最低限，实现增氧设备的自动开、停机，保持池水溶氧量在 5 mg/L 以上，为扣蟹创造良好的生长环境。

4.2.5　饵料投喂

饵料是扣蟹培育的物质基础，在扣蟹整个培育阶段，除利用池中自繁的小虾、水草和底栖生物外，主要靠投喂人工饲料。

饵料种类：饵料分为天然饵料、人工饵料和配合饲料。适合幼蟹食用的天然饵料有浮游生物、水生植物和底栖生物等，人工饵料如麦子、豆饼、麸皮和米糠等。除此外，还可以投喂幼蟹配合饲料。

投喂方法：投喂饵料遵循"四定"原则，即定时、定量、定质、定位，投喂的饵料在 2 h 内吃完为宜。根据扣蟹的生长规律和生态要求，将扣蟹培育分为三个阶段。第一阶段是精料阶段，此时水温适宜（6月初至7月初），以投喂动物性饵料为主，占投喂量 70%，日投喂量为蟹体总重的 10%～20%；第二阶段是控制阶段，此时正值高温（7～8月），主要以投喂植物性饵料为主，日投喂量为蟹体总重 5%～8%；第三阶段是促长阶段，水温适宜（9～11月），主要以投喂动物性饵料为主，占投喂量的 50%，日投喂量为蟹体总重的 3%～5%。各阶段的饲养方法见表 4-4。

表 4-4　1龄扣蟹分阶段饲养模式

阶　　段		蜕　壳	饵　　料
第一阶段 （精料阶段）	6月初至7月初	2 次	动物性饵料为主，日投饵量为蟹体总重量的 10%～20%
第二阶段 （控制阶段）	7月初至9月中旬	1 次	植物性饵料为主，日投饵量为蟹体总重量的 5%～8%
第三阶段 （促长阶段）	9月中旬至12月中旬	2 次	配合饲料或人工饵料，日投饵量为蟹体总重量的 3%～5%

注：引自王武等（2010）

日常管理：在日常管理上要坚持做好"四查"、"四勤"、"四定"和"四防"工作。四查，即查幼蟹吃食情况、查水质、查生长、查防逃设备；四勤，即勤除杂草、勤巡塘、勤做清洁卫生工作、勤记录；四定，即投饵要定质、定量、定时、定位；四防,即防敌害生物侵袭、防水质恶化、防幼蟹逃逸、防偷。

4.2.6　病害防治

由于大眼幼体和幼蟹都非常小,生活在水里不易观察,一旦发生病害很难控制,因此除选购优质大眼幼体外,要将防病治病贯穿于扣蟹培育全过程的各个环节(张桂芝,2014)。具体防治方法如下:① 培育阶段若出现幼蟹爬岸上网现象,要及时调节水质,清除水中残饵,保证溶氧充足;② 经常用显微镜检查幼蟹,若发现有纤毛虫,应立即用纤虫净全池泼洒治病;③ 若发现因鳃上寄生细菌或寄生虫影响呼吸导致幼蟹爬上岸,可用杀菌药物杀菌或杀虫药物百虫克全池泼洒;④ 幼蟹的敌害生物较多,主要有青蛙、蟾蜍、泥鳅和鲫鱼等,因此在放养大眼幼体前要彻底清塘,进水时用密网过滤,发现敌害生物要及时清除。

4.2.7　扣蟹捕捞

扣蟹的捕捞时间一般为秋季或春季,扣蟹养成后,对其捕捞的方式主要有以下几种:

地笼网捕捉法:将数个地笼网直接安置在扣蟹培育池中,每天清晨和傍晚收取一次扣蟹。

蟹笼流水捕捉法:利用扣蟹具有逆流而上的习性,放掉一半水,再装上蟹笼捕捉。

光诱捕法:在 10～11 月的晴天,抽去大部分池水,只保留 30 cm 深的水体,在池塘四只角装上电灯,利用扣蟹趋弱光的特性,徒手捕捉。

三角网抄捕法:采用竹梢扎成捆,越冬前,将竹梢捆放入池水深槽中,让扣蟹隐居其中。捕捞时一人先用竹钩钩起竹梢捆,另一人迅速用三角抄网盛在下方,轻敲竹梢捆,隐藏在竹梢捆内的扣蟹纷纷落入网中。

干塘挖穴捕捉法:选用上述方法反复多次捕捞后,则可以抽干塘水,用工具挖出潜伏在洞穴中的剩余扣蟹。

4.3　成蟹养殖

成蟹养殖是指将幼蟹养成商品蟹的过程。从利用水体养殖类型上看,主要有池塘养殖、河沟养殖、湖泊养殖和稻田养殖等,现以池塘养殖为例介绍成蟹养殖方法。

4.3.1 蟹池条件

水源和水质:中华绒螯蟹对水质要求较高,适合在水质清瘦、透明度大和溶氧充足的水体中生活。因此,要选择水源充足、水质良好和进排水方便的池塘作为养蟹池(王晓燕,2008)。

面积、水深与底质:养蟹池面积一般为 10～30 亩,水深一般以 1～1.5 m 为好。池塘坡比为 1:3,池底平坦,底质最好为沙壤土或砂砾土,池底淤泥厚度不超过 5 cm。

设置人工蟹礁:蟹礁也称为蟹岛、蟹墩,是为满足蟹活动需要而在池中设置的土墩或土埂,可以为蟹提供摄食、挖穴、栖息、蜕壳的场所。蟹礁的形状可以为方形、圆形或不规则形状的平台,放在低于水面 10 cm 左右的位置。

移植水草:成蟹养殖池中必须人工栽培水草,一方面水草可以为其提供大量的植物性饵料,另一方面还可以创造良好的隐居环境,净化水质。移植水草的种类包括伊乐藻、轮叶黑藻、金鱼藻、苦草等。

4.3.2 建造防逃设施

中华绒螯蟹具有强大的攀爬能力,因此在养蟹池建立防逃设施至关重要。建造防逃设施的材料应光滑而坚实,能够长久耐用。目前养蟹池主要防逃设施可以用以下几种材料修建。

(1) 水泥砖墙:砖墙具有牢固、防逃效果好和使用年限长等优点。在池埂较窄、土质较松的池塘,采用砖墙效果较好。砖墙地下部分到硬底,地上部分为 60～80 cm,墙的顶部砌成 T 字形的出檐,内壁用水泥抹平。墙的池角转弯处砌成弧形,出檐采用预制水泥板覆盖。

(2) 玻璃钢围栏:玻璃钢围栏是采用环氧树脂和玻璃纤维布合成的围栏材料。具有运输轻便、安装方便和表面光滑等优点。在池埂土质较硬、池埂较宽时,可以采用玻璃钢围栏防逃。玻璃钢板宽 0.8 m,安装时埋入土内 0.2 m,在背朝蟹池的一面每隔 2 m 用一根木柱支撑玻璃钢布。

(3) 双层薄膜围栏:薄膜即农用加厚聚乙烯薄膜,造价低廉但容易破损,一般将薄膜与网片结合使用。安装方法是在建墙处每隔 1.5～2 m 处立一根木桩,木桩顶端用铁丝相连,将薄膜沿铁丝折成双层垂下,下端埋入土中 20 cm 左右。

此外,养蟹池的进水口应高于池面而悬空伸向池中,防止蟹沿进水沟逃逸。

4.3.3　放养前的准备

清塘整塘:对养蟹池进行干池清整,每亩用 150～200 kg 生石灰水全池泼洒消毒。挖除过多淤泥,保持淤泥 5 cm,便于种植水草。

围蟹种草:将养蟹池用加厚聚乙烯薄膜分隔成种草区和蟹种暂养区。暂养区在池塘清塘后种植伊乐草,种草区在蟹种放养前后种植水草(轮叶黑藻、金鱼藻或苦藻)。待水草区的水草长至 30～50 cm 时,再拆除围隔,让蟹种进入水草区生长。

活饵料培育:在蟹种下塘前后,向池中投放活螺蛳 150～200 kg/亩,使其在池内繁育生长,以便净化水质,并为幼蟹提供适口活性饵料。到 5～6 月,再增加投放活螺蛳 150～200 kg/亩。

培育肥水:在蟹种放养前 10～20 d,在池中施发酵的有机肥以培肥水质,有机肥用量为 150～200 kg/亩,使池中水色呈黄褐色,透明度保持 40～50 cm。

4.3.4　蟹种放养

放养规格:放养蟹种要规格均匀,体色正常,体质健壮,活动敏捷,附肢完整,色泽光洁,无附着物,无病害,性腺未发育成熟。规格以体重 5～12 g/只,80～200 只/kg 为宜。

投放时间:池塘养蟹不宜投放过早,如果放养时气温低于 0℃,蟹种死亡率极高。在长江中下游地区,池塘养蟹的适宜投放时间以 2～3 月为好。

蟹种消毒:将蟹种放入水中浸泡 2～3 min,冲去泡沫,提出放置片刻,再在水中浸泡 2 min 后提出,重复 3 次。待蟹种吸收足够的水后,用 3%～5% 的食盐水或万分之一的新洁尔灭充气药浴 15～20 min 进行消毒处理。

4.3.5　蟹池套养

蟹池套养是指依据养殖水域环境、经济状况、技术水平及养殖目标的不同,保持合理的放养密度,充分利用池塘水体空间和系统的剩余能量,对有机污染源进行全面合理的利用,形成一个结构合理、能量转换率高、效益好的良性渔业生态环境,以达到提高养殖综合经济效益的目的(陆全平,2012)。

(1) 蟹池套养的优点

有利于生物间互利共存:从生物学观点看,科学地套养部分鱼、虾品种后,它们吃掉蟹池中的剩渣残饵和与中华绒螯蟹争食、争氧、争空间的野杂鱼、虾,既能充分利用水体的生物循环,又能保持生态系统的动态平衡。

有利于养殖品种生长:池塘通过种草、投螺,池水自净能力强,始终保持溶氧充足,天然生物饵料丰富,能发挥各种养殖品种快速生长的优势,可显著提高中华绒螯蟹的规格和品质。

有利于保护生态环境:养蟹池中由于通过水体生物的物质循环作用,所投喂的少量饲料及各养殖品种的代谢排泄物,均可通过食物链的关系作为养分而被充分利用,养殖水体自身污染程度低。

有利于无公害生产:由于池塘生物载量低,养殖品种生存条件好,因此病害较少,可减少因病害死亡的损失,也节约了防病治病用药的成本。同时,在不用药或很少用药情况下生产的水产品体内无药物残留,符合无公害食品的要求,产品销售价格高。

(2) 套养品种

日本沼虾:食性很广,为杂食性水生动物,可摄食中华绒螯蟹残饵。一般5～6月份孵化出来的虾苗,经40 d饲养,体长就可达3 cm,当年10月可长到4～5 cm,体重3～5 g。

鳜:为典型的肉食性鱼类,喜食活饵料,常吞食超过自身长度的草鱼、团头鲂、麦穗鱼等活鱼。在蟹池中套养,当年6 cm以上的夏花鱼种,能长成0.5 kg以上的商品鱼。

黄颡鱼:是肉食性为主的杂食性鱼类,主要摄食小鱼、虾、各种陆生和水生昆虫、小型软体动物和其他水生无脊椎动物。在蟹池中套养,2龄鱼可长到体长10 cm左右,体重20 g以上。

翘嘴鲌:翘嘴鲌以肉食性为主,主要以鱼类为食,经过驯化能摄食鱼糜,以及冰鲜鱼虾和人工配合饲料。10～15 cm的鱼种经过8个月左右的饲养,能长成0.5 kg以上的商品鱼。

其他品种：除上述主要套养品种外，还有泥鳅、黄鳝、龟、鳖、塘鳢、斑点叉尾鮰、南美白对虾、异育银鲫等名特优水产动物可作为蟹池套养的品种。

（3）套养模式

中华绒螯蟹＋日本沼虾：日本沼虾能摄食中华绒螯蟹残饵，防止败坏水质，同时日本沼虾可作为中华绒螯蟹饵料，减少蟹之间自相残杀，既能提高中华绒螯蟹的成活率，又增加了日本沼虾产量。主要有 3 种套养方式，一是 2 月份每亩放养规格为 2～3 cm 的隔年幼虾 0.5～1 kg；二是在 4 月下旬至 5 月中旬每亩放养抱卵亲虾 0.5 kg；三是在 7 月份每亩放养规格为 1.5～2 cm 虾苗 1 万～1.5 万尾。

中华绒螯蟹＋鳜：中华绒螯蟹、鳜养殖环境要求基本相符，两者互不残杀，鳜能摄食蟹池中野杂鱼、虾，将低值鱼转化为优质鱼，减少了饲料损失，提高了饲料利用率，同时降低池塘生物耗氧量，净化水质，有利于中华绒螯蟹生长。一般于 5 月中下旬放养规格 5～7 cm 的鳜夏花，每亩放养量控制在 15～20 尾。

中华绒螯蟹＋黄颡鱼：黄颡鱼为杂食性鱼类，可利用其摄食蟹池中残饵及浮游生物和小鱼、鱼卵等，达到清野作用，提高中华绒螯蟹的饵料利用率，增加黄颡鱼产量。一般于 3 月上中旬每亩放养规格为 20～30 g/尾黄颡鱼 200～300尾，可收获黄颡鱼 20～30 kg。

中华绒螯蟹＋翘嘴鲌：翘嘴鲌生活在水体中上层，中华绒螯蟹生活在底层或池塘四周，两者套养可提高水体利用空间，增加鲌鱼产量，同时蟹池中野杂鱼多，可利用翘嘴鲌清除，提高饲料利用率，能降本增效。一般在 3～4 月份，每亩套养 10～15 cm 规格翘嘴鲌种 15～20 尾。

（4）饲养与管理

饲料投喂：投喂的植物性饵料以南瓜、甘薯、煮熟的黄玉米、小麦和蚕豆等为主；水草以伊乐藻、轮叶黑藻、金鱼藻为主；动物性饵料以鲜活螺蛳、河蚌、野杂鱼为主，保持鲜活、适口。如果选用颗粒饲料投喂，其粗蛋白含量应保持在38%左右，且饲料中必须添加磷脂、胆碱、蜕壳素和黏合剂等物质。

在成蟹养殖的整个阶段都要采用"精、粗、荤"的投喂方式。即：前期（3～6月），饵料要精（饵料鱼＋精饲料），投饵量为体重的 1%～3%，这个过程中蟹蜕壳 3 次；中期（7～8 月），饵料要粗（青饲料＋少量精饲料），投饵量为体重的 5%左右，蟹蜕壳 1 次；后期（8 月底以后），以动物性饵料为主（不低于投饵量的60%），投饵量为体重的 5%，蟹蜕壳 1 次。

水质调节：养蟹池的水质要活、嫩、爽。养殖期间池水溶氧保持 5 mg/L 以上，pH 保持在 7～8.5，水体透明度在 50～60 cm 为宜。水质调控主要采用以下三种方法：① 加注新水。养殖池塘一般不采用大换水，大换水容易导致水环境突变，致使蟹产生应激反应，影响摄食和生长。通常池塘以加注新水为主，夏季加水在夜间至上午水温较低时进行，防止注入高温水。② 根据池水 pH，定期调整水质。定期检查养殖池中的 pH，如 pH 小于 7.2，则每半个月向池中全池泼洒生石灰水 15～20 mg/L，泼洒前用 30～40 目纱网过滤；如 pH 大于 8.0，则每半个月全池泼洒漂白粉 2～4 mg/L，泼洒前用 40～60 目纱网过滤；如池塘水质太瘦，除了每半个月全池泼洒生石灰水 20 mg/L，还需添加 2～3 mg/L 的过磷酸钙，泼洒前用 60～80 目纱网过滤。③ 使用微生态制剂菌：当养蟹池水温大于 20℃时，使用光合细菌全池泼洒，光合细菌的用量为 1 mg/L，同时在饵料中拌 0.2% 的用量一起投喂；当水温小于 20℃时，用 2～3 mg/L 的光合细菌全池泼洒，饵料中拌 0.4% 的用量一起投喂。使用生物菌的前后半个月内不要使用杀菌剂等药物，施用后也不宜频繁换水，以保持有益菌的有效浓度。

水草割茬：养蟹池中的伊乐藻不耐高温，因此，在夏季来临前，一方面要加深池水，另一方面要及时割掉过长的伊乐藻，保持藻体距水面 30 cm，防止水温过高灼伤伊乐藻，造成水草死亡腐败水质，引起病害发生。

病害预防：坚持以防为主、防重于治、防治结合的原则。苗种放养前用 3% 食盐水浸洗 10 min，或用 50 mg/L 高锰酸钾药浴 2～3 min；生长季节每月全池泼洒一次生石灰，以起到调节池水 pH 的作用，对肥料、活螺、水草和饵料台、工具等经常用漂白粉消毒。同时要注意套养水产品的药敏性，以防药害死亡，并禁止使用国家禁用的药物。

4.3.6 捕捞与运输

（1）捕捞与暂养

套养水面中华绒螯蟹的捕捞一般采用地笼网；日本沼虾也采用地笼网采捕，采取捕大留小的方法，实行轮捕上市，及时将达到 4 cm 以上的成虾捕捞，以防性成熟繁殖后死亡；鳜、黄颡鱼、翘嘴鲌等根据市场行情拉网捕捞或年底干塘起捕集中收获。

暂养是将养殖水体捕起的商品蟹转入人工控制条件下的小面积场地，经过短期饲养后再作为商品出售的一种养殖形式。常见的暂养方法有天然水体笼箱暂养、室内暂养和池塘暂养等形式。

室内暂养：选用通风、保温性能较好、墙壁比较光滑的房间，把规格符合、肢体齐全、体质健壮、爬行活跃的商品蟹放入房间，每天用新鲜水喷洒 1～2 次，以保持室内潮湿，一般可暂养 3～5 d，成活率可达 90% 以上。

笼箱暂养：用竹条或编织带编结而成，可编成底部直径 40 cm、高 20 cm、口径 20 cm 的鼓形蟹笼；或长 2～3 m、宽 2 m、高 1～1.5 m 的长方形蟹箱。蟹箱制成后，用毛竹、木桩做成箱架，用绳子和滑轮调节蟹箱水深，根据水温情况，调节箱体与水面的距离。暂养水面选择水深面宽、水质清新、无污染、无大浪、交通方便、环境宁静、有微流水的湖泊、河道或水库作为暂养水体。挑选体质健壮，行动敏捷，无伤无病的个体，体重 100 g 以上，通常按照每立方米水体放成蟹 15～25 kg。暂养期间，每天投喂煮熟的黄豆、玉米、小麦、苦草、伊乐藻、菜叶及绞碎的螺蛳、河蚌、小鱼虾等植物和动物性饵料，投饵量为体重的 5%～7%，促进中华绒螯蟹的生长发育。暂养期间每天在网箱四周搅水 2 次，促进箱内外水体交换；每 3～4 d 抬箱离水检查 1 次，以洗刷箱体，清除残饵，养殖过程中发现病蟹及时取出处理；同时做好投饵、病害、成蟹进箱和出箱记录。

池塘暂养：用水泥池或防逃设施较好的土池作暂养池。水泥暂养池的面积 200～400 m²，池深 1.2～1.5 m；土池面积可大可小，一般 2 000 m² 左右。暂养池事先必须用生石灰或漂白粉等药物清塘消毒，待毒性消失后，再放入商品蟹。暂养密度控制在 1 kg/m² 以内。管理上要保持水质清新，水温高时每隔 2～3 d 换一次水，水温低时加深水位至 1.5 m；暂养时间较长时要投喂适量的动植物性饵料，以保证暂养蟹的膘体肥壮，养成的成蟹如图 4-5 所示。

图 4-5　成蟹

（2）成蟹运输

中华绒螯蟹可用网袋、蒲包、泡沫箱等作为包装容器，运输前蟹的鳃要吸足水分，保持湿润，按规格、雌雄分开盛放。如用泡沫箱包装，一般箱的规格为 50 cm×40 cm×30 cm，底部铺上一层无毒的新鲜水草或蒲包，蟹要逐只分层平放,每箱装 20～25 kg,上部放少量湿润的水草后用箱盖压紧,高温时箱内要放一些碎冰。放置时,使蟹背部朝上,腹部朝下,放平装满,加盖扎牢,使蟹在筐内不能爬动,减少体力消耗和防止受伤。装好筐后及时运输,尽量缩短运输时间,运输途中防止日晒、风吹、雨淋,一般以夜间运输为好,提高运输成活率。

4.4 亲蟹培育

亲蟹培育是指将成蟹养成繁殖用亲本的过程。在中华绒螯蟹增殖放流中,亲蟹培育是非常重要的一个环节,培育的好坏直接关系到增殖放流的效果(李晓光等,2012)。中华绒螯蟹亲蟹的培育技术规程如下。

4.4.1 培育池条件

设计方法同成蟹养殖,底质以硬质土池为宜。在池的四周留有一定缓坡,便于亲蟹上岸。在培育池中设置人工巢穴,巢穴可以用瓦片、砖块垒成,为亲蟹提供栖息和交配的场所。亲蟹池面积 2～4 亩,水深 1 m 以上。

4.4.2 建造防逃设施

防逃墙的设置与池塘养成蟹相似,防逃设备要高出地面 50 cm,在进出水口设置防逃网。

4.4.3 消毒

亲蟹的消毒:亲蟹运回后首先在淡水中浸泡 5 min,然后用浓度为 200 ppm 的甲醛进行消毒,消毒时间 15 min,消毒后的亲蟹再放入准备好的淡水中浸洗 5 min。

蟹池的消毒:亲蟹进池前 15 d,先对亲蟹培育池进行彻底清淤,再用生石灰对池底消毒,生石灰用量为 100 kg/亩。消毒一周后,向池中注水洗池 2 次,再进淡水待用。

4.4.4 亲蟹培育

(1) 亲蟹选购

亲蟹应选择体质健壮、附肢整齐、行动灵活的绿蟹。雌蟹个体重 100 g 以上,雄蟹个体重 150 g 以上。雌雄比为 2∶1。选购时间一般在立冬前后,水温降到 6～8℃时,选购好的亲蟹放入暂养池中按照雌雄分开暂养。

（2）亲蟹运输

将选用的亲蟹,按照雌、雄分别放入竹编蟹笼(约 0.1 m³),每笼 50 只,放入河湖微流水处,待其肠道排空,装入洁净的湿蒲包,每包 100 只,再放入竹筐内,加盖待运(赵乃刚等,1988)。在运输中,亲蟹笼用帆布遮盖,防止日晒,确保运输中的成活率。

（3）亲蟹的强化培育

亲蟹经过消毒后,雌雄分开在淡水中进行强化培育,放养密度不超过 2 只/m²,保持水深 1.2 m,同时投喂植物性饵料和动物性饵料,植物性饵料以煮熟的玉米、山芋、大麦芽和蚕豆为主,动物性饵料以螺蛳、河蚌、野杂鱼为主,每天投喂量占亲蟹体重的 3%～5%,每天于傍晚前一次洒于浅滩上,天气阴冷时可以少投或不投。

每隔 7～10 d 换水 1 次,水温高时增加投饵量和换水次数。水温低于 7℃以下时可停止投饵。入冬后逐渐加注新水,使池水深达 1.5 m 以上,便于亲蟹越冬。

培育期间专人管理,每天记录培育池的水温、水质、投饵量及亲蟹的活动情况,经常检查防逃设施,发现问题及时处理。

（4）亲蟹的促产交配

当池水温度在 10℃左右时,将越冬亲蟹按雌、雄比为 2∶1,放入盐度为 8～33 的咸淡水或海水(最适盐度为 17～20)池中交配。交配池面积 1～2 亩,底质为沙底质,每平方米放亲蟹 3～5 只,配组后亲蟹即自行交配。1 周后抱卵蟹可达 70%～80%,半个月后,所有雌蟹都能抱卵(图 4-6)。为防止雄蟹继续交配,造成雌蟹死亡,此时要及时将雄蟹捕出,再注入新鲜海水,抱卵蟹留在池中继续孵化。

图 4-6　抱卵蟹

（5）抱卵蟹的饲养

采用室内水泥池控温散养的方法,水泥池内要安装保温、控温和增氧设施,使池水保持所设定的温度,保证抱卵蟹的胚胎正常发育。抱卵蟹的培育主要从以下几个方面进行饲养管理。

建造人工蟹巢：采用水泥池饲养抱卵蟹,池底要铺上一层黄沙,防止蟹爪磨损。因蟹喜欢穴居,因此,在水泥池底要用瓦片等搭建人工蟹巢,供其栖息居住。

培育池消毒：通常采用漂白粉或漂白精消毒,漂白粉用量为 20 g/m³,漂白精用量为漂白粉的一半。将它们加水溶解后全池泼洒。

抱卵蟹消毒：将抱卵蟹放在蟹笼内,将蟹笼浸在万分之一的新洁尔灭中充气药浴 15～20 min,以杀灭各类致病菌、纤毛虫等。

控制合适的放养密度：通常按 8～10 只/m² 的饲养密度放养抱卵蟹。

控制光照：蟹喜欢弱光,因此,饲养期间要在水泥池上或屋顶上用黑色遮阳网帘遮光。

投饵：饵料以新鲜小杂鱼、青蛤、沙蚕和麦芽为主,沙蚕用开水烫死后投喂。在水温10℃左右,投饵量为蟹体重的 1.5%～2.0%,随水温的升高,投饵量相应增加。每天投饵 2 次,早晨投饵量占总量的 1/3,傍晚投 2/3。

充气和换水：培育期间,采用 24 h 不间断充气,保持水体溶氧在 5 mg/L以上。

控温：水温与胚胎发育有非常密切的关系。当水温在 5～8℃,胚胎发育静止在原肠前期。控温就是以低温(5～8℃)将胚胎控制在原肠早期,通过延长和缩短原肠早期的发育时间,使抱卵蟹分批进入育苗池放散。此后水温要逐步升高,但升温幅度应控制在 0.5℃/d。

4.4.5　抱卵蟹流产防止措施

（1）抱卵蟹流产的原因

在抱卵蟹培育过程中,经常会遇到抱卵蟹流产的情况,一种是所抱的卵未受精,卵粒腐烂并脱落,主要原因是环境条件不适应或性腺过熟造成;第二种是交配后的受精卵流产。其主要原因有以下几种。

雌蟹在无底泥的水泥池中产卵：雌蟹产卵后在搅卵过程中,必须将整个身体埋在泥沙的洞穴内,防止受精卵在搅卵时散失。如果雌蟹在无泥沙的水泥池中产卵,没有洞穴帮其挡卵,就无法形成良好的搅卵、黏卵的生态环境,造成流产。

抱卵蟹孵化的盐度过低：产卵池盐度过低，受精卵不易黏附在刚毛上而流产。

孵化水质差：抱卵蟹长期生活在缺氧或底质严重污染的环境中，其胚胎会陆续死亡而流产。

亲蟹体质差：在孵化过程中，因亲蟹体质差，抱卵少，卵的黏性弱，外界环境稍有变化，卵便会大量脱落而流产。

（2）流产的防止措施

提早选育亲本：长江流域在 10 月中旬按照种质标准选择亲本，雌、雄蟹分开养殖，养殖期间投喂动物性饵料进行营养强化，以保持亲本体质健壮。

池底铺泥沙：在亲蟹养殖池底铺一层泥沙，以利于雌蟹挖穴产卵、搅卵与附卵。

控制水温：在抱卵蟹胚胎发育过程中，当胚胎发育到原肠期后，水温控制在 5～8℃；胚胎进入新月期，水温控制在 16℃；从复眼形成期到心跳期，水温控制在 18℃；进入原蚤状幼体期，水温则控制在 20℃。

适量投喂鲜活饵料：抱卵蟹在抱卵阶段及时补充动物性饵料，弥补雌蟹在抱卵孵化时体力的消耗。

孵化水体的水质要保持清新：在孵化过程中，每 2～4 d 换 1 次水；如水质较差，则每隔 7 d 全部换水。

保持水体盐度稳定：培育期间定期测量水体盐度，保持水体盐度不低于 10。

第5章 长江口中华绒螯蟹亲蟹增殖放流

长江口水域浅滩广阔,生境丰富多样,是中华绒螯蟹重要的栖息地和关键的产卵场。中华绒螯蟹在长江流域淡水湖泊、河流中生长发育,当性腺发育至Ⅳ期后开始向河口区咸淡水交汇水域进行生殖洄游,中华绒螯蟹冬蟹曾经是长江口区著名的"五大渔汛"之一。20世纪80年代以前,仅长江河口区中华绒螯蟹冬蟹产量近百吨,蟹苗也有过67.9 t的高产量,曾为全国14个省市的45个县(市)供应长江水系中华绒螯蟹苗种。长江口中华绒螯蟹资源(冬蟹和蟹苗)对自然种群的延续和我国中华绒螯蟹养殖产业的发展均具有举足轻重的作用,同时也是长江口水生生态系统的重要组成部分。然而,自20世纪90年代以来,一方面长江沿江工程建设对其洄游产生了诸多不利影响,而且水环境恶化日趋严重;另一方面对资源长期过度利用(亲蟹、幼蟹和蟹苗三重捕捞),中华绒螯蟹自然资源急剧下降。20世纪80年代末至21世纪初长江口蟹苗一度枯竭,几乎没有产量,长江口中华绒螯蟹自然资源岌岌可危,亟待采用科学的方法对其资源进行恢复,以保证中华绒螯蟹资源的持续产出和长江口生态系统的稳定。2004年起,在国家和上海市各类科研项目的支持下,中国水产科学研究院东海水产研究所围绕长江口中华绒螯蟹资源恢复开展了亲蟹增殖放流、放流效果评估、产卵场调查监测等系列研究工作,建立了增殖放流技术体系并进行了示范,取得了良好效果。

5.1 水生动物增殖放流策略

从20世纪90年代以后,长江渔业资源急剧衰退。长江渔业资源面临的严峻现实受到政府高度重视,党中央十七届三中全会发布的《中共中央关于推进农村改革发展若干重大问题决定》中明确要求"加强水生生物资源养护,加大增殖放流力度",为水生生物资源增殖放流明确了方向。2002 年,19 位院士、专家联名呼吁,建议尽快制订国家行动计划,有效遏制水域生态荒漠化的趋势。国务院于 2006 年正式颁布《中国水生生物资源养护行动纲要》,对我国水生生物资源养护工作提出总体部署和具体要求。农业部于 2004 年开展了"长江珍稀水生动物增殖放流行动"。行动期间,云南、贵州、四川、重庆、湖北、湖南、江西、安徽、上海、江苏等 10 省(直辖市)累计向长江投放经济鱼类和珍稀水生动物苗种 3.9 亿尾,拉开了大规模开展长江水生生物增殖放流的序幕。

水生生物资源增殖放流管理关系到水生生物资源的可持续发展,关系到人类将来的食物来源和结构,也关系到良种培育的原始材料和物质基础,是全社会高度关注的问题。尤其在发展中国家里,增殖放流可以保护渔业资源、增加渔民收入、促进渔业可持续发展。因此,积极支持和鼓励开展增殖放流,有助于恢复渔业资源,繁荣渔业经济,保持渔区稳定。同时,需要建立起水生生物资源增殖放流科学管理制度,促使有关科研、教学、资源和环境监测等部门加强渔业增殖放流科学研究,为增殖放流提供科学依据和技术指导。

我国在水生生物资源增殖方面做了大量的工作,其发展历程主要分为以下几个阶段:① 1990 年以前,处于增殖放流的起步阶段,积累了一些实践经验,但相关科学研究几乎没有开展;② 1991~2003 年,处于增殖放流的小规模试验阶段,以 1995 年通过的《中国环境保护 21 世纪议程》和农业部 1995 年颁布的《长江渔业资源管理规定》为标志。在实施休渔期制度的同时,积极开展渔业资源增殖放流,有些省市逐步建立起一批海洋与渔业资源保护区和渔业资源增殖放流区,开展了小规模的科研性增殖放流;③ 2004 年至今,处于增殖放流的规模化实施阶段,水生生物增殖放流得到了快速发展,每年放流的苗种数量与投入的资金快速增加,但相关科学研究仍然较少,增殖放流存在许多亟需解决的问题,暴露出这一新兴事业的科技支撑严重不足,导致出现了一些不符合科学规律的做法,迫切需要开展深入地研究。

5.1.1　放流前准备工作

对放流苗种所需生境的研究。水生动物的生长总是处于一定的水域环境条件中,各种环境因子会对水生动物的生命活动产生直接或间接的影响,如溶氧、温度、透明度、水流、pH、硬度、碱度等，受水生动物自身的基本生理条件的限制，每种水生动物只能适应一定的环境条件，应通过研究掌握这些范围。否则若放流水域环境条件超出了其适应范围，那么苗种的死亡率必然很高。如一般鲤科鱼类最低可忍耐 3.0 mg/L 的溶氧量，而鲑鳟类一般要求溶氧量在 5.0 mg/L 以上。长江某些江段的沿岸处污染比较严重，显然不能作为放流的地点。另外，一些因子存在着最适值，如最适温度、最适 pH、最适碱度等，一般来说，生境因子的值与这些数值接近，则水生动物生长更快。

对放流苗种早期行为学的研究。放流技术的确定，如放流地点、放流时间、放流规格等，都需要通过对放流对象早期行为学的研究来完善。栖息、摄食、集群、移动等行为对放流的成功有着重要的影响。许多研究还表明人工培育的苗种和野生苗种的行为学特征有所差别，如人工培育的苗种识别捕食者并做出适当反应的能力比野生苗种低，捕食能力往往也较低，这样往往导致放流后死亡率较高，可通过一定的训练提高这些能力。另外对苗种的生长、饥饿（不可逆点）、生物能量学等方面也需进行深入的研究，掌握放流苗种早期生活史阶段的生长规律。

对放流苗种捕食者的调查研究。通过生物学研究找出放流苗种的敌害生物，然后调查放流水域中这些敌害生物的分布与数量，为合适的放流地点提供科学依据。如中华鲟产卵时敌害生物集中于中华鲟的产卵场，仔鱼出膜以后敌害生物集中地向下游迁移，因此敌害水生动物先吞食中华鲟的卵，后又追食仔鱼，若掌握这些敌害水生动物的分布规律，就可以在放流中有的放矢地选择敌害水生动物较少的区域，提高苗种的成活率。

对饵料资源的调查研究。苗种进入水域后虽能承受一定的饥饿时间，但必须通过摄食来维持生命。充足的适口饵料可使苗种摄食足够的食物，并且只需移动较短的距离，消耗较小的能量，遇到敌害的概率也较小，有利于苗种的成活。另外饵料资源贫乏，有可能使这种食性的水生动物生长缓慢，变为短小型。如日本琵琶湖的陆封型香鱼，由于湖中饵料资源没有洄游型香鱼在河川中丰富，体型变为侏儒型，被称为"小鲇"。当"小鲇"放入河流中，得到了充足的饵料，其个体就可长得与原河道中生活的香鱼差不多大小。

另外还要对水域的船舶航行、捕捞、污染、竞争者的分布与数量等状况进行调查，这些因素一定程度上对苗种的成活、生长都有影响。

苗种放流前必须要对鱼体进行检验，一方面可以提高水生动物放流后的成活率，另一方面，更重要的是防止疾病的传播。有些苗种在培育过程中得病后，虽然用药后苗种生长正常，但仍需仔细进行检验。若将带病菌的苗种放入水域，随着苗种的到处游动，还可能将疾病带给其他的水生动物种群，导致水域中水生动物的"灭顶之灾"。

不同种群的水生动物存在着不同的疾病，野生种群对本水域中的某些病原体往往有一定的适应性。对本水域危害不大的病原生物，当外来的苗种放入后，就有可能暴发为严重的疾病，造成水生动物的大量死亡。这是因为在新环境下，病原体及其宿主还没产生相应的适应性。另外从养殖环境放入野外水域中，苗种也较易得病。因此在放流前要对放流水域的水生动物病原体作系统的调查，并评估这些病原体对放流苗种的危害，以便提高苗种放流后的成活率。

5.1.2　放流标志技术

为了掌握放流苗种的活动规律、评估放流苗种的成活率，以及方便今后的各项检验，常常对部分放流苗种进行标志或标记。现在世界上各项标志标记技术非常多，对于长江流域水生动物放流中的标志或标记可考虑以下几个方法，在各项放流活动中因地制宜加以使用。这些方法可以分为：外部标志、内部标记、电子标志/标记等 3 类。

外部标志：包括线/带标、Petersen 盘、T 标、矛标、软/硬塑料标签等。主要优点是：标志明显，安装简便。缺点是回捕率是可变的，因为它们往往依赖于所有渔业捕捞的报告；可能会因标志感染致病影响鱼类生长、健康和存活；标志的生物附着可能是一个问题，增加鱼类或贝类的活动阻力，也增加了标志识别的难度；有可能鱼类被水生植被或渔具困住；标签的损失率可能会很高，这取决于标签类型、鱼的种类和标志人员的标志技术；难以适用于非常小的鱼；可能会影响到鱼类的行为（游泳/捕食/避害）。常见的外部标志经常有多种不同形状的构造，通过用丝或线等穿透鱼体的某一部位，然后在上面固定一个标志牌。在中华鲟的放流中多次选用这种方法进行标志：用不易生锈的银制成 4 cm×1 cm 的标志牌，在银制标志牌上注明放流单位、标本编号、联系电话、放流时间，将标志牌挂在幼鲟背鳍处。常见的外部标志见图 5-1、图 5-2。

图 5-1 T形挂牌标志

图 5-2 矛标

内部标记：PIT（passive integrated tramsponder）标记、CWT（coded wire tag）微型数码标记、VI 标记、VIE 荧光标记等。优点是标记较牢固，不影响行动。缺点是：需要购买昂贵的设备来应用标记（打标和识别）（CWT）；需要专业人员来应用和识别标记（CWT）；标记的检索和识别需要大量的人力（CWT 和 VI）；标记在鱼体内容易产生位置迁移（CWT 和 VI）；标记的损失率很高（VI）；随着时间的变化，透明度的改变会使得标记难以识别（VI 和 VIE）；标记过程较慢，需要技巧和特殊设备（VI）；标记体积较小，所能容纳的信息量较少；标签不容易被发现，因此即使回捕到，但是没有被记录（VI）。微型数码标记法：通过特殊的标记枪把一种扁平的长方形细条植入如鱼的眼眶周围透明的皮下，这种细条通常用防水材料制作，上面注明编码，可以标明一定的信息，鱼被捕获后可通过特定的机械进行快速感应，从而知道在检测的一批鱼中被标记苗种的数量和比例。这种方法准确可靠，信息量大，检测方便，不足之处是价格昂贵，在大批量标记时不宜采用。对中华鲟等则可采用此方法对部分个体进行微型数码标记。还有荧光浸泡法：通过采用注射、浸泡、投喂荧光物质等方式对水生动物进行标记，一般采用的荧光物质具有钙的亲和性，能与鱼体的钙化组织，如耳

石、骨骼及鳞片等结合成稳定的螯合物,因而这类标记在鱼体中能保持很长的
时间(图 5-3)。其中浸泡标记使用较多。

图 5-3 荧光标记

电子标志/标记:包括被动型标记 PIT 射频标记,主动型标记声学标志(脉
冲型和编码型)、DST 数据存储型标记、卫星标志等。声学标志具有以下优点:
通过水听器接收标志信号或数据,可不用回捕;可以在沿途设接收站,大范围跟
踪鱼类;小范围的情况下可以实现鱼类二维或三维定位;电子标签,价格较高,
使用的数量远少于其他传统标志,但是可以获取更多的信息(温度、水深);每一
个标签可以收集到数百数千个数据点;应用领域广泛。

图 5-4 鱼类声学标志系统

表 5-1 是国内外常用的标志/标记方法。增殖放流实践经验表明,技术创
新是解决水生动物标志/标记这一难题的有效手段。

表 5 - 1　7 种标志/标记方法的性能

最佳的标记特征	体外挂牌	体表标志	体内挂牌	自然标志	遥测挂牌	基因识别	化学标记
终身留存	中	低	高	中	低	高	低
不影响动物行为,不易被捕食	低	中	高	高	低	高	高
不易缠绕网具和水草	低	高	高	高	低	高	高
廉价	高	高	中	中	低	中	低
与个体大小无关性	低	高	高	中	低	高	中
无胁迫或麻醉下的易标性	低	中	中	高	低	低	高
区分动物不同批次	高	高	高	高	高	高	高
区分动物不同个体	高	低	中	低	高	低	低
对人体无危害性	高	高	高	高	高	高	高
对于食品的无害性	低	低	中	高	低	高	低
未受训人员的易标性	高	中	低	低	低	低	低
标志/标记回收的不易混淆	高	低	高	低	高	中	中
标志/标记保存的无损性	高	低	高	中	高	高	低

注: 高、中、低表示该标志/标记技术每项指标的效果。

5.1.3　放流技术体系

放流规格:根据国内外的研究,一般来说放流苗种的规格越大,对环境的适应性越强,躲避敌害及摄食能力越强,放流的效果往往也越好。但苗种规格越大,其培育所需的生产设施越多,成本也越大。因此在放流中要综合考虑这两方面因素,要因地制宜对不同的种类选择合适的规格。

放流时间:放流的时间要由放流苗种的生物学特性和放流水域的条件决定,苗种的摄食规律、放流生境的生态因子、饵料的变化、敌害的分布和数量等都与放流时间有密切的关系,因此掌握合适的放流时间,可提高苗种放流后的成活率,减少不必要的损失。

放流地点:放流水域的温度、食物的可得性、捕食者的数量等都是选择放流地点时首先要考虑的因素。另外竞争者的数量、底质的特点、水体理化因子、水域中的病原体等也影响苗种的成活率,在放流前要对这些因素进行详细调查。在放流前还要查明环境容纳量,若某水域各项基础条件较差,将苗种大规模放入可能超出水域的容纳量,造成苗种因食物和空间的竞争而死亡。要选择多个地点投放,以免被凶猛水生动物集中捕食,春季应选择水质肥沃的索饵场所进行投放。放流地点影响苗种的移动,一般来说与同种类野生种群生境相似的地点比较适合用来放流,苗种放入后移动的比例较少。尽量减少苗种放流后的移动有助于提高成活率。

放流数量:对一个正在运行的增殖系统而言,通过放流合适的数量能获得最大的增殖效果。因一个水域的空间、饵料等都毕竟有限,放流量超过一定数值后,反而超出水域容纳量,引起种内竞争,增殖效果会下降。通过对初级生产力的调查及其他影响因子的分析,可得出一定的水域中苗种放流数量的上限。但在实际生产中,由于经费和苗种的限制,多数情况下放流量不会大于最适放流量,增加放流量是有利的。

5.1.4　放流效果评估

生态影响:自然界中,因竞争、捕食等因素使水域生态系统中各生物之间及生物与环境之间存在着协调和平衡,生态系统自身进行有规律的物质循环和能量转换。在长江口进行大规模人工放流,人为地增加外来消费者,必然对生态系统产生一定的生态影响。进行长江口水生动物人工放流要在严格的科学指导和管理下进行,工作重点之一是评估生态安全性,应关注以下几个方面:对野生种群遗传多样性的影响;摄食对饵料资源的影响;与其他水生动物间的食物和空间等竞争;水生动物的下行效应;对生态环境的影响。

回捕率:评估增殖放流效果,研究投入与产出的关系,都需要对回捕率进行研究。我国在对虾放流方面取得了很大成绩,据统计,从 1984~1990 年的 7 年间,我国共放流对虾幼苗 210 多亿尾,回捕率为 7%~10%,折算成投资和收益,投入产出比为 1∶100。回捕率的研究可采用多种方法进行,其中主要的有两种。一种是放流后的实际捕获量减去正常捕获量后,得出因放流而多捕的产量,多捕的尾数占放流尾数的比例即为回捕率,这个方法建立在放流前后捕捞量的变化。另一种方法是利用标志回捕法进行估计,国内采用这种方法较多,关键是对苗种进行良好的标记以及苗种的回收检测,通过一定的公式可估计回捕率。

效益分析:包括经济效益、生态效益和社会效益。通常天然水域人工放流以增加产量和经济效益为主要目标,而长江口渔业资源增殖放流是以改善和提高水生动物资源为主要目的,是为了水生动物资源的持续利用和发展,这是一个长远的、不一定能马上见到经济效益的目标。长江口禁渔和人工放流纯属社

133

会公益事业,偏重于生态效益和社会效益。长江口渔业资源增殖放流对于长江口渔业资源的恢复和水生生物多样性的保护,确保长江口渔业经济的持续健康发展,提高全社会保护渔业资源和生态环境的意识,唤起更多的有识之士对长江口渔业资源、生态环境、生物多样性保护的关心与支持具有重要的意义。因此长江口渔业资源增殖放流具有重大的生态效益和社会效益。

5.2　长江口亲蟹人工增殖放流

长江口是长江中华绒螯蟹苗种的集中产地,是我国最大的中华绒螯蟹产卵场。长江径流量大,河口浅滩广阔,是中华绒螯蟹得天独厚的产卵场,加之长江源远流长,中下游平原地区有众多的附属水体。这些水体中水草茂盛,饵料丰富,对于中华绒螯蟹生长育肥十分有利,由此形成了极具特色的长江水系中华绒螯蟹品系,具有生长速度快,个体肥大,肉质细嫩,味道鲜美等优良特点。然而,至20世纪80年代末,由于生态环境的变化和过度捕捞,天然蟹苗量急剧下降,年产量仅有几百千克,2000年以来已难以形成汛期。20世纪90年代末期,中华绒螯蟹人工繁育技术的成熟,使人工蟹苗成为商品蟹生产所需苗种的主要来源。然而,由于长江口中华绒螯蟹具有的优良品质,仍然吸引了大量渔民对天然蟹苗的高强度捕捞,所捕蟹苗用于养殖和育种,导致天然蟹苗资源锐减,种质衰退。

为了恢复长江中华绒螯蟹天然资源,长江沿岸省市进行了人工放流蟹苗和亲蟹等措施,特别是长江口地区开展大规模的亲蟹增殖放流活动,以期使天然蟹苗资源得到有效恢复。2004年以来上海市每年在长江口放流中华绒螯蟹亲蟹亲本10万余只。但因主客观因素的限制,基本上未开展大规模标志和效果评估。中华绒螯蟹是我国特有种类,国外学者的研究工作甚少。国内许多学者在中华绒螯蟹的养殖生物学方面做了大量的研究工作,如种质遗传的差异性、人工繁殖技术、人工饲料技术、养殖模式等,但对中华绒螯蟹增殖放流技术及其效果评估相关研究十分缺乏,长江口渔业资源增殖标志放流与效果评估基本处于空白状态。

标志放流技术是一种研究水生动物洄游和估算资源的方法,先给水生动物做上标志,然后通过重新捕获标志水生动物或者回收标志信号,根据标志放流记录、重捕记录和标志信息数据,绘制水生动物标志放流和重捕的分布图,以推测水生动物游动的方向、路线、范围和速度等。此外,根据水生动物标志放流的结果还可估算水生动物种群数量的变动。因此,目前中华绒螯蟹人工增殖放流技术及其效果评估尚未进行全面深入地研究,放流工作仍然存在很大的盲目性。本章围绕着如何科学开展长江口中华绒螯蟹亲蟹增殖放流和效果评估,合理有效地恢复长江口中华绒螯蟹优质丰富的渔业资源开展深入研究,以期为我国水生动物人工增殖放流提供科学参考。

5.2.1　放流亲蟹质量规范

亲本来源:使用长江等江河及其附属湖泊中自然长成的中华绒螯蟹成蟹作为亲蟹,或从持有国家发放的中华绒螯蟹原种生产许可证的原种场引进性成熟的个体作为亲本。

苗种的放养:蟹种放养时间为当年 2～3 月为宜,放养水温 3～10℃,应避开冰冻严寒期。蟹种放养时用高锰酸钾溶液或 3‰生理盐水进行消毒。放养密度为每亩一龄蟹种 400～600 只,蟹种规格每千克 100～120 只,要求规格整齐、肢体健全、反应敏捷、行动迅速、体表无附着生物和寄生虫、无病斑、无性早熟的健康蟹种。

投饵管理:池塘中培育有螺蛳、水草等天然饵料,可以解决河蟹的鲜活饵料来源。在养殖过程中,投喂的饲料主要种类为河蟹配合颗粒饲料及螺蛳、鲜活小杂鱼、水草等。投饵总的原则为:荤素搭配,两头精中间粗。即在饲养前期(3～6 月),一般投喂颗粒饲料和冰鲜鱼块、螺蛳为主,同时摄食池塘中自然生长的水草;在饲养中期(6～7 月),正处在高温季节,应减少动物性饲料的投喂数量,增加水草、大小麦、玉米等植物性饲料的投喂数量,防止河蟹过早性成熟和消化道疾病的发生;在饲养后期(8 月下旬～11 月),以动物性饲料为主,适当搭配少量的植物性饲料(如南瓜、红薯),满足河蟹的后期生长和育肥所需。投喂的饲料要求新鲜不变质,颗粒饲料应按照河蟹生长的营养需要,饲料符合农业部 NY 5072—2002《无公害食品渔用配合饲料安全限量》的规定。

投饲量:饲养前期每日 1 次,中后期每日 2 次,时间为上午 8～9 时、下午 17～18 时。投喂量为河蟹体重的 4%～5%,上午投总量的 30%,晚上投总量的

70％。上午投喂在近水草的深水处，下午投喂在靠池边的浅水区。每日坚持检查摄食情况，以全部摄食为宜，不过量投喂，防止腐烂引起水质污染。同时，每天根据蟹的活动、天气、温度等情况，灵活调控投饲量。

水质管理：整个饲养期间，始终保持水质清新，溶氧充足。河蟹生长最适温度为 26～30℃；透明度控制在 35～50 cm，水质前期偏肥，后期偏瘦。采用管道式底部增氧设施进行增氧，溶解氧达到 6 mg/L 以上，并将水体中因水生动物粪便、残留饲料腐败所产生的硫化氢、氨氮、亚硝酸盐等有毒气体和有害物质随气泡升起而逸出水面，从而保持良好的水体环境，保证河蟹健康生长。

水深：当池塘水质不良时，应及时加注新水，使池水长期保持在 1.5 m 左右，特别是 7～8 月高温季节，池水深和水草覆盖，可使池底水温较低，避免河蟹因高温带来的性早熟现象。

亲本质量要求：亲蟹种质应符合 GB/T 19783—2005《中华绒螯蟹》的规定。雌蟹个体 110 g 以上，雄蟹个体 130 g 以上。背部青绿，腹部灰白。十足齐全，无残肢、外伤，无畸形。体表清洁，无附生物。无寄生虫及其他疾病。体质强壮，肥满度好，活力强。雌雄比为 3∶1。质量应符合农业部 NY 5070—2001《无公害食品水产品中渔药残留限量》的要求。

亲本检验方法：每一次检验批随机多点抽样，抽样数量不少于 100 只。亲本采用逐个计数方法。通过形态检验等，统计亲本的形态学数据、畸形个体和伤残个体，计算比例。种质检验按 GB/T 19783—2005《中华绒螯蟹》的规定。检验后如有不合格项，就对原检验批加倍取样进行复检，以复检结果为准。经复检，如仍有不合格项，则判定该批为不合格。

5.2.2 放流亲蟹标记技术

（1）亲蟹适宜标记技术对比研究

科学区分放流群体和野生群体是准确评估增殖放流效果的基础，同时也是困扰增殖放流效果评价的主要难题。增殖放流实践经验表明，标志技术创新是解决标记这一难题的有效手段。目前应用于海洋生物的标志/标记方法主要有实物标志、分子标记和生物体标记三大类型，其中实物标记种类相对较多，且操作方法也相对简便。实物标志是早期增殖放流实践中使用最多的标志手段，传统上多采用体表标志，如挂牌、切鳍、注色法等。近年来，随着现代科学技术的进步,体内标记技术及其他高新标记技术也得到很快的发展,如编码微型金属标、被动整合雷达标、内藏可视标、生物遥测标、卫星跟踪标等也已广泛应用于海洋生物洄游习性和种群判别研究,而且这些标记技术仍在不断改进和完善。Okamoto 在 1998 年曾用线码标记法标志三疣梭子蟹(*Portunus trituberculatus*),在经过两次蜕皮后,标记的保持率超过 70%,并且通过进一步研究表明,这种标记对蟹的生长没有产生影响。

实验选取了 4 种标记方式,分别为可视化荧光硅胶标记(标记步足关节与眼窝)、贴牌标志(标志中华绒螯蟹背部)、T-bar 标志(标志中华绒螯蟹腹部)、套环标志(标志中华绒螯蟹螯足)。

1) 可视荧光硅橡胶标记

称取 0.9 g 硅橡胶基体(Silastic® MDX4 - 4210 Medical grade elastomer base,Dow Corning Corporation,USA),加入 0.1 g 固化剂(Silastic® MDX4 - 4210 Curing agent,Dow Corning Corporation,USA)和 1 g 紫外线激发绿色荧光粉(RL - 702 UV excitation fluorescent powder,红色或绿色),在培养皿中混合均匀。将硅橡胶-荧光粉混合物装入 1 mL 的医用注射器中,放入 4℃冰箱中过夜备用。标记时,用装荧光标记物的 1 mL 注射器配备 5 号针头,将针头插入中华绒螯蟹第三步足胕节关节内 0.5 cm 处,注入长度约 0.2 mm 左右的标记物(图 5 - 5)。使用紫外灯照射标记部位,标记物会发出荧光,关闭紫外灯后荧光消失。眼窝标记时,也使用 1 mL 注射器配备 5 号针头,将标记物注射入眼窝即可。

图 5 - 5　中华绒螯蟹荧光标记

2) 贴牌标志

贴牌标签由黏胶层、基质层、油墨层和覆膜层构成。黏胶层采用丙烯酸乳胶制成,基质层采用聚对苯二甲酸乙二酯制成(简称 PET),油墨层采用白色防水油墨和紫外荧光油墨进行印刷,覆膜层采用亚光透明聚碳酸酯薄膜压膜,可以有效地防止印刷上的标记信息被摩擦掉或者被水溶解。标签的有关信息用白色防水油墨在红色的基质层上进行印刷,反差明显。椭圆形标签的外沿边带采用紫外荧光油墨印刷,可以紫外灯下显色,从而达到防伪的目的(图 5 - 6)。标志时,使用防水速干胶将标签粘在中华绒螯蟹背部即可完成标记。

图 5 - 6　中华绒螯蟹贴牌标记

3) T-bar 标志

T-bar 标志一端为 T 形固定装置,另一端是为带有信息聚乙烯棒。聚乙烯棒的直径在 1 mm 左右,长度在 20 mm 左右。标志时,使用微型钻头在中华绒螯蟹腹部第五腹节边缘位置钻孔,将标志固定端插入固定即可(图 5 - 7)。

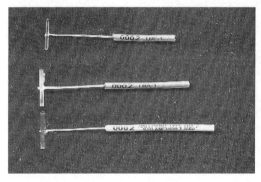

图 5 - 7　中华绒螯蟹 T-bar 标志

4) 套环标志

准备合适的自锁式尼龙扎带。根据所标志中华绒螯蟹的大小选择捆扎直径大于螯足腕节直径的自锁式尼龙扎带。扎带宽度为 2.5 mm 左右,长度在 100 mm 左右。将标签粘贴在靠近扎带锁扣端的位置。标签的宽度与扎带宽度相近,标签长度在 20 mm 左右。准备内径≥扎带宽度的透明热缩管,将其剪为长度略大于标签长度的小段。将剪下的小段热缩管套在粘好的标签外围,用加热器或酒精灯加热使热缩管收缩,将标签固定在扎带上。使用时,选取要标志的中华绒螯蟹,将扎带环绕在螯足腕节部位,通过锁扣拉紧,将多余的部分剪断即可。

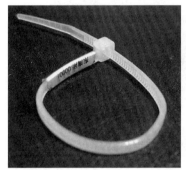

图 5-8　中华绒螯蟹套环标记

为了验证标志/标记对中华绒螯蟹生活行为的影响以及评估标志/标记的保存率,将实验场地设在崇明稻田,场地两侧为进水沟与排水渠。选取长约 20 m,宽 3.5 m 左右的场地,四周用油纸围住,防止中华绒螯蟹逃逸,将实验场地隔开为 6 个 2.5 m×2.0 m 大小的方形实验区域,每 2 个区域之间用围有油纸的土埂隔开,实验区域之间用 2 端蒙有纱网的 PVC 水管连通。在每个实验区域四周留有宽 50 cm 左右,深 40 cm 左右的水沟,方便贮水。区域中间为水草区,面积在 1.5 m×1.5 m 左右。

选取 120 只活力较好的中华绒螯蟹作为实验对象。每个组 20 只螃蟹,共设荧光眼窝、荧光步足、贴牌、套环、T-bar 5 个实验组和一个对照组。标志/标记前测量中华绒螯蟹甲长、额宽、第一侧齿宽、体高、体重等数据,然后将标志/标记完的中华绒螯蟹分别放入实验场地。实验时间为 8 周,每 2 d 换水一次。每天投喂一次,投饵量为中华绒螯蟹体重的 3% 左右,饵料以田螺为主。

图 5-9　中华绒螯蟹标志的稻田围隔试验

1) 眼窝荧光标记：眼窝注射，每只注射 0.01 mL，共 20 只，放入 1 号池内。记录中华绒螯蟹存活率、标记保持率、藏匿数目、摄食量（以投喂后残饵计算）。

2) 步足荧光标记：注射第三步足关节，每只注射 0.01 mL，共 20 只，放入 2 号池内。记录中华绒螯蟹存活率、标记保持率、藏匿数目、摄食量（以投喂后残饵计算）。

3) 挂牌（套环）标志：在每只中华绒螯蟹的螯足上各套一个黑色和白色的塑料环，共 20 只中华绒螯蟹，放入 3 号池内。记录中华绒螯蟹存活率、标志保持率、藏匿数目、摄食量（以投喂后残饵计算）。

4) T-bar 标志：在每只中华绒螯蟹腹部，用钻头钻小洞，然后打入 T-bar 标志，共 20 只中华绒螯蟹，放入 4 号池内。记录中华绒螯蟹存活率、标志保持率、藏匿数目、摄食量（以投喂后残饵计算）。

5) 贴牌标志：将中华绒螯蟹体表用纸擦干，使用防水速干胶将标志牌粘贴在螃蟹背部，共 20 只中华绒螯蟹，放入 5 号池内。记录中华绒螯蟹存活率、标志保持率、藏匿数目、摄食量（以投喂后残饵计算）。

6) 对照组：6 号池放置 20 只未处理的中华绒螯蟹，同时记录中华绒螯蟹存活率、标记保持率、藏匿数目、摄食量（以投喂后残饵计算）。

从结果可以看出，贴牌、套环、步足荧光的标记保持率较高，其中套环的标志保持率可达 100%，贴牌的标志保持率也在 70% 以上。5 个实验组中，贴牌和步足荧光对中华绒螯蟹的活动行为影响较小，存活率均达到 30% 以上，但步足荧光的标记保持率只有 33%，远低于贴牌的 71%。此外，套环组的标志保持率可达 100%，但套环对中华绒螯蟹的存活率影响较大。分析发现，中华绒螯蟹在饵料充足的情况下，2～3 个月进行一次蜕壳，在实验结束取样时，从对照组和贴牌组各获取 2 只软壳蟹。套环对中华绒螯蟹蜕壳束缚较大，影响了中华绒螯蟹正常的蜕壳行为，导致套环组蜕壳期间中华绒螯蟹的死亡率较高。此外，T-bar 和眼窝荧光组对中华绒螯蟹的活动行为影响较大，因此这两个组的死亡数量较高，死亡率均在 80% 以上；同时，这两组的标记保持率均为 0。分析发现，眼窝荧光组存活率为 20%，高于步足荧光组的 10%，说明将荧光注入眼窝对中华绒螯蟹的影响小于将荧光注入步足之内；但荧光眼窝组的标记保持率较低，在实验结束后，在荧光眼窝组内未检测到带有荧光的中华绒螯蟹。T-bar 标记对于中华绒螯蟹的活动行为也较大，在此实验组中，死亡率达 90%，同时标记对存活中华绒螯蟹的影响也较大（图5-10～图 5-13）。

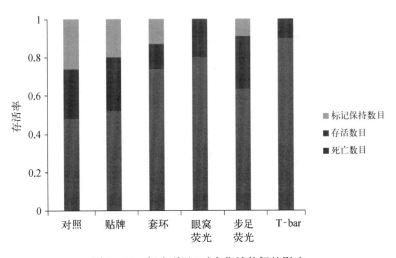

图 5-10　标志/标记对中华绒螯蟹的影响

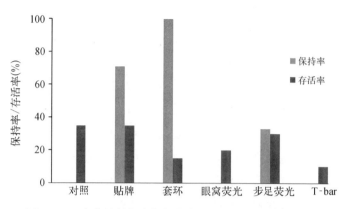

图 5-11　中华绒螯蟹亲蟹保持率与标志/标记存活率对比

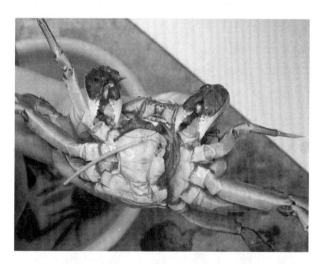

图 5-12　T-bar 对中华绒螯蟹的影响

图 5-13　贴牌组中华绒螯蟹蜕壳

由于缺乏良好的标志和检测手段,国内外学者对中华绒螯蟹增殖放流效果尚未进行有效的评估,本实验从增殖放流中华绒螯蟹亲蟹的角度出发,为其标志放流筛选出合适的标记方式。目前国内渔业资源放流增殖中适用于中华绒螯蟹的标志方式有挂牌标记、剪额刺标志、贴标签标志(贴牌)等传统的外部标志法,以及可视化荧光硅橡胶标记、线码标记等体内标记方法。本研究标志对象为不蜕壳的中华绒螯蟹亲蟹,选取可视化荧光硅橡胶标记(简称荧光标记)、贴牌、套环和 T-bar 四种标记方式,对中华绒螯蟹进行了标记实验。通过实验可以看出,标记保持率最高的方式为贴牌和套环 2 种标记方式。

(2)亲蟹适宜标记技术

项目组研发了 2 项实用新型专利技术:外标签与套环。外标签由黏胶层、基质层、油墨层和覆膜层组成,其特征是该标签为椭圆形,长度为 1.5～2.5 cm,宽度为 0.7～1.5 cm;黏胶层是一层丙烯酸乳胶黏附在基质层下侧;基质层是一层聚对苯二甲酸乙二酯膜;基质层上侧为油墨层;覆膜层是一层亚光透明聚碳酸酯薄膜压附在油墨层与基质层上侧;椭圆形标签的外沿边带是一圈紫外荧光油墨圈。由黏胶层、基质层、油墨层和覆膜层组成。标签为椭圆形,长度为 1.5～2.5 cm,宽度为 0.7～1.5 cm,这个规格可以减少因摩擦而导致的标志脱落概率,而且在保证最大化的方便识别前提下,可以较好较快地在不平整的蟹背壳上进行标志粘贴。黏胶层采用丙烯酸乳胶制成,这种强力胶能保证基质层不会在水中因长期浸泡而脱落。基质层采用聚对苯二甲酸乙二酯制成(简称 PET),PET 具有撕不破、防水、防酸、防碱、材质较硬、胶性特别强、耐摩擦、抗刮等优点。基质层采用红色作为底色,这样与蟹壳反差明显,在放流的中华绒螯蟹回收后,能较快地识别出被标志过的蟹。油墨层采用白色防水油墨和紫外荧光油墨进行印刷。覆膜层采用亚光透明聚碳酸酯薄膜压膜,可以有效地防止印刷上的标志信息被摩擦掉或者被水溶解。标签的有关信息用白色防水油墨在红色的基质层上进行印刷,反差明显。椭圆形标签的外沿边带采用紫外荧光油墨印刷(图 5-14),可以在紫外灯下显色,从而达到防伪的目的。在实际应用中,如制作长度 1.5 cm、宽度 0.8 cm 的椭圆形标签,上面分 3 行用白色防水油墨分别印刷编号、电话和单位名称,在椭圆形标签的外沿采用紫外荧光油墨印刷一圈宽度为 1 mm 的边带。在标志时,采用防水胶水将标志贴于中华绒螯蟹背壳较平整的区域,等胶水干后,即可将标志好的蟹进行放流。实验研究表明,该标签标志能保持时间 2 个月以上,保持率 90% 以上,标志对蟹的存活与摄食无影响。当渔民捕获被标志蟹后,通过打电话通知,可前往捕获点回收验证。该标志优点在于多层膜结合材质较硬,撕不破,防水,防酸,防碱,黏性强,耐摩擦,抗刮,形状规格适宜,标签成本低廉,对蟹无损伤,检测方便,保持时间长,保持率高。

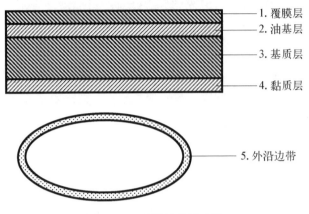

1. 覆膜层
2. 油基层
3. 基质层
4. 黏质层
5. 外沿边带

图 5 - 14　标签结构示意图

套环由自锁式尼龙扎带、信息标签和透明热缩管组成,其特征是自锁式尼龙扎带的宽度 2.5 mm,信息标签粘贴在自锁式尼龙扎带靠近锁扣端的位置上,在信息标签外围套有透明热缩管将信息标签密封住。该标志具有结构简单、体积小、成本低廉、易于推广、防水的优点。使用时将标志套在中华绒螯蟹螯足腕节部位拉紧,剪去多余扎带,操作非常简便。在实际使用中,采用由扎带锁扣和扎带构成的自锁式尼龙扎带、信息标签和透明热缩管,自锁式尼龙扎带的宽度 2.5 mm,长度按套在中华绒螯蟹螯足腕节部位的需要选取,一般采用长度 100 mm;信息标签的宽度与扎带宽度基本相同,信息标签长度 15～20 mm,粘贴在自锁式尼龙扎带靠近扎带锁扣一端的位置上;透明热缩管长度略大于标签长度,透明热缩管套到粘好的信息标签外围。使用时,用加热器或酒精灯加热使透明热缩管收缩,将信息标签固定在扎带上密封,扎带环绕在螯足腕节部位拉紧,将多余的部分剪断(图 5 - 15、图 5 - 16)。

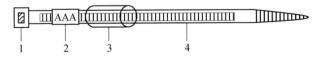

1　　　2　　　3　　　　4

图 5 - 15　套环结构示意图

1.扎带锁扣;2.信息标签;3.透明热缩管;4.扎带

图 5‑16　中华绒螯蟹外标签与套环标记

5.2.3　标记效果评估

通过 2011 年以来的放流试验证明,采用外标签与套环两种技术同时标志时,效果较好:每只亲蟹均有唯一的编码,价格低廉,检测方便,保持时间长,保持率 90% 以上,具有防伪功能,标志对蟹的存活与摄食无显著性影响。研究发现,标签标志在亲蟹放流后 1～6 d 内保持良好,9 d 后保持率降低;套环标志保持率较好。2011 年研究表明标签标志总体保持率为 72.22%,套环标志总体保持率为 99.54%。

表 5‑2　两种标志的保持率

日期(d)	标记蟹数	标签		套环	
		数量	保持率(%)	数量	保持率(%)
1～3	34	32	94.12	34	100
5	1	1	100	1	100
6	11	11	100	11	100
9	15	10	66.67	15	100
10	23	17	73.91	23	100
13	6	4	66.67	6	100
21	1	1	100	1	100
22	30	22	73.33	30	100
70	65	47	72.31	64	98.46
79	24	11	45.83	24	100
84	1	0	0	1	100
88	3	0	0	3	100
143	2	0	0	2	100
合计	216	156	72.22	215	99.54

套环标志比标签标志保持完整率高。标签标志在 5 d 内保持较完整,6 d 后完整率较低。标签标志总保持完整率为 40.38%,套环标志总保持完整率为 98.14%。

表 5-3　两种标志的完好率

日期(d)	标签		套环	
	完好数	完好率(%)	完好数	完好率(%)
1~3	25	78.13	34	100
5	1	100	1	100
6	4	36.36	10	90.91
9	4	40	15	100
10	7	41.18	22	95.65
13	4	100	6	100
21	1	100	1	100
22	5	22.73	30	100
70	12	25.53	63	98.44
79	0	0	24	100
84	0	—	1	100
88	0	—	2	66.67
143	0	—	2	100
合计	63	40.38	211	98.14

5.2.4　长江口亲蟹标志放流

(1) 放流规程

亲蟹来源:天然水域或中华绒螯蟹原、良种场的亲蟹经人工培育而成,亲蟹质量符合 GB 19783 要求,蟹苗培育过程符合 SC/T 1099—2007 要求。

亲蟹质量:亲蟹种质应符合 GB/T 19783—2005 的规定。雌蟹个体 110 g 以上,雄蟹个体 130 g 以上。背部青绿,腹部灰白。十足齐全,无残肢、外伤,无畸形。体表清洁,无附生物。无寄生虫及其他疾病。体质强壮,肥满度好,活力强。雌雄比为 3∶1。质量应符合农业部 NY 5070—2001《无公害食品水产品中渔药残留限量》的要求。

检验方法:每一次检验批随机多点抽样,抽样数量不少于 100 只。亲本采用逐个计数方法。通过形态检验等,统计亲本的形态学数据、畸形个体和伤残个体,计算比例。种质检验按 GB/T 19783—2005 的规定进行。检验后如有不合格项,就对原检验批加倍取样进行复检,以复检结果为准。经复检,如仍有不合格项,则判定该批为不合格。

包装:亲蟹雌、雄分别放入干净的潮湿网袋中,每只蟹都背部朝上,腹部向下。压实后袋口扎紧。

运输:运输过程中,应保温、保湿,防止风吹、日晒、雨淋,避免置于密闭容器内,不能叠层过多。

标志:采取标签和套环的技术进行双重标志。

放流水域条件:最低水位大于 3.0 m,方便船只进入放流水域。水生植物丰富,远离排污口及水库等进水口;底质为沙质或泥沙底,敌害生物少、饵料生物丰富。时间为 11~12 月,放流水域水温 24 h 内不低于 12℃,亲蟹养殖水温与运输期间温度及放流水域水温相差 2℃以内。

放流天气:天气晴朗、风力较小的白天,如放流水域风浪过大或 2 日以内有 5 级以上大风天气,应暂停放流。

放流方法:在顺风一侧贴近水面缓慢将中华绒螯蟹亲蟹分散投放水中。

放流记录:填写放流记录表,做好放流全程记录。

(2) 放流活动

长江口是中华绒螯蟹亲蟹生殖洄游的关键栖息地和产卵场,也是蟹苗的集中发生地。放流亲蟹和蟹苗都会对自然资源的补充和恢复起到一定作用。2004 年 4 月,首次采用扣蟹在长江口水域进行了人工放流,然而从监测结果来看,死亡率较高、效果不佳。在深入研究中华绒螯蟹生殖洄游习性的基础上,结合增殖放流实践,发现在长江口水域进行中华绒螯蟹增殖放流以完成最后一次蜕壳、性腺发育到Ⅳ期左右的亲蟹为好,该时期亲蟹具有较强的环境适应性。作为放流亲蟹的适宜规格为:雌性 110 g 以上,雄性 150 g 以上。

亲蟹放流数量主要考虑长江口水域的生态容纳量,并参考历史上亲蟹资源量与生态环境因子变动之间相关性进行确定。2004 年起,对长江口水域设置 17 个调查监测站点,对该水域理化因子、初级生产力、底栖生物、游泳动物等理化生物因子进行了每年 4 次的连续调查监测与研究分析,确定长江口水域每年放流亲蟹 6 万~20 万只(雌雄比 3∶1)为宜,可利用有限的资金达到有效增加自然种群数量的目标。

放流亲蟹为长江野生亲蟹繁殖的子一代苗种培育而成,亲蟹培育严格按照东海水产研究所项目组制定的《大规格中华绒螯蟹生产操作技术规范》和《长江口中华绒螯蟹亲本质量规范》2 部规范,保证了放流亲蟹质量。亲蟹放流前,须经具有资质的水产科研单位或水产种质检验检疫机构进一步进行检测,严把质量关。

长江口中华绒螯蟹亲蟹增殖放流时间与地点的选择主要考虑以下因素:一是自然群体的洄游习性,包括亲蟹洄游至长江口水域的时间、洄游路径及其栖息地位置等;二是长江口水域环境条件;三是长江口中华绒螯蟹冬蟹捕捞作业时间,以避免增殖放流亲蟹被大量捕捞。通常,中华绒螯蟹每年 11 月至 12 月洄游下迁至长江口水域,沿长江口南支进入产卵场水域。通过进一步对中华绒螯蟹洄游习性的研究和长江口主要捕捞作业时间和地点的调查,确定了长江水域中华绒螯蟹增殖放流时间以 12 月中下旬为宜,放流地点宜选择在长江口南支。

2011 年 12 月 20 日东海水产研究所在长江口主持放流中华绒螯蟹亲蟹 4 万只(图 5 - 17),其中运用东海水产研究所发明的双标法(贴标和套环)标志 1 万只,均为长江水系原种或子一代苗种,雌蟹平均规格 110 g 以上、雄蟹 150 g

图 5 - 17 2011 年 12 月中华绒螯蟹标记放流点

以上。本次放流率先启用了由中国水产科学研究院东海水产研究所与中国水产科学研究院渔业机械仪器研究所合作研发的专用亲蟹放流装置,这是我国首次采用专用装置实施亲蟹电动循环持续放流,做到科学、合理、文明地放流(图 5 - 18)。

图 5 - 18　2011 年 12 月中华绒螯蟹标记放流

放流任务由上海渔政 31001 号船、上海渔监 31006 号船以及租用的车客渡 3 艘船共同执行。中华绒螯蟹标记放流选择了 2 个放流点,分别为青草沙水库东南外侧水域(121°44′30″E,31°25′06″N)和宝钢码头外水域(121°29′39″E,31°26′06″N)(图 5-17)。

2012 年 12 月 25 日课题组实施了长江口中华绒螯蟹标记放流,放流亲蟹 6 万只。课题组科研人员采用标签与套环专利标志对招标采购的中华绒螯蟹亲蟹实施双重标志,每只亲蟹均有唯一的五位数编码。同时,发放大量有关此次标志放流的宣传画,设立有奖回收制度。此次共标志亲蟹 10 000 只,分别在长江口宝杨码头和三甲港附近水域放流 5 000 只标志蟹(图 5-19)。

图 5-19　2012 年 12 月中华绒螯蟹标志放流

第6章　中华绒螯蟹增殖效果评估

多年来在长江口放流中华绒螯蟹亲蟹,对资源的恢复起到了重要的作用。目前对放流生物的研究主要集中于洄游、分布、生长等方面的研究,关于放流物种对环境适应能力的研究报道也主要集中于放流物种的生长状况,而关于放流物种在放流后对环境的生理适应和资源恢复作用的研究报道较少。本研究以长江口中华绒螯蟹放流亲蟹为对象,测定了放流前后的亲蟹生理变化和资源恢复状况,旨在为提高中华绒螯蟹的增殖放流效果提供参考依据,并为其他水生生物的增殖放流效果评估提供理论借鉴。

6.1　生境适应性评估

本研究以长江口中华绒螯蟹放流亲蟹为对象,测定了放流前后血清蛋白、脂类、碱性磷酸酶、转氨酶和肌酐水平,以及肝胰腺中抗氧化酶和酸性磷酸酶的活性,旨在探讨其放流后对环境的生理适应过程,为提高中华绒螯蟹的增殖放流效果提供参考依据。

6.1.1　生理适应

6.1.1.1　试验材料与方法

实验用蟹来源于 2010 年 12 月长江口(上海宝杨码头)增殖放流的中华绒螯蟹亲蟹。放流亲蟹为人工繁育与养殖的中华绒螯蟹,共 3 万只,雌雄比例为 3∶1,生长环境为露天土池塘,水草覆盖率在 50% 以上。其中 5 000 只为标记蟹,标记方法为亲蟹右边螯足上套上专用套环并在其甲壳背面下方贴上防伪标签。放流亲蟹通过刺网回捕,网目大小为 10 cm,网高 1.5 m。每天回捕放流亲蟹的时间根据当天落潮的时间而定,落潮将要结束的时候拉起网具。每次拉网的时候记录亲蟹总数、标志蟹数量和水文（水温、盐度、pH 等）等数据。对每次回捕到的标记亲蟹均详细记录形态学数据（体重、壳长、壳宽等）并取样,当每次回捕亲蟹的数量小于 20 只时全部取样,如多于 20 只则随机取 20 只亲蟹样本。

将亲蟹用冰麻醉 15～20 min 后,擦干体表水分,快速测量体质量、壳长和壳宽。然后用一次性注射器于蟹第三步足基部血窦处抽取血淋巴 2 mL,在 4℃、3 000 r/min 的条件下离心 20 min,取上层血清存于 Eppendorf 离心管中,存放于−20℃冰箱中,用于各项血液指标的测定。然后在装满碎冰的冰盘上快速解剖亲蟹,取其肝胰腺存于 Eppendorf 离心管中,保存于−80℃冰箱中备用。

为尽量减少长江口复杂环境因素变化对放流亲蟹生理生化等指标的干扰,实验选取回捕位置相对比较集中（121°49. 200′E～121°50. 800′E,31°12. 776′N～31°10. 570′N）、回捕数量较多的标志蟹样品进行各项指标测定,共 77 只（表 6 - 1）,按回捕日期距放流时间（d）分组,将放流前的中华绒螯蟹组记为 0 d。各组蟹的回捕位置、样本量、规格及水文情况见表 6 - 1。

表 6 - 1　实验用中华绒螯蟹亲蟹

时间 (d)	捕捞位置	样本量 （只）	体重(g)	壳长(mm)	壳宽(mm)	水温 （℃）	盐度	溶氧 饱合度 （%）	pH
0		20	104.35±19.78	54.76±2.83	59.75±2.97	9.18	0	91.5	6.78
6	E 121°51. 565′, N 31°11. 193′	8	113.26±22.44	54.00±3.55	62.13±3.40	8.7	8.89	96.2	7.63
9	E 121°51. 800′, N 31°11. 721′	5	126.90±10.50	58.60±2.07	65.00±2.92	6.04	8.65	96.4	7.29
13	E 121°51. 079′, N 31°11. 762′	6	109.80±46.85	56.79±4.62	61.64±7.34	6.11	8.74	99.3	7.53
22	E 121°50. 500′, N 31°10. 570′	10	109.11±19.61	57.46±1.94	61.85±3.81	6.46	8.03	96.0	7.61
70	E 121°50. 922′, N 31°11. 644′	18	114.79±21.23	56.63±2.93	64.01±3.61	7.24	9.65	95.4	7.58
79	E 121°49. 200′, N 31°11. 006′	10	110.48±23.72	54.50±4.26	61.58±4.88	11.12	9.02	93.1	7.01

用深圳迈瑞 MINDRAY BS - 200 全自动生化分析仪测定血清中总蛋白（TP）、白蛋白（ALB）、碱性磷酸酶（ALP）、丙氨酸氨基转移酶（ALT）、天门冬氨酸氨基转移酶（AST）、肌酐（CREA）、总胆固醇（TC）、甘油三酯（TG）的活性或含量。先将欲测的指标定标校准,然后按照生化分析仪操作说明和配套试剂盒测试流程进行测定,其中 TP、ALB、TC、TG 采用终点法,ALP、ALT、AST 采用

动力学法,CREA 采用固定时间法。

血清中血蓝蛋白含量的测定参照 Chen 等(1995),通过 UNICO UV-2802S 紫外分光光度计测得,血蓝蛋白含量(mmol/L)= $(OD \times R)/(\varepsilon \times S \times P)$。式中,$OD$ 为分光光度计测得的吸光度值;R 为反应液的总体积(μL);ε 为消光系数;S 为待测样品的体积(μL);P 为分光光度计中光穿透长度(cm)。

肝胰腺中超氧化物歧化酶(SOD)、过氧化氢酶(CAT)、酸性磷酸酶(ACP)的活性采用南京建成生物工程研究所试剂盒测定,严格按照对应试剂盒中的操作流程进行测定。

6.1.1.2　试验结果与分析

中华绒螯蟹亲蟹肝胰腺中 SOD 和 CAT 的活性在放流后均呈现先降低后升高的趋势,且均在放流后 9 d 活性最低,其中,肝胰腺中 SOD 的活性在放流后 9 d 较放流前显著降低($P<0.05$)(表 6-2)。放流后 70 d 及 79 d 肝胰腺 SOD 的活性较放流前显著升高($P<0.05$),而 CAT 活性放流前后变化不显著($P>0.05$)。

放流亲蟹肝胰腺中 ACP 的活性在放流后出现升高的趋势,到 6 d ACP 活性较高,但与放流前相比差异不显著($P>0.05$),而后开始降低(表 6-2)。在放流后 13 d 降到最低并显著低于放流前($P<0.05$),而后又开始升高,在 22 d 达到放流前水平。放流后 70 d 到 79 d 有下降趋势,但均与放流前差异不显著($P>0.05$)。

表 6-2　放流后不同时间中华绒螯蟹肝胰腺中抗氧化酶和磷酸酶的活性

时间(d)	超氧化物歧化酶(U/mg prot)	过氧化氢酶(U/mg prot)	酸性磷酸酶(U/g prot)
0	16.29±6.90[ad]	0.17±0.08[a]	77.36±26.50[ab]
6	10.95±2.91[ab]	0.15±0.10[a]	98.10±9.81[a]
9	5.36±1.43[b]	0.11±0.03[a]	93.46±11.66[ab]
13	6.53±4.53[ab]	0.15±0.08[a]	42.89±6.44[c]
22	11.97±5.16[abc]	0.19±0.08[a]	74.22±30.74[abc]
70	22.26±9.98[cd]	0.19±0.06[a]	78.46±12.50[ab]
79	25.54±7.36[d]	0.20±0.09[a]	62.93±21.17[bc]

注:同一列中无相同字母上标的数值之间差异显著($P<0.05$)

亲蟹血清中 ALT、AST 和 ALP 的活性在放流后的变化趋势总体一致,均在放流后 9 d 达到最高值且显著高于放流前($P<0.05$),而后开始下降(表 6-3)。放流后 79 d,血清中三者活性基本恢复至放流前水平($P>0.05$)。

表 6-3　放流后不同时间中华绒螯蟹血清中磷酸酶和转氨酶的活性

时间(d)	碱性磷酸酶(U/L)	谷丙转氨酶(U/L)	谷草转氨酶(U/L)
0	5.90±3.09[a]	479.48±149.90[a]	645.24±100.89[a]
6	7.32±4.32[ab]	860.73±180.63[b]	1 322.23±151.26[bc]
9	15.55±2.97[b]	1 030.80±59.14[b]	1 400.79±77.43[b]
13	11.08±3.01[ab]	593.76±222.47[ac]	1 010.19±39.70[d]
22	9.03±6.95[ab]	499.41±161.10[ac]	953.01±160.10[de]
70	9.02±2.94[ab]	639.32±247.59[c]	1 086±268.91[cd]
79	5.37±4.04[a]	431.16±145.48[a]	759.07±67.97[ae]

注：同一列中无相同字母上标的数值之间差异显著($P<0.05$)

亲蟹血清中 TP 的含量呈先升高后降低趋势，在 6 d 达到最大值，而后下降，22 d 以后 TP 含量显著低于放流前($P<0.05$)(表 6-4)。血清中 ALB 的含量在放流后总体呈现先升后降的趋势，放流后 13 d 左右其含量最高，且与放流前差异显著($P<0.05$)，而后下降，放流后 70 d 左右血清中 ALB 的含量较放流前显著降低($P<0.05$)。血蓝蛋白的含量呈波动性变化，放流后血蓝蛋白出现明显下降($P<0.05$)，9 d 恢复至放流前水平，13 d 后血清血蓝蛋白含量趋于稳定并显著低于放流前含量($P<0.05$)。

放流中华绒螯蟹血清中 TC 的含量大体上也呈现先升后降的趋势，放流后 6 d TC 含量显著升高($P<0.05$)，9 d 开始下降，70 d 以后雄蟹血清中的 TC 含量较放流前显著降低($P<0.05$)(表 6-4)。血清中 TG 的含量在放流后开始下降，放流后 9 d 左右 TG 含量最低且较 0 d 差异显著($P<0.05$)，13 d 和 22 d 基本恢复至 0 d 的水平($P>0.05$)，到 70 d 左右最终趋于稳定，但与放流前比较显著降低($P<0.05$)。

表 6-4　放流后不同时间中华绒螯蟹血清中蛋白质及代谢产物和肌酐的含量

时间(d)	总蛋白(g/L)	白蛋白(g/L)	血蓝蛋白(mmol/L)	胆固醇(mmol/L)	甘油三酯(mmol/L)	肌酐(μmol/L)
0	82.61±8.85[a]	6.27±0.93[a]	0.68±0.09[a]	0.67±0.11[a]	0.19±0.03[a]	29.89±1.91[ac]
6	85.13±16.56[a]	6.82±1.72[a]	0.57±0.15[bc]	0.87±0.19[b]	0.15±0.03[b]	35.93±7.69[abc]
9	82.53±5.37[ac]	6.64±0.91[a]	0.66±0.07[ab]	0.73±0.11[ab]	0.13±0.04[bc]	33.56±2.07[ab]
13	77.37±14.08[ac]	9.44±1.64[b]	0.53±0.09[bc]	0.62±0.15[ac]	0.19±0.02[a]	35.92±1.3[b]
22	72.18±10.64[c]	6.73±0.93[a]	0.53±0.11[bc]	0.64±0.11[ac]	0.18±0.04[a]	31.01±4.69[abc]
70	61.64±13.98[d]	5.48±0.86[c]	0.50±0.10[c]	0.55±0.17[c]	0.11±0.03[c]	29.34±4.31[ac]
79	59.57±11.74[c]	5.09±0.70[c]	0.53±0.13[c]	0.54±0.14[c]	0.11±0.03[c]	26.82±3.05[c]

注：同一列中无相同字母上标的数值之间差异显著($P<0.05$)

亲蟹血清中 CREA 含量在放流后呈现波动变化,放流后 13 d 其含量较放流前显著升高($P<0.05$),在 70 d 和 79 d 亲蟹血清中 CREA 含量均较放流前差异不显著($P>0.05$)(表 6-4)。

6.1.1.3 讨论与小结

SOD 和 CAT 是生物体内两种抗氧化的主要酶类,它们可以相互配合清除生物体内的活性氧自由基。SOD 可以阻止氧自由基对细胞的损害、修复受损细胞并能通过反应将氧自由基转化成过氧化氢,而 CAT 可以将同样对机体有害的过氧化氢分解成对生物体无害的水和氧。因此 SOD 和 CAT 常被用作判断生物体非特异性免疫能力的指标。

实验发现,中华绒螯蟹亲蟹肝胰腺中 SOD 和 CAT 活性在放流后的 9 d 内持续降低,13 d 后出现升高趋势,并在 22 d 恢复至放流前水平,这可能说明中华绒螯蟹亲蟹的非特异性免疫能力在放流后降低,在 22 d 左右恢复至放流前水平。放流后 70 d 和 79 d 亲蟹的 SOD 和 CAT 的活性表明放流亲蟹的非特异性免疫能力较放流前恢复并加强。从捕获放流亲蟹位置的水文信息可以得出,亲蟹 SOD 和 CAT 的这种变化应该跟环境胁迫有主要关系。

环境胁迫能够促使生物体机体细胞内的线粒体、微粒体以及胞浆的酶系统与非酶系统反应,产生活性氧和氧自由基,从而打破生物机体内的活性氧代谢平衡,使生物体面临活性氧伤害。洪美玲等(2007)研究发现中华绒螯蟹受温度胁迫 1 d 后血淋巴中 SOD 和 CAT 活力出现不同程度下降;陈宇锋(2007)等研究发现青蟹肝胰腺中 SOD 活动随盐度胁迫时间的延长出现先降后升趋势;还有研究发现机体新陈代谢速度加快会使机体自身抗氧化系统受到影响,从而产生大量的活性氧。中华绒螯蟹亲蟹肝胰腺 SOD 和 CAT 活性在放流后出现降低趋势,应该是亲蟹在向咸淡水交汇处洄游过程中受到温度、盐度等环境因子的胁迫和蟹体通过加快自身新陈代谢来减少应激共同作用的结果。中华绒螯蟹亲蟹在放流 9 d 后肝胰腺中 SOD 活性最低,这与陈宇锋等(2007)发现的青蟹经盐度应激 3 d 后肝胰腺中 SOD 活性最低的结果相似。

ALP 和 ACP 是甲壳动物体内两种重要的磷酸酶,它们在机体内能够直接参与磷酸基团的转移和代谢,加速机体内物质的摄取和转运,并能形成水解酶体系,破坏和消除入侵机体的异物,因此对维持虾、蟹类的生存和生长具有重要的意义。研究发现中华绒螯蟹亲蟹血清 ALP 和肝胰腺 ACP 活性在放流后出现升高,13 d 后开始下降,其中 ACP 活性在 22 d 基本恢复至放流前水平,而 ALP 活性在 79 d 恢复至放流前水平。这可能是由于蟹进入新环境后,必须通过加速物质的摄取和转运来提高自身的代谢速度,减缓环境对自身的应激,而随着蟹对新环境的适应,蟹血清中 ALP 和肝胰腺中 ACP 活性也慢慢下降。在放流后 13 d,蟹肝胰腺中的 ACP 较放流前显著降低,推测这与 ACP 是巨噬细胞溶酶体的标志酶有关,ACP 活性较放流前降低表明此时亲蟹免疫力有所下降,这跟 SOD 和 CAT 活性变化反映出来的机体抗氧化能力、免疫力下降的结果一致。研究表明中华绒螯蟹放流亲蟹在放流后体内磷酸基团的转移和代谢增强,破坏和清除入侵异物的能力升高,而基本恢复至放流前水平可能需要22 d 左右,其中亲蟹血清 ALP 活性要比肝胰腺中 ACP 活性恢复得慢。

ALT 和 AST 是两种重要的氨基转移酶,主要存在于肝脏和心肌细胞中,在血清中浓度较低。当机体肝细胞或某些组织受损害时,血清中这两种酶的活性就会升高。研究发现中华绒螯蟹亲蟹在放流后血清中 ALT 和 AST 活性升高,9 d 后两者的活性最高,放流 22 d 后 ALT 活性恢复至放流前水平,而 AST活性在 79 d 恢复至放流前水平。初步推测这可能是亲蟹由于受到环境应激导致组织受损,而随着亲蟹不断对环境的适应,自身受损的组织逐步恢复。本研究表明中华绒螯蟹亲蟹在放流后蟹体肝细胞或其他组织受损,在放流后9 d 可能受损最严重,22 d 左右亲蟹肝细胞或其他组织逐渐恢复健康,蟹体血清中ALT 的恢复速度比 AST 快。

血蓝蛋白是生物体内的一种多功能蛋白,不仅具有输氧、贮存能量、渗透压调节、蜕皮过程调节、能量贮存、金属离子转运等功能,而且血蓝蛋白还具有酚氧化酶活性,具有抗菌功能。实验发现中华绒螯蟹血清中血蓝蛋白含量在放流后降低,9 d 后有所升高,13 d 降低并逐渐趋于稳定。有研究表明,在较高盐度的环境中血蓝蛋白可以裂解为自由氨基酸来维持血淋巴渗透压平衡,中华绒螯蟹亲蟹在放流后血蓝蛋白含量降低应该是亲蟹逐渐往咸淡水处洄游的结果。在 10℃条件下,中华绒螯蟹亲蟹进入咸水 2～3 d 后便进入发情阶段,血蓝蛋白含量的升高可以满足蟹体活动和交配时对耗氧量的需要,亲蟹在放流后 9 d 血蓝蛋白含量升高,应该跟亲蟹发情有关。

ALB 具有调节血浆胶体渗透压以及运输等功能。实验发现中华绒螯蟹亲蟹血清 ALB 含量在放流后出现升高,13 d 含量最高而后开始下降。初步认为中华绒螯蟹亲蟹血清 ALB 含量在放流后升高是亲蟹通过自身调节来减少应激反应的结果,一方面蟹体调节自身血浆胶体渗透压,另一方面蟹体通过加速物质的摄取和转运来提高自身的代谢速度。而放流 70 d 后 ALB 含量显著低于放流前水平,具体原因还有待进一步探讨。

血清 TP 不仅是一种重要的营养物质,还具有运输、凝血、免疫以及调节血浆胶体渗透压等作用,对蟹类的健康、营养、疾病等状况的判断具有重要意义。实验发现中华绒螯蟹亲蟹血清 TP 含量升高,而后逐渐下降并在 22 d 后显著低于放流前水平。王顺昌等(2003)研究表明,中华绒螯蟹血清中 TP 含量受盐度刺激影响较大,在蟹体刚入咸水时有上升趋势。本实验中亲蟹在放流后 TP 含量升高,推测可能是亲蟹往咸淡水洄游过程中受盐度刺激的结果。亲蟹血清 TP 含量在放流后 13 d 下降并显著低于放流前水平,可能是 TP 大量分解为自由氨基酸参与渗透压调节的结果,也可能是受到血清中血蓝蛋白和 ALB 含量降低的影响所致。

CREA 是酸性肌酸的降解产物,在机体生理状态正常时一般含量相对恒定,其含量的升高常被作为排泄器官受损和排泄功能受到破坏的判断依据。在甲壳动物中,主要的排泄器官为触角腺和鳃。本研究发现亲蟹血清 CREA 含量在放流后 6 d 升高,22 d 降低,到 70 d 左右基本恢复至放流前水平,表明中华绒螯蟹亲蟹放流后触角腺或鳃可能受损,亲蟹的排泄功能受阻,22 d 后亲蟹受损器官和排泄功能逐步恢复至正常。

血清中 TC 和 TG 含量能够反映机体脂类代谢的变化。脂类是中华绒螯蟹标准状况下最主要的能源物质,脂类物质含量的变化常被作为甲壳动物受到胁迫时的一种效应。例如,对虾在受到胁迫时主要通过脂肪代谢来满足自身的能量需求。实验发现中华绒螯蟹亲蟹血清 TG 含量在放流后呈现先降后升再降的波动变化,TC 含量则呈先升后降的变化。分析认为亲蟹血清中 TG 含量在放流后下降,可能是由于亲蟹放流后通过脂肪分解获取所需的能量来应对环境胁迫(主要是盐度和温度)的结果。有研究发现,当机体通过脂类提供所需能量时,酯酶活性和机体内游离脂肪酸含量升高,血液中 TC 含量降低。本实验中亲蟹在放流后通过分解脂肪获取能量时,血清 TC 含量却出现升高,具体原因还有待进一步研究。

由于长江口环境的复杂性,本实验选取回捕位置较集中的放流亲蟹为实验对象,而且受到回捕亲蟹样本量的限制,所得结果仅能初步反映长江口中华绒螯蟹放流亲蟹对环境的生理适应状况,更全面的生理适应性还需要进行系统试验进一步阐明。

6.1.2 繁殖力

6.1.2.1 试验材料与方法

抱卵蟹分为长江口中华绒螯蟹放流群体和自然群体,均通过监测船采样获取。放流群体标记为螯足套环,可与自然群体区分。放流群体抱卵亲蟹为 2011 年 12 月 29 日至 2012 年 5 月 22 日期间在长江口不同断面获得的所有标志抱卵蟹。放流亲蟹放流的时间为 2011 年 12 月 10 日,放流地点在上海宝杨码头附近(121°28.870′E, 31°26.450′N),自然群体抱卵亲蟹为 2011 年 11 月 25 日至 2012 年 3 月 7 日期间在横沙岛新民港港口附近(121°59.766′E, 31°14.124′N)获得。将实验所用抱卵蟹带回,测定其壳长(CL)、壳宽(CW)和体质量(W)。用重量法方法测定怀卵量,电子天平精确度为 0.000 1 g,每个抱卵蟹测定 3 组数据,取平均值。

繁殖力包括个体绝对繁殖力(F)及每个个体的怀卵量;个体相对于体重的繁殖力(F/W)及个体绝对繁殖力与体重的比值。将所得的所有抱卵蟹怀卵量数据统一处理,便于对中华绒螯蟹不同规格抱卵蟹怀卵量进行比较,也便于对长江口中华绒螯蟹放流群体和自然群体进行比较,将所得中华绒螯蟹抱卵蟹按照壳宽分为 4 组: 4.6～5.4 cm、5.5～6.0 cm、6.1～6.5 cm、6.6～7.3 cm。

6.1.2.2 试验结果与分析

根据表 6-5 测得的中华绒螯蟹数据,放流群体平均壳宽 5.59±0.57 cm,平均体质量 80.96±25.32 g,平均个体绝对繁殖力 206 507.73±10 615.75 粒。最小抱卵个体壳宽为 4.6 cm,壳长为 4.0 cm,体质量为 41.9 g。最大抱卵个体壳宽为 6.5 cm,壳长为 5.7 cm,体质量为 113.9 g,怀卵量 48.91 万粒。自然群体平均壳宽 5.85±0.56 cm,平均体质量 91.60±31.89 g,平均个体绝对繁殖力 263 994.56±23 676.71 粒。最小抱卵个体壳宽为 4.9 cm,壳长为 4.2 cm,体质量为 44.9 g,怀卵量 41 803 粒。最大抱卵个体壳宽为 7.3 cm,壳长为 6.6 cm,体质量为 178.5 g,怀卵量 1 037 232 粒。放流群体个体绝对繁殖力显著小于自然群体($P<0.05$),个体相对繁殖力无显著性差异($P>0.05$)。

表 6‑5　中华绒螯蟹形态学参数及繁殖力

	样本量	壳宽/cm	体质量/g	个体绝对繁殖力	个体相对繁殖力
放流群体	47	5.59±0.57	80.96±25.32	206 507.73±10 615.75[b]	2 344.59±953.57[a]
自然群体	85	5.85±0.56	91.60±31.89	263 994.56±23 676.71[a]	2 665.66±1 422.24[a]

注：同一列数据右上方小写英文字母不同表示相互之间差异显著（$P < 0.05$）

不同规格中华绒螯蟹抱卵蟹放流群体繁殖力与壳宽的统计数据见图 6‑1。抱卵蟹的繁殖力随着雌蟹壳宽的增大而增大。由于放流群体亲蟹放流规格有限制，所以优势壳宽不明显。怀卵量变化范围为 5 万～50 万粒。长江口中华绒螯蟹放流群体的繁殖力（F）与壳宽（CW）的关系呈幂数函数，关系式为 $F = 3.979CW^{6.208}$（$R^2 = 0.822$）。

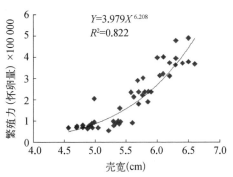

图 6‑1　中华绒螯蟹放流群体繁殖力与壳宽的关系

图 6‑2　中华绒螯蟹自然群体繁殖力与壳宽的关系

不同规格中华绒螯蟹抱卵蟹自然群体繁殖力与壳宽的统计数据见图 6‑2。抱卵蟹的繁殖力随着雌蟹壳宽的增大而增大。抱卵蟹优势壳宽组为 5.0～6.0 cm，繁殖力范围为 10 万～40 万粒。长江口中华绒螯蟹自然群体的繁殖力（F）与壳宽（CW）的关系呈幂数函数，关系式为 $F = 1.696CW^{6.636}$（$R^2 = 0.673$）。

长江口中华绒螯蟹自然群体的平均个体绝对繁殖力（F）显著大于放流群体（$P < 0.05$）。平均个体相对繁殖力（F/W）在自然群体和放流群体之间没有显著性差异（$P > 0.05$）（表 6‑6）。长江口中华绒螯蟹放流群体和自然群体的繁殖力都随着壳宽范围的增大而增大（表 6‑6）。放流群体不同范围之间均存在显著性差异（$P < 0.05$）。自然群体壳宽 5.5～6.0 cm 范围的繁殖力大于壳

4.6~5.4 cm 范围的繁殖力但不显著（$P>0.05$），其他不同范围之间繁殖力均存在显著性差异（$P<0.05$）。在 5.5~6.0 cm 相同范围内，放流群体大于自然群体，其他范围内均为自然群体大于放流群体，但两者之间差异均不显著（$P>0.05$）。

表 6-6　中华绒螯蟹放流群体与自然群体繁殖力的比较

壳宽范围(cm)	壳宽(cm)		个体绝对繁殖力(怀卵量)	
	放流群体	自然群体	放流群体	自然群体
4.6~5.4	5.04 ± 0.27^a	5.20 ± 0.20^a	$88\,603.19\pm33\,890.24^{aA}$	$113\,334.85\pm83\,829.16^{aA}$
5.5~6.0	5.77 ± 0.14^b	5.72 ± 0.20^b	$201\,573.86\pm71\,188.77^{bA}$	$200\,277.21\pm86\,058.33^{aA}$
6.1~6.5	6.32 ± 0.16^c	6.30 ± 0.15^c	$371\,930.18\pm72\,868.43^{cA}$	$386\,381.42\pm131\,586.73^{bA}$
6.6~7.3		6.88 ± 0.32^d		$605\,541.56\pm330\,162.25^c$

注：同一列数据右上方小写英文字母不同表示相互之间差异显著（$P<0.05$），大写字母相同表示同一范围自然群体与放流群体之间无显著差异（$P>0.05$）

对放流群体与自然群体 F 与 CW 的两条曲线取对数 $\ln F=a+b\ln CW$，两条曲线经过拟合优度方差分析和回归显著性检验（表 6-7）：$F_1 < F_{0.05} = 161$，$F_2 > F_{0.05} = 18.5$。故两条曲线繁殖力 F 与壳宽 CW 之间的回归性显著，可以拟合得较好。拟合后的曲线见图 6-3。

表 6-7　中华绒螯蟹放流群体与自然群体 F 与 CW 方程
拟合优度检验与回归显著性检验

拟合优度检验	$F_1=0.029$	$F_{0.05}=161^*$	$F_{0.01}=4\,052^{**}$
回归显著性检验	$F_2=60.938$	$F_{0.05}=18.51^*$	$F_{0.01}=98.49$

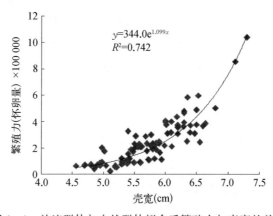

图 6-3　放流群体与自然群体拟合后繁殖力与壳宽的关系

6.1.2.3　讨论与小结

研究发现少量中华绒螯蟹自然群体抱卵蟹仍有发育成熟的卵巢。抱卵蟹在卵孵化后很可能进行第二次抱卵。于智勇等（2007）关于中华绒螯蟹二次抱卵的研究表明：中华绒螯蟹的总繁殖力要大于测到的第一次繁殖力。因此，中华绒螯蟹的一年繁殖力取决于第一次的产卵量和第二次的产卵量。本实验只对第一次怀卵量进行了研究。

中华绒螯蟹繁殖力与壳宽呈正相关的关系趋势，与细点圆趾蟹、斑点梭子蟹等梭子蟹科的结果相一致。中华绒螯蟹个体绝对繁殖力 F 与细点圆趾蟹相比，在不同壳宽范围内 F 都小于细点圆趾蟹。与中华绒螯蟹属性关系最近的合浦绒螯蟹相比，F 大于合浦绒螯蟹。由于拟穴青蟹个体明显大于中华绒螯蟹，中华绒螯蟹 F 显著小于拟穴青蟹。中华绒螯蟹自然群体和放流群体的繁殖力 F 都随着壳宽的增大而显著增大（$P<0.05$）（表 6-2）。但由图 6-3 可以看出：在一定的壳宽范围内，自然群体 F 的变化范围比较大，最大差别有 40 000 粒（$CW=6.5$ cm），波动幅度达到 50%。据 Tuset 等（2011）关于美洲深海大红蟹的研究表明 F 的波动率为 45%~65%，这种差异与其在抱卵过程中卵的丢失有关。蟹类在幼蟹孵化过程中卵的丢失可能因为疾病、真菌感染或卵发育过程中的自然流失，还可能是因为雌性亲蟹抱卵时间较长。中华绒螯蟹抱卵时间约为 5~6 个月，在此过程中有很多卵丢失。Kuris（1991）的研究表明：甲壳动物卵的丢失率为 11%~71%，分析原因有孵化过程中卵的滞留、被其他蟹捕食、寄生虫病和孵化失败，这些都可能是 F 波动的原因。中华绒螯蟹雌蟹在抱卵后往往会将自己埋在河底泥沙中，因此底质对中华绒螯蟹的怀卵量也有影响。在很容易埋入的软质泥沙底质，中华绒螯蟹就会有较高的怀卵量。而在比较硬的底质，蟹会随着水流向前或向后游动，在此过程中会有卵不能很好地附着在刚毛上，很容易丢失。长江口横沙岛是泥沙冲积而成，底质多为泥沙，F 的波动与底质的关系较小。

由图 6-3 和图 6-4 可以看出，较小个体也能有较大的个体绝对繁殖力 F。这可能与卵黄的大小有关。根据 Hines（1982）和 Nakaoka（2003）的研究结果，雌性亲蟹在肝胰腺提供能量一定的情况下，雌蟹怀卵量可以在卵的大小和数量上进行调和。它们可以提高卵的数量而减小卵的大小，也可以增加卵的大小而减小卵的数量。温度是此研究结果的条件,温度高时卵小,温度低时卵大。所以这个研究结果可以解释一些甲壳动物的卵量和大小因季节和地区的差异而出现的波动。日本绒螯蟹卵的大小会随着繁殖季节的变化而变化。中华绒螯蟹是否也符合这个研究结果,还需要根据不同繁殖季节进行采样研究。因为此次采样的时间范围比较大(2011.12~2012.5),所以可能一些个体在春季抱卵,温度高而卵较小,卵的数量相对较大。

长江口中华绒螯蟹自然群体与放流群体的繁殖力(F)都随着壳宽(CW)的增大而显著增大($P<0.05$)(表6-2)。在CW为$4.6\sim5.4$ cm及$6.1\sim6.5$ cm规格范围,自然群体F大于放流群体,但并不显著($P>0.05$)。当中华绒螯蟹放流群体进入咸水,它要消耗部分能量进行渗透压调节。因此肝胰腺中的能量除了转移到卵巢中还有用于其他用途,中华绒螯蟹放流群体F小于自然群体。而$5.5\sim6.0$ cm规格的亲蟹,放流群体与自然群体的F基本相等。这可能与实验蟹的个体差异有关。放流群体个体绝对繁殖力F小于自然群体($P<0.05$),个体平均相对繁殖力F/W小于自然群体($P>0.05$),即自然群体单位体重的怀卵量较高,所以中华绒螯蟹自然群体总体的质量较好。但协方差分析显示(表6-3),放流群体与自然群体F与CW的两条曲线在显著性为0.05时能拟合得很好。此结果表明,放流群体与自然群体的F与CW的回归方程之间无显著性差异。放流群体能够通过调节渗透压适应环境,并与自然群体一样可以很好地抱卵。

蟹类的繁殖力是由内因如个体大小、种类等,外因如温度、盐度、底质、食物等多种因素共同影响的。雄蟹的个体大小能够影响雌蟹的繁殖力。在自然状况下个体大而强壮的雄蟹能够与三只雌蟹受精,也能保护雌蟹的安全。食物不仅能影响雌蟹的产卵次数也能影响产卵数量,所以丰富的食物是增加雌蟹繁殖力的重要方面。有研究表明,蟹类种群结构的改变对增加蟹的产量和繁殖力有负面作用。因此在增殖放流时要先考察放流地区的种群结构,按照比例进行放流会最大限度地增加蟹的种群数量。性早熟和杂交蟹对长江口中华绒螯蟹繁殖力有很大影响,性早熟个体和杂交个体均较小,繁殖力较弱,因此要避免蟹类性早熟和杂交蟹的出现。为保护长江口中华绒螯蟹繁殖能力和种质资源,必须从各个方面进行长期研究,而且很多方面还有待进一步的探索。

6.2　洄游群体形态判别

中华绒螯蟹在我国分布广泛,北至辽宁,南至福建,沿海各省份通海河流中均有分布,群体自然分布以长江中下游为主。研究表明,不同水系的中华绒螯蟹在形态上存在一定的差异。例如,长江水系中华绒螯蟹的第 4 步足前节较长而窄,瓯江水系中华绒螯蟹的第 4 步足前节较短而宽,而辽河水系中华绒螯蟹的步足较短。

形态学方法是通过群体间的形态差异鉴别区分种群的传统方法,也是早期经典遗传学中遗传变异研究的主要内容。通过形态学方法来研究种群之间差异和分类已屡见不鲜,其中关于中华绒螯蟹种群差异的研究也已有很多报道。例如,何杰等(2009)通过对瓯江和辽河两个水系的中华绒螯蟹外部 54 个形态性状的分析,得出两者存在明显地理隔离的结论;李晨虹等(1998)通过形态分析发现北方水系的中华绒螯蟹种群与南方水系的中华绒螯蟹种群的差异在亚种差异水平以上。但通过形态学来研究长江中华绒螯蟹洄游群体和养殖群体的形态差异还未见报道。

6.2.1　亲蟹生态学

6.2.1.1　试验材料与方法

在亲蟹洄游期和抱卵期,分别在长江口横沙岛、九段沙、三甲港附近水域上船监测捕捞野生中华绒螯蟹成蟹,捕捞工具为刺网。采用电子秤(量程 600 g)和游标卡尺(带有数值显示框,可直接读数)为测量工具,重量精确到 0.1 g,长度精确到 0.01 mm。取出卵巢,测定卵径和怀卵量。

6.2.1.2　试验结果与分析

对调查数据进行统计分析表明,横沙岛中华绒螯蟹产量较多的时期为 11 月 25 日到 12 月 25 日,而三甲港中华绒螯蟹产量在整个捕蟹期分布比较均匀。横沙岛每船每天平均产量为 21 kg;三甲港为 45 kg。近年来,三甲港和横沙岛捕蟹的船只各 14 只,除这两个地方的捕蟹船外,长江口大约还有 12 只船在捕蟹。根据上述调查数据推算长江口中华绒螯蟹捕捞产量大约为40 t,资源量约为160 t。

长江口中华绒螯蟹的体质量分布在20～250 g,其中主要分布在40～140 g,分布最多的是40～60 g,占20.88%;壳长分布在30～80 mm,主要分布在40～60 mm,约占71.43%,而分布最多的是50～60 mm,占37.36%;壳宽分布在30～80 mm,主要分布在40～70 mm,占90.11%,分布最多的是50～60 mm,占36.26%(图6-4～图6-9)。

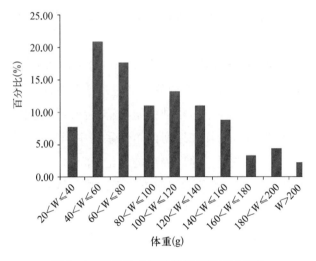

图6-4 长江口中华绒螯蟹亲蟹重量分布

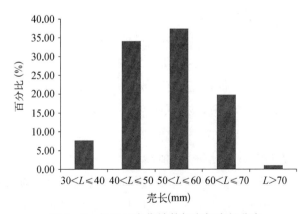

图6-5 长江口中华绒螯蟹亲蟹壳长分布

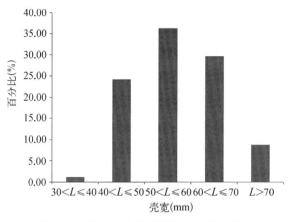

图 6-6 长江口中华绒螯蟹亲蟹壳宽分布

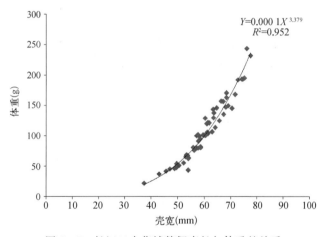

图 6-7 长江口中华绒螯蟹壳长与体重的关系

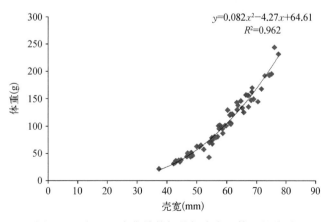

图 6-8 长江口中华绒螯蟹雌蟹壳宽和体重的关系

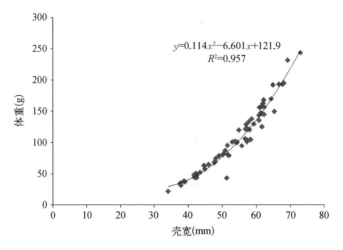

图 6-9　长江口中华绒螯蟹雌蟹壳长和体质量的关系

抱卵蟹在 3 月份,体质量为 92.0±28.1 g,怀卵量为 352 161±179 230 粒。5 月份体质量有所增加,但怀卵量减少至 156 480±106 069 粒(表 6-8,图 6-10～图 6-13)。

表 6-8　抱卵蟹生物学特征

月份	体质量	壳　长	壳　宽	卵质量	怀卵量	卵　径
3	92.0±28.1	51.71±4.54	58.16±5.25	11.20±5.21	352 161±179 230	389.86±13.68
5	104.4±28.3	54.64±4.68	60.73±5.30	7.80±4.53	156 480±106 069	403.24±26.15

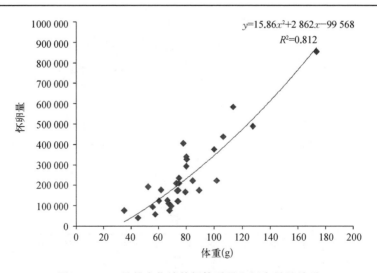

图 6-10　3 月份中华绒螯蟹体质量和怀卵量的关系

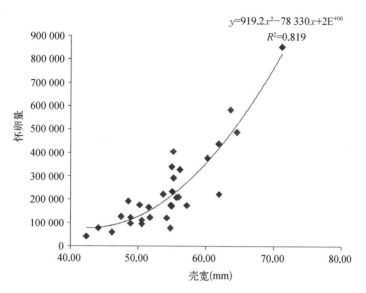

图 6-11　3 月份中华绒螯蟹壳宽和怀卵量的关系

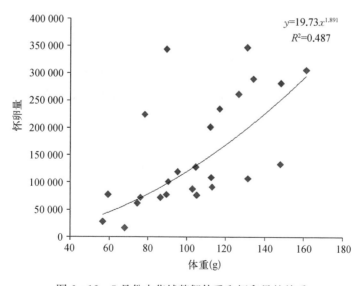

图 6-12　5 月份中华绒螯蟹体重和怀卵量的关系

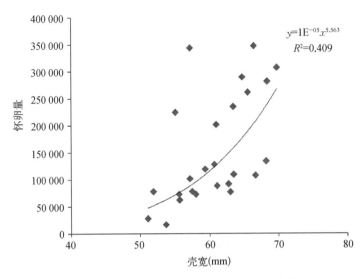

$$y=1E^{-05}x^{5.563}$$
$$R^2=0.409$$

图 6-13　5 月份中华绒螯蟹壳宽和怀卵量的关系

6.2.1.3　讨论与小结

中华绒螯蟹冬蟹作为整个长江中下游曾经的主捕种类,从 20 世纪 70 年代四省一市千艘作业船只、年捕捞量 300～500 t,缩减到目前仅上海市的 40 艘作业船只、年均捕捞量 40 t,因此迫切需要对长江口亲蟹资源采取保护措施。可采取保护对策如下。

(1) 对中华绒螯蟹(亲蟹、幼蟹和蟹苗)实施 3～5 年的禁捕,同时加强科研调查,确切掌握当前长江口生态环境下亲蟹繁殖群体的产卵时间和产卵场位置,在相应水域建立中华绒螯蟹繁育保护区,并根据其生态习性在保护区内实行禁渔区和禁渔期制度。

(2) 加强渔政管理,严厉打击偷捕船只,规范长江口亲蟹捕捞作业,严格控制捕捞期和捕捞区,取缔插网作业,保障资源合理有序利用;对九段沙上下水道附近的捕捞强度应当合理控制,保证繁殖群体的数量。

(3) 在亲本种质得到有效保障的前提下,加强人工增殖放流力度,可将禁渔期内在长江中游通江湖泊中放流大规格蟹种和在河口放流亲蟹、蟹苗相结合,从而迅速扩大种群数量。

(4) 建立中华绒螯蟹种质评价标准,加强养殖业特别是育苗业的种质监控力度,防止种质混杂和退化。

(5) 在长江口中华绒螯蟹的增殖放流中,研究其标志技术,通过标志放流,更好地掌握长江口中华绒螯蟹的洄游路线、洄游速度、产卵规模、死亡率等种群特征,尽快建立长江口中华绒螯蟹水产种质资源保护区。

6.2.2　亲蟹形态判别

6.2.2.1　试验材料与方法

实验用蟹为中华绒螯蟹洄游群体和养殖群体。洄游群体为 2010 年 11 月长江口横沙岛附近捕获的野生中华绒螯蟹成蟹,捕捞工具为刺网,依据渔民经验以及参照徐兴川(1991)和堵南山(2002)等描述对回捕中华绒螯蟹洄游群体从体色、额齿等进行初步判别;养殖群体为同期购自上海市松江区池塘养殖的中华绒螯蟹成蟹,其亲本为人工选育的长江中华绒螯蟹,养殖环境为露天土塘养殖,水草覆盖率在 50% 以上,捕捞工具为地笼网。两个中华绒螯蟹群体均随机挑选附肢齐全的雌蟹、雄蟹各 25 只,共 100 只蟹。其中中华绒螯蟹洄游群体的规格为 31.6~133.3 g,养殖群体的规格为 64.2~137.5 g。

采用电子秤(量程 600 g)和游标卡尺(带有数值显示框,可直接读数)为测量工具,重量精确到 0.1 g,长度精确到 0.01 mm。形态测量部位参照王武(2005)和何杰等(2009),在中华绒螯蟹头胸甲背面和第 1~4 步足等处选取 56 个测量点,每只蟹测 39 个长度数据,每个数据测量结束后都校正一次游标卡尺,一共得到 3 900 个数据。具体测量位点见图 6-14[根据许加武等(1997)改编]。

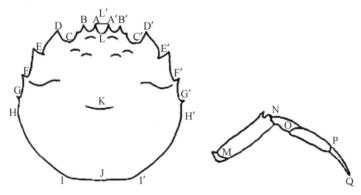

图 6-14　中华绒螯蟹测量位点示意图

测量点: A(A'),内额齿;B(B'),外额齿;C(C'),眼底;D(D'),第一侧齿;E(E'),第二侧齿底;F(F'),第三侧齿底;G(G'),第四侧齿底;I(I'),后缘界角;J,后缘中;K,颈沟中;L,中央缺刻;M、N,步足长节位点;O、P,步足掌节位点;

P、Q,步足指节位点。

各参数的定义:$L1$,AA′;$L2$,BB′;$L3$,CC′;$L4$,DD′;$L5$,EE′;$L6$,FF′;$L7$,GG′;$L8$,II′;$L9$,JL′;$L10$,JL;$L11$,KL;$L12$,KJ;$L13$,IL;$L14$,CI;$L15$,EI;$L16$,FI;$L17$,GI;$L18$,H;$F11$、$F21$、$F31$、$F41$,1～4 步足的 MN;$F12$、$F22$、$F32$、$F42$,第 1 到第 4 步足的 OP;$F13$、$F23$、$F33$、$F43$,第 1 到第 4 步足的掌节宽(掌节最宽处);$F14$、$F24$、$F34$、$F44$,第 1 到第 4 步足的 PQ;$F15$、$F25$、$F35$、$F45$,第 1 到第 4 步足的指节宽(指节最宽处)(其中:L 为头胸甲形态变量,F 为步足形态变量,H 为高度形态变量)。

为校正中华绒螯蟹蟹体规格差异对形态特征值的影响,参照王武等(2005)的方法,将实验中所测得的数据均除以所对应中华绒螯蟹的体宽值,把处理过的特征值作为标准值进行逐步判别分析和方差分析。

6.2.2.2 试验结果与分析

用逐步判别法筛选出了 5 个形态特征因子,分别为 $L2/W$、$L15/W$、$F11/W$、$F33/W$、$F44/W$,建立长江中华绒螯蟹洄游群体和养殖群体雄蟹的判别公式如下:$D = 83.669L2/W - 70.977L15/W - 26.518F11/W + 72.540F33/W + 44.416F44/W + 26.146$。

两组的组质心处的函数值分别为 1.545、-1.545,当 $D>0$ 时,判为洄游群体;当 $D<0$ 时,判为养殖群体。

25 只长江中华绒螯蟹洄游个体被误判为养殖群体的有 1 只,判别准确率为 96%;25 只养殖个体被误判为洄游种群的有 3 只,判别准确率为 88%。中华绒螯蟹洄游群体雄蟹的判别准确率大于养殖群体雄蟹,两者的平均拟合率为 92%(表 6-9),判别效果较好。

表 6-9 两个群体的雄蟹判别结果

种群	判别样本数(只)	判别种群个数(只)		判别准确率(%)	平均拟合率(%)
		洄游群体	养殖群体		
洄游群体	25	24	1	96	92
养殖群体	25	3	22	88	

用逐步判别法筛选出了 5 个形态特征因子,分别为 $L2/W$、$L4/W$、$L6/W$、$F15/W$、$F44/W$,建立长江中华绒螯蟹洄游群体和养殖群体的雌蟹的判别公式如下:

$$D = 66.613L2/W + 31.203L4/W - 43.969L6/W$$
$$- 159.018F15/W + 34.628F44/W + 2.278$$

两组的组质心处的函数值分别为 1.328、-1.328,当 $D > 0$ 时,判为洄游群体;当 $D < 0$ 时,判为养殖群体。

25 只长江中华绒螯蟹洄游雌蟹被误判为养殖群体的有 1 只,判别准确率为 96%;25 只养殖雌蟹被误判为洄游群体的有 2 只,判别准确率为 92%。中华绒螯蟹洄游群体雌蟹的判别准确率大于养殖群体雌蟹,两者的平均拟合率为 94%,判别效果较好(表 6-10)。

表 6-10　两个群体的雌蟹判别结果

| 种　群 | 判别样本数(只) | 判别种群个数(只) | | 判别准确率(%) | 平均拟合率(%) |
		洄游群体	养殖群体		
洄游群体	25	24	1	96	94
养殖群体	25	2	23	92	

通过 One-Way ANOVA 方法对两个群体的形态标准值进行方差分析,结果得到,长江中华绒螯蟹洄游群体与养殖群体的 38 个形态参数中有 16 个差异显著($P < 0.05$),分别为:$L2/W$、$L4/W$、$L5/W$、$L10/W$、$L11/W$、$L12/W$、$L13/W$、$L15/W$、$L17/W$、$F22/W$、$F24/W$、$F32/W$、$F34/W$、$F42/W$、$F43/W$、$F44/W$,其中 $L2/W$、$L4/W$、$L11/W$、$L12/W$、$L15/W$、$F32/W$、$F34/W$、$F44/W$ 差异极显著($P < 0.01$)。上述 16 个指标中两个群体内雌、雄间没有显著差异($P > 0.05$),不受性别影响的形态指标有 7 个,分别为:$L2/W$、$L5/W$、$L11/W$、$L12/W$、$L13/W$、$L15/W$、$F43/W$(表 6-11)。

表 6-11　两个群体的形态方差分析

指标	洄游群体	养殖群体	指标	洄游群体	养殖群体
$L1/W$	0.069 ± 0.009^a	0.066 ± 0.008^a	$L7/W$	0.95 ± 0.011^a	0.949 ± 0.012^a
$L2/W$	0.22 ± 0.008^{aA}	0.209 ± 0.009^{bB}	$L8/W$	0.45 ± 0.028^a	0.452 ± 0.031^a
$L3/W$	0.367 ± 0.012^a	0.366 ± 0.008^a	$L9/W$	0.927 ± 0.015^a	0.931 ± 0.014^a
$L4/W$	0.57 ± 0.035^{aA}	0.549 ± 0.027^{bB}	$L10/W$	0.885 ± 0.015^{aA}	0.893 ± 0.02^{bA}
$L5/W$	0.723 ± 0.017^{aA}	0.73 ± 0.011^{bA}	$L11/W$	0.483 ± 0.01^{aA}	0.49 ± 0.014^{bB}
$L6/W$	0.864 ± 0.016^a	0.867 ± 0.049^a	$L12/W$	0.466 ± 0.01^{aA}	0.473 ± 0.01^{bB}

（续表）

指标	洄游群体	养殖群体	指标	洄游群体	养殖群体
$L13/W$	0.888 ± 0.012^{aA}	0.893 ± 0.012^{bA}	$F23/W$	0.121 ± 0.007^{a}	0.119 ± 0.005^{a}
$L14/W$	0.807 ± 0.013^{a}	0.801 ± 0.073^{a}	$F24/W$	0.426 ± 0.026^{aA}	0.412 ± 0.028^{bA}
$L15/W$	0.75 ± 0.012^{aA}	0.762 ± 0.011^{bB}	$F25/W$	0.059 ± 0.004^{a}	0.06 ± 0.003^{a}
$L16/W$	0.651 ± 0.045^{a}	0.653 ± 0.013^{a}	$F31/W$	0.768 ± 0.118^{a}	0.771 ± 0.042^{a}
$L17/W$	0.558 ± 0.011^{aA}	0.564 ± 0.014^{bA}	$F32/W$	0.498 ± 0.034^{aA}	0.477 ± 0.027^{bB}
R/W	0.485 ± 0.025^{a}	0.493 ± 0.02^{a}	$F33/W$	0.124 ± 0.006^{a}	0.122 ± 0.006^{a}
$F11/W$	0.592 ± 0.033^{a}	0.595 ± 0.04^{a}	$F34/W$	0.455 ± 0.026^{aA}	0.427 ± 0.037^{bB}
$F12/W$	0.361 ± 0.02^{a}	0.36 ± 0.024^{a}	$F35/W$	0.059 ± 0.003^{a}	0.06 ± 0.003^{a}
$F13/W$	0.113 ± 0.004^{a}	0.112 ± 0.004^{a}	$F41/W$	0.658 ± 0.024^{a}	0.648 ± 0.031^{a}
$F14/W$	0.341 ± 0.024^{a}	0.337 ± 0.026^{a}	$F42/W$	0.372 ± 0.019^{aA}	0.363 ± 0.017^{bA}
$F15/W$	0.052 ± 0.003^{a}	0.053 ± 0.003^{a}	$F43/W$	0.126 ± 0.006^{aA}	0.122 ± 0.014^{bA}
$F21/W$	0.766 ± 0.044^{a}	0.753 ± 0.041^{a}	$F44/W$	0.391 ± 0.018^{aA}	0.364 ± 0.035^{bB}
$F22/W$	0.484 ± 0.037^{aA}	0.469 ± 0.025^{bA}	$F45/W$	0.057 ± 0.003^{a}	0.056 ± 0.003^{a}

注：同一行中无相同小写字母上标的数值之间差异显著（$P<0.05$），其中无相同大写字母的表示差异极显著（$P<0.01$）

中华绒螯蟹洄游群体与养殖群体的雄蟹之间有显著差异（$P<0.05$）的有 12 个，分别为 $L2/W$、$L4/W$、$L12/W$、$L15/W$、$L17/W$、R/W、$F14/W$、$F32/W$、$F33/W$、$F34/W$、$F42/W$、$F44/W$；洄游群体与养殖群体的雌蟹间有显著差异（$P<0.05$）的有 11 个，分别为 $L2/W$、$L10$、$L13/W$、$L15/W$、$F14/W$、$F22/W$、$F24/W$、$F32/W$、$F34/W$、$F41/W$、$F44/W$。

长江中华绒螯蟹洄游群体雌、雄蟹之间有 21 个形态参数差异显著（$P<0.05$），中华绒螯蟹养殖群体雌、雄蟹之间也有 21 个形态参数差异显著（$P<0.05$），说明洄游群体内部雌、雄蟹的异质性与养殖群体大体相同（表 6-12）。

表 6-12　中华绒螯蟹洄游群体与养殖群体雌、雄形态指标分别方差分析结果

指标	洄游群体		养殖群体	
	雄蟹	雌蟹	雄蟹	雌蟹
$L1/W$	0.068 ± 0.009^{a}	0.07 ± 0.009^{a}	0.066 ± 0.01^{a}	0.066 ± 0.006^{a}
$L2/W$	0.221 ± 0.007^{a}	0.219 ± 0.009^{a}	0.209 ± 0.01^{b}	0.21 ± 0.008^{b}
$L3/W$	0.367 ± 0.011^{ab}	0.367 ± 0.012^{ab}	0.363 ± 0.007^{a}	0.369 ± 0.007^{b}
$L4/W$	0.581 ± 0.045^{a}	0.558 ± 0.014^{b}	0.545 ± 0.036^{b}	0.552 ± 0.013^{b}
$L5/W$	0.725 ± 0.019^{a}	0.72 ± 0.016^{a}	0.728 ± 0.011^{a}	0.731 ± 0.011^{a}
$L6/W$	0.861 ± 0.017^{a}	0.866 ± 0.015^{a}	0.86 ± 0.068^{a}	0.874 ± 0.012^{a}
$L7/W$	0.95 ± 0.01^{a}	0.949 ± 0.011^{a}	0.951 ± 0.013^{a}	0.948 ± 0.011^{a}
$L8/W$	0.425 ± 0.01^{a}	0.475 ± 0.016^{b}	0.427 ± 0.02^{a}	0.478 ± 0.015^{b}

（续表）

指标	洄游群体		养殖群体	
	雄蟹	雌蟹	雄蟹	雌蟹
$L9/W$	0.923 ± 0.014^a	0.93 ± 0.015^{ab}	0.929 ± 0.014^{ab}	0.934 ± 0.013^b
$L10/W$	0.883 ± 0.015^a	0.887 ± 0.015^a	0.888 ± 0.012^a	0.899 ± 0.025^b
$L11/W$	0.481 ± 0.011^a	0.485 ± 0.01^{ab}	0.488 ± 0.017^{ab}	0.492 ± 0.009^b
$L12/W$	0.466 ± 0.009^a	0.465 ± 0.011^a	0.475 ± 0.009^b	0.471 ± 0.011^{ab}
$L13/W$	0.888 ± 0.012^a	0.888 ± 0.012^a	0.89 ± 0.011^{ab}	0.896 ± 0.012^b
$L14/W$	0.807 ± 0.011^a	0.807 ± 0.015^a	0.788 ± 0.102^a	0.814 ± 0.011^a
$L15/W$	0.754 ± 0.007^{ab}	0.746 ± 0.015^a	0.766 ± 0.01^c	0.759 ± 0.011^{bc}
$L16/W$	0.649 ± 0.008^a	0.653 ± 0.064^a	0.659 ± 0.011^a	0.646 ± 0.012^a
$L17/W$	0.561 ± 0.009^a	0.554 ± 0.012^b	0.571 ± 0.011^c	0.556 ± 0.013^{ab}
R/W	0.463 ± 0.014^a	0.506 ± 0.012^b	0.477 ± 0.011^c	0.508 ± 0.013^b
$F11/W$	0.62 ± 0.02^a	0.565 ± 0.014^b	0.629 ± 0.018^a	0.561 ± 0.024^b
$F12/W$	0.377 ± 0.011^a	0.344 ± 0.013^b	0.376 ± 0.015^a	0.343 ± 0.018^b
$F13/W$	0.114 ± 0.004^a	0.111 ± 0.003^b	0.112 ± 0.004^{ab}	0.112 ± 0.005^b
$F14/W$	0.353 ± 0.026^a	0.33 ± 0.015^b	0.356 ± 0.018^c	0.318 ± 0.02^c
$F15/W$	0.054 ± 0.002^a	0.05 ± 0.003^b	0.055 ± 0.002^a	0.051 ± 0.002^b
$F21/W$	0.792 ± 0.039^a	0.739 ± 0.031^b	0.783 ± 0.028^a	0.724 ± 0.031^b
$F22/W$	0.496 ± 0.036^a	0.473 ± 0.035^b	0.485 ± 0.022^{ab}	0.453 ± 0.018^c
$F23/W$	0.12 ± 0.008^{ab}	0.122 ± 0.006^a	0.118 ± 0.004^b	0.121 ± 0.005^a
$F24/W$	0.439 ± 0.024^a	0.413 ± 0.021^b	0.429 ± 0.023^a	0.395 ± 0.021^c
$F25/W$	0.06 ± 0.003^a	0.058 ± 0.003^b	0.062 ± 0.004^a	0.058 ± 0.002^b
$F31/W$	0.816 ± 0.034^a	0.721 ± 0.151^{bc}	0.793 ± 0.036^{ac}	0.748 ± 0.036^b
$F32/W$	0.515 ± 0.03^a	0.481 ± 0.029^b	0.489 ± 0.026^b	0.465 ± 0.021^b
$F33/W$	0.124 ± 0.006^a	0.124 ± 0.006^a	0.119 ± 0.007^b	0.125 ± 0.005^a
$F34/W$	0.469 ± 0.024^a	0.441 ± 0.02^b	0.448 ± 0.024^b	0.407 ± 0.036^c
$F35/W$	0.06 ± 0.002^a	0.058 ± 0.003^b	0.06 ± 0.003^a	0.059 ± 0.003^{ab}
$F41/W$	0.67 ± 0.025^a	0.646 ± 0.018^b	0.666 ± 0.027^a	0.629 ± 0.025^c
$F42/W$	0.383 ± 0.017^a	0.361 ± 0.014^b	0.373 ± 0.014^c	0.354 ± 0.015^b
$F43/W$	0.127 ± 0.006^a	0.126 ± 0.007^a	0.12 ± 0.007^a	0.123 ± 0.019^a
$F44/W$	0.403 ± 0.013^a	0.379 ± 0.014^b	0.387 ± 0.022^b	0.341 ± 0.031^c
$F45/W$	0.058 ± 0.002^a	0.056 ± 0.003^{ab}	0.057 ± 0.003^a	0.055 ± 0.003^b

注：同一行中无相同字母上标的数值之间差异显著（$P<0.05$）

6.2.2.3　讨论与小结

逐步判别分析是在许多因子中挑选出若干必要的、最佳组合的因子来建立判别函数的分析方法，其在动物、植物和生态类型的分类方面有着广泛的应用。李勇等（2001）对长江、瓯江和辽河的中华绒螯蟹幼蟹进行了逐步判别分析，通过筛选出的 14 个参数分别建立了判别式，平均拟合概率为 85.5%；许加武等（1997）通过逐步判别分析判别分析了辽河、长江、瓯江中华绒螯蟹的成蟹种群，并取得了良好效果；魏开建等（2003）通过逐步判别分析对 5 种蚌进行了判别，准确率分别为98.92%、86.36%、96.88%、100%和100%；刘子藩等(1997)对东海海域不同海区的 2 168 尾带鱼通过逐步判别方法进行了种群鉴别；王武等(2005)对绥芬蟹、合浦蟹、辽河蟹和杂交蟹的 17 个外部形态特征进行了判别分析，均能将前三者跟杂交蟹分开，雌、雄蟹整体判别率分别为 74.2%和 75.4%。

本实验对中华绒螯蟹洄游群体和养殖群体的雌、雄蟹分别进行逐步判别分析，均筛选出 5 个主要因子并分别建立了判别函数。从判别情况看，两个群体雄蟹和雌蟹的平均拟合率分别为 92%和 94%，判别效果较好，通过逐步判别分析达到了判别长江中华绒螯蟹洄游群体和养殖群体的目的，研究得到的判别公式可以作为市场上判别长江中华绒螯蟹洄游群体和养殖群体的判别参考标准。在判别结果中，中华绒螯蟹洄游群体雌蟹和雄蟹的判别准确率均高于养殖群体的雌蟹和雄蟹，这或许表明中华绒螯蟹洄游群体比养殖群体更具有种群的特征，也更具代表性，在生产实践中或许可以明显区分这两个群体，具体还需要扩大样本量进一步研究。

方差分析是用来检验单一因素影响的若干个相互独立的组是否来自正态分布的总体的方法，其常与差异系数一起被用来分析比较生物种群之间的差异。李晨虹等(1999)通过单因子方差分析发现南流江和珠江两个南方水系中绒螯蟹的第四步足指节宽度、体高、第二与第三侧齿间宽度等特征值存在着显著差异，并通过差异系数分析判定两者均属于日本绒螯蟹；王庆恒等(2009)通过分析得到北海、湛江和汕尾 3 个翡翠贻贝种群的形态之间存在明显差异；高保全等(2007)研究发现莱州湾、鸭绿江口、海州湾和舟山的 4 个三疣梭子蟹群体间有 8 项形态比例参数差异极显著。

本研究发现长江中华绒螯蟹洄游群体和养殖群体的形态存在差异，中华绒螯蟹洄游群体的外额齿间距、第一侧齿间距、中央缺刻到颈沟中长、颈沟中到后缘中长、第二侧齿底到后缘界角长、第三步足掌节长、第三步足指节长和第四步足指节长对应的标准值($L2/W$、$L4/W$、$L11/W$、$L12/W$、$L15/W$、$L32/W$、$L34/W$、$L44/W$)与养殖群体之间的差异显著($P<0.05$)，而本研究的判别分析中也发现长江中华绒螯蟹洄游群体雌蟹和雄蟹的外额齿间距和第 4 步足指节长度对应的参数($L2/W$、$F44/W$)与养殖群体雌蟹和雄蟹均存在差异，这表明中华绒螯蟹洄游群体和养殖群体在外额齿和第 4 步足指节的形态特征方面差异显著，这或许可以作为从形态上直接判别两者的重要依据。长江中华绒螯蟹洄游群

体的生活史中都有生殖洄游现象,即亲蟹由淡水进入长江口咸淡水繁殖、发育,幼体则经长江口溯河洄游,在江河、湖泊中生长;而养殖群体自幼体至成体一直生长在养殖的池塘、湖泊中,生活史中没有洄游行为。中华绒螯蟹洄游群体与养殖群体的差异可能提示洄游群体更适合长距离游泳。中华绒螯蟹逃逸能力较强,人工养殖水体中难免有部分进入长江水体而加入洄游亲蟹的行列。实验所用洄游亲蟹虽然经专业渔民从体色、形态等初步判为长江野生蟹,判定均较为主观,个别误判在所难免,但大部分应该仍属于洄游群体,因此,实验所得结论对长江中华绒螯蟹洄游群体和养殖群体的判别有鉴别参考意义。

6.3　中华绒螯蟹资源评估

6.3.1　资源数量

2014 年 12 月 24 日放流中华绒螯蟹亲蟹 8 万只,其中标志蟹放流 10 000 只。放流标志亲蟹的监测回收始于 2014 年 12 月 25 日,截至 2015 年 1 月 24 日,共回收放流标志蟹 1 083 只,总体监测回捕率为 10.83%,回收的放流标志蟹中雄性居多,为 593 只;雌性 388 只,其中 21 只为抱卵蟹,标志抱卵亲蟹最早在 2015 年 1 月 14 日捕获于九段沙南部水域。回收的标志抱卵亲蟹抱卵量为 82 670~155 274 粒/只,平均抱卵量为 122 807±43 906 粒/只。亲蟹资源评估采用林可指数法,根据标志放流数量和最终回捕数量,推算得到长江口中华绒螯蟹的资源量约为 219.76 t。

2014~2015 年度长江口中华绒螯蟹捕捞开始于 2014 年 11 月 4 日(绿华),结束于 2014 年 12 月 27 日(团结沙),捕捞期合计为 54 d,捕捞高峰期从 12 月 5 日到 12 月 18 日。初步统计,长江口水域捕蟹的船只总计为 77 艘,其中横沙新民港、浦东三甲港和崇明团结沙停靠船只较多;三甲港和团结沙的捕捞期最长,为 35 d,绿华捕捞期最短,仅 15 d 左右(表 6 - 13)。

表 6 - 13　中华绒螯蟹亲蟹的捕捞天数和船只数

	绿华	东旺沙	团结沙	奚家港	横沙	三甲港
捕捞天数	15	30	35	28	25	35
船只数	6	10	12	4	25	20

对调查数据进行统计分析表明,2014~2015 年度长江口中华绒螯蟹冬蟹总

捕捞量为 66 458 kg(66.46 t)。在 6 个主要渔船停靠港口中,三甲港中华绒螯蟹捕捞总量最多,为 39 925 kg,平均每船每天捕捞量为 57.04 kg;其次为横沙新民港,捕捞总量为 14 371 kg,平均每船每天产量为 22.99 kg;崇明县团结沙捕捞总量为 8 257.5 kg,平均每船每天产量为 19.66 kg;绿华捕捞量最低,为 450.45 kg,平均每船每天捕捞量为 22.02 kg(图 6 - 15)。

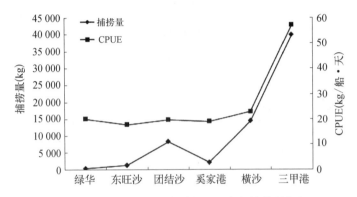

图 6 - 15　2014～2015 年度冬季长江口亲蟹捕捞量与 CPUE

6.3.2　资源特征

按亲蟹市场收售规格,将其按体质量大小进行分类,分为四种规格,即小(0～100 g)、中(100～150 g)、大(150～200 g)、特大(200 g 以上)。三甲港捕捞量最高,但 100 g 左右经济价值较低的个体所占比例反而最高,达 85.59%;总体来说,团结沙和奚家港的亲蟹规格较大,150 g 以上个体所占比例分别为41.20%、40.53%(图 6 - 16)。

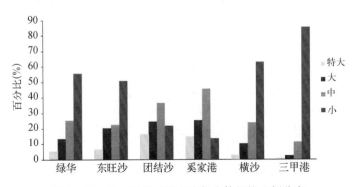

图 6 - 16　长江口调查站点亲蟹个体规格比例分布

2014～2015 年度,长江口水域捕捞亲蟹中雌雄个体分别占 27%、73%。按收售规格划分,200 g 以上个体占 4%;150～200 g 个体占 8%;100～150 g 个体占 18%;小于 100 g 的小蟹占最大比例,达 70%(图 6 - 17)。

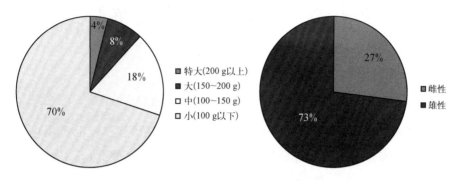

图 6 - 17　2014～2015 年度长江口冬蟹体质量分布和性比

第7章 长江口中华绒螯蟹产卵场评估

中华绒螯蟹是甲壳类中少有的洄游性种类,在我国辽宁辽河至福建九江沿线均有分布。中华绒螯蟹原产我国,一般认为有 2 个种群,其中北方种群以辽河、黄河水系为代表,南方种群以长江、瓯江水系为代表。长江是我国第一长河,支流众多,且水体饵料生物非常丰富,生物多样性高。王武等(2007)对中华绒螯蟹生活史调查表明中华绒螯蟹在上游淡水河流中完成生殖蜕壳后向河口进行生殖洄游,并在河口完成交配、抱卵及幼体的发育。长江口水文环境多样且发挥着"三场一通道"的功能,使之成为中华绒螯蟹最大、最优质的天然繁殖场。

近年来受大型水利工程尤其是三峡水库的蓄水与泄洪影响,长江口每年 1~6 月份入海水流速度与径流量的分配发生明显变化。包伟静等(2010)对长江下游大通站水温特性分析发现,三峡水库蓄水后平均输沙量减小了73.3%,平均径流量减小约 9.9%。长江上游径流量的改变对长江口盐度产生重要影响。中华绒螯蟹每年秋冬季节向长江口进行生殖洄游,性腺在受到盐度刺激后逐渐发育成熟,继而向产卵场处迁移后交配孵化,而盐度是影响中华绒螯蟹产卵场分布的主导因子。

自 20 世纪 80 年代以来,由于水环境改变以及其他水体问题日益凸显,导致中华绒螯蟹亲蟹与蟹苗产量急剧减少,同时辽河、瓯江水系的苗种混杂,导致种质资源质量下降。为维持长江口生态多样性,保护中华绒螯蟹种质资源,作者开展了中华绒螯蟹抱卵蟹分布和蟹苗洄游以及长江口水文环境的研究,确定影响中华绒螯蟹资源变动的主导生态因子,有助于阐明物种的资源变动规律和保护策略,更好地理解生态因子及其变化对于该种质演变史及生活史的作用,可为长江水系中华绒螯蟹种质资源的保护、科学合理利用和人工增殖放流等提供科学依据。

7.1　长江口中华绒螯蟹产卵场与环境因子相关性

长江口是太平洋西岸最大的河口,具有独特的水文和水质条件。径流与潮汐的共同作用,造就了其独特生境。长江口生物多样性高,是鱼、虾、蟹类多种水生动物重要的栖息地、繁殖场和索饵场。中华绒螯蟹亲蟹每年入秋之际从长江上游顺江而下进入长江口,形成了一年一度的捕捞汛期。在河口盐度的刺激下,雌雄亲蟹性腺相继发育,并在广袤的河口交配、产卵。交配完的雌蟹埋在河口沙石之下,待翌年春天水温上升后继续完成胚胎发育、蚤状幼体孵化过程。中华绒螯蟹首次抱卵的繁殖力达 10 万～40 万粒,于智勇等(2007)认为少量中华绒螯蟹很有可能仍进行二次抱卵。因此抱卵蟹的调查保护对中华绒螯蟹的资源恢复起决定性作用。张列士等(1988)调查发现中华绒螯蟹进入河口交配抱卵后主要分布于横沙以东、佘山以西的水域。但是由于上游兴建水利工程、咸潮入侵以及人类工业活动带来的水质污染等因素,中华绒螯蟹的繁殖场所生态环境受到严重影响。因此对长江口中华绒螯蟹产卵场时空分布进行调查监测,对中华绒螯蟹资源保护和恢复意义重大。

7.1.1　抱卵蟹时空分布

7.1.1.1　实验材料与方法

2013 年 3 月下旬、4 月下旬、5 月下旬在长江口潮下带水域($121°50'\sim$ $122°34'E, 30°52'\sim31°38'N$)设置 23 个调查站点,对中华绒螯蟹资源分布进行 3 次调查。站点设置如图 7-1 所示。对 23 个站点进行底拖网作业。采用单船单囊桁杆底拖网,桁杆长 6 m,网具总长 10 m,高 2 m,网目 2 cm。船速 3 kn,涨潮时每站拖网采样 30 min。收集中华绒螯蟹亲蟹,并检查雌蟹是否抱卵。将各站点捕获的抱卵蟹收集,带回实验室后,从抱卵蟹腹部不同位置各取 30 粒卵,采用正置显微镜(Olympus)观察其胚胎,并以其中 50% 以上胚胎达到某一发育时期作为该抱卵蟹胚胎所处发育时期。同一时期捕获的抱卵蟹,50% 以上胚胎发育时期一样,则将该发育时期视为这一时期抱卵蟹胚胎发育所处时期。监测长江口横沙东部水域 3～6 月份每天的水温,据此估算孵化所需的有效积温。

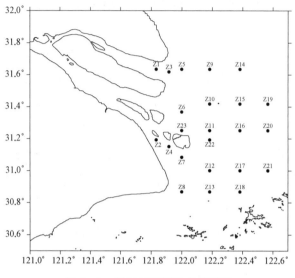

图 7-1　长江口监测站点示意图

7.1.1.2　实验结果与分析

(1) 中华绒螯蟹亲蟹与抱卵蟹调查分布

长江口 3～5 月份中华绒螯蟹亲蟹主要分布于崇明南支北港和南港北槽下游的 Z10、Z11 和 Z22 站点。23 个监测点中,5 个位于崇明北支,均未捕获中华绒螯蟹亲蟹。鸡骨礁以东水域 8 个站点,也未捕获中华绒螯蟹。浦东芦潮港水域仅 Z12 点发现有亲蟹。九段沙下游 Z4、Z7 有少量亲蟹。故中华绒螯蟹亲蟹主要分布于横沙东部 Z10、Z11、Z22 和九段沙下游 Z4、Z7 水域。长江口中华绒螯蟹 3～5 月份分布见图 7-2。

长江口北支 5 个监测点和鸡骨礁以东水域 8 个站点均未见有抱卵蟹分布,芦潮港 Z12 监测点有少量捕获。中华绒螯蟹抱卵蟹主要分布于 Z10、Z11、Z22 水域。图 7-3 为长江口中华绒螯蟹抱卵蟹分布图。

图 7-4 为长江口中华绒螯蟹雌蟹与抱卵蟹分布比例图。三次调查中的雌蟹占亲蟹总量均超过 50%,且比例逐渐增高。第三次调查中,雌蟹比例达 70%。抱卵蟹占雌蟹比例亦逐渐增高。第一次最低,为 64.71%。第三次最高,为 78.57%。

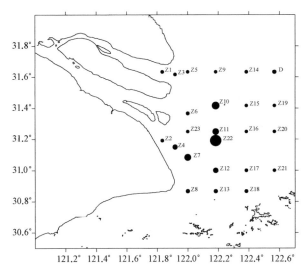

图 7-2　长江口 3～5 月份中华绒螯蟹亲蟹丰度分布

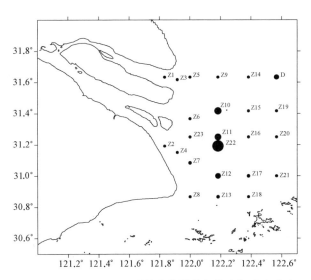

图 7-3　长江口 3～5 月份中华绒螯蟹抱卵蟹丰度分布

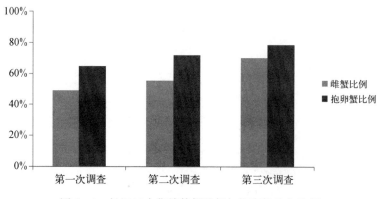

图 7-4　长江口中华绒螯蟹雌蟹与抱卵蟹分布比例

（2）中华绒螯蟹抱卵蟹时空分布

图 7-5 为各监测点抱卵蟹丰度分布。三次调查均未发现抱卵蟹分布的站点 16 个。发现有中华绒螯蟹抱卵蟹分布的站点有 7 个站点,其中,3 次调查均有抱卵蟹分布的站点 2 个(Z11、Z22),有 2 次发现抱卵蟹的站点 2 个(Z10、Z12),有 1 次发现抱卵蟹分布的站点 3 个(Z7、Z13、Z17)。

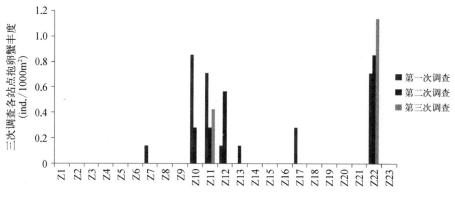

图 7-5　长江口调查站点抱卵蟹丰度分布

3 月下旬,中华绒螯蟹主要分布于 Z7、Z10、Z11、Z12、Z17、Z22 站点,平均丰度达 0.476 ind./1 000 m²。Z7 站点丰度值最低,仅为 0.143 ind./1 000 m²。Z10 丰度值最高,为 0.857 ind./1 000 m²。Z10、Z11 和 Z22 的丰度和占总丰度的 80%。

4 月下旬,中华绒螯蟹主要分布于 Z10、Z11、Z12、Z13、Z22 站点,平均丰度达 0.429 ind./1 000 m²。Z13 站点丰度值最低,仅为 0.128 ind./1 000 m²。Z22 丰度

值最高,为 0.961 ind. /1 000 m²。Z12 和 Z22 的丰度和占总丰度的 66.7%。

　　3 月下旬,中华绒螯蟹主要分布于 Z11、Z22 站点,平均丰度达 0.786 ind. /1 000 m²。Z22 丰度值最高,为 1.143 ind. /1 000 m²。Z22 的丰度占总丰度的 72.73%。

　　三次调查中,Z11 和 Z22 站点的丰度值最高,丰度和占总丰度的 63.04%。图 7 - 6、图 7 - 7、图 7 - 8 为 3 月下旬、4 月下旬、5 月下旬的抱卵蟹分布图。

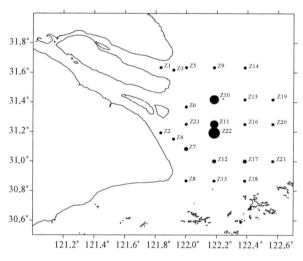

图 7 - 6　3 月下旬抱卵蟹的丰度分布

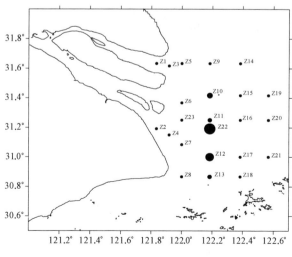

图 7 - 7　4 月下旬抱卵蟹的丰度分布

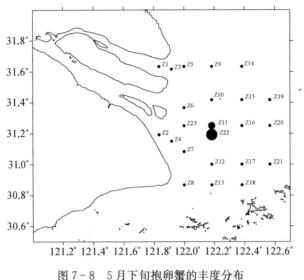

图 7-8　5 月下旬抱卵蟹的丰度分布

（3）中华绒螯蟹胚胎发育时间与有效积温

长江口横沙以东水域三月份水温仅为 9℃左右。之后，水温逐渐升高。到 6 月 10 日，水温达 21.6℃。Z22 站点日变动水温见图 7-9。

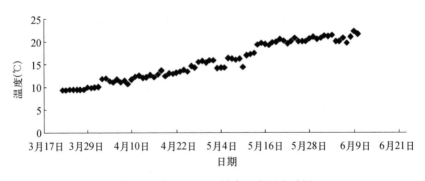

图 7-9　长江口 Z22 站点日水温变动图

中华绒螯蟹抱卵蟹最早于 3 月 22 日捕获，故发育时间为 0。胚胎发育程度仍处于卵裂期。随着发育时间的增加，胚胎发育的有效积温逐渐增大。5 月 18 日胚胎发育已处于孵化期，有效积温为 487.73 度日。故长江口横沙以东水域中华绒螯蟹从卵裂期发育至孵化期共需 487.73 度日。

表 7-1　长江口中华绒螯蟹野外胚胎发育与有效积温

日　期	发育时期	发育时间(d)	有效积温(℃・d)	发育特征
3 月 22 日	卵裂期	0	0	不等分裂,表面卵裂腔
3 月 24 日	囊胚期	3	13.09	形成囊胚腔
3 月 27 日	原肠胚期	6	26.28	新月形的透明区
4 月 4 日	前无节体幼期	13	70.43	视叶出现
4 月 23 日	前蚤状幼体期	32	207.83	头胸甲原基形成
4 月 29 日	蚤状幼体期	38	264.93	复眼形成,心脏跳动
5 月 14 日	出膜前期	53	429.63	心率频率增加
5 月 18 日	孵化期	57	487.73	第一幼体孵出

7.1.1.3　讨论与小结

中华绒螯蟹每年秋冬之际,洄游至长江口区。长江口南支的径流量大于北支,故多数亲蟹均经南支顺流而下,崇明北支很少有中华绒螯蟹分布。施炜纲等(2002)研究发现,亲蟹到达南支长兴岛后,分成两支群体,一支沿着长兴岛与崇明间的深水航道,到达铜沙浅滩北侧。另一支到达九段沙后,又分成两支:一支沿九段沙与横沙东部间夹道,到达九段沙东北与铜沙东南的深水区;另一支到达中浚浅滩与九段沙南端间的深水区域。

3～5 月份中华绒螯蟹亲蟹主要分布于铜沙浅滩北侧和九段沙东北部的中央水域(122°11′E,31°25′N～122°11′E,31°11′N),仅少数栖息在沿岸带。堵南山(2004)研究认为,河口中央水域流速较大,水温也较高,有利于中华绒螯蟹亲蟹的下迁。本次调查发现,中浚浅滩与九段沙南端间的深水区域少有亲蟹栖息。推测可能与该水域水深较浅,流速小有关。

赵乃刚(1986)研究推测,中华绒螯蟹沿长江下迁每天 8～12 km,依靠水流速度,蟹群可以在较短时间内到达河口的浅海区域。通常雄蟹下迁速度较雌蟹快。故中华绒螯蟹雌雄比例随着时间逐渐增大,这与本研究一致。到达河口区,雌蟹与雄蟹陆续完成交配后,逐渐怀卵,故抱卵蟹占雌蟹比例逐渐增加。

张列士等(1988)调查发现,中华绒螯蟹在 12 月至次年 5 月主要集结于横沙以东、佘山以西河口区。但抱卵蟹栖息面积远小于上述水域,其盐度主要为 8～15。本次调查发现,中华绒螯蟹抱卵蟹主要分布于九段沙与横沙间的夹道中央,与亲蟹相比略有不同,铜沙浅滩北侧与九段沙南端间的深水区域仅有少量分布。

张列士等(1988)认为,中华绒螯蟹交配、抱卵以及蚤状幼体孵化的过程对盐度需求逐渐加大。对崇明东旺沙东滩湿地的持续监测发现,日本鳗鲡捕捞时节(3~5月)多次在该区域误捕抱卵蟹,体重达150 g,规格较大。崇明北支受潮汐影响较大,盐度比长江口南支等其他水域高,故推测崇明东滩地区适宜抱卵蟹栖息。张列士等(1988)发现,春季(3~5月),中华绒螯蟹雌蟹完成交配后,会陆续从河口中央区转移至浅水区域,这与本文推论一致。

中华绒螯蟹生殖洄游到长江口后,亲蟹多栖息于铜沙浅滩北侧和九段沙东北部的深水航道中。待性腺发育成熟后,雌雄亲蟹迁移至盐度较高的水域交配。雌蟹完成交配后,推测迁移至水深较浅的崇明东滩以及横沙东部水域完成抱卵以及胚胎发育过程,中华绒螯蟹繁殖场的水文情况仍需要比较各水域的水文情况方可进行初步评估。

中华绒螯蟹交配抱卵后,需要历经胚胎发育和胚后蚤状幼体发育两个阶段才变态为大眼幼体。胚胎发育受到水温主导因素的影响,经历数月方才完成。本研究中,首次捕获的抱卵蟹胚胎已发育至卵裂期,排卵至卵裂的发育过程无法完成记录。参考赵云龙(1993)对不同水温下中华绒螯蟹胚胎发育的研究:中华绒螯蟹在自然温度(7~8℃)下,从排卵到卵裂需6 d左右时间。故中华绒螯蟹野外胚胎发育完成排卵到孵化共需535.43度日。

中华绒螯蟹的胚胎发育速度主要取决于水温变化,且水温和胚胎发育时间的乘积并非常数。赵乃刚(1986)研究发现,在水温21.7℃下,胚胎发育有效积温为368.9度日。水温12.6℃下,有效积温达680.4 ℃·d。本研究中整个胚胎发育过程历经63 d,有效积温535.43 ℃·d。因此,河蟹胚胎随着水温的升高,孵化速度加快,且低温状态下所需的有效积温远大小于高温状态下所需的度日。这与低温状态下,中华绒螯蟹在长江口胚胎发育十分缓慢,历时长达数月之久相一致。张根玉等(1997)对水温与育苗天数研究发现,当水温达到25℃后,以大眼幼体的出池时间为准,约需20 d时间。这与长江口亲蟹第一次产卵(夏至苗汛)和第二次产卵(芒种苗汛)仅差15~30 d相一致。

本研究发现长江口3~5月份中华绒螯蟹胚胎发育共需63 d左右,有效积温达535.43度日。赖伟室内模拟自然水温下胚胎发育过程发现,中华绒螯蟹胚胎发育共需49 d,与本研究63 d发育时间差距较大。推测原因,中华绒螯蟹野外胚胎发育不仅受到水温因素的影响,气候条件以及饵料生物等也与胚胎发育进程密切相关,而这些野外条件是实验室无法模拟的。故本次研究的结果具有很强的参考性,可以为基于每年 3~5 月份长江口的水温条件预测苗汛提供理论依据。

7.1.2　产卵场生境适宜度评估

7.1.2.1　实验材料与方法

对 23 个站点进行底拖网采样。采用单船单囊桁杆底拖网,桁杆长 6 m,网具总长 10 m,高 2 m,网目 2 cm。船速 3 kn,涨潮时每站拖网采样 30 min。收集不同站点捕获的中华绒螯蟹抱卵蟹。各个站点的盐度、温度、溶解氧以及 pH,利用 YSI 6600EDS 多参数水质分析仪现场测定。水深、流速利用 ADCP 和流速仪现场测量。透明度利用透明度罗盘现场测定。

栖息地适合度模型法是以获取的生物分布频率为基础,筛选相关水文环境因子作为栖息地指示因子,进而表征水生生物对不同河流因子的偏好性。

构成水生生物栖息地的环境因子主要有水深、流速、底质、透明度、水温等。当前多数研究者考虑的重要栖息地因子是水深、流速等。长江口为咸淡水交汇处,径流携带大量泥沙入海,盐度和透明度的分布空间差异较大。故本研究选择水深、水体流速、透明度和盐度作为影响中华绒螯蟹抱卵蟹分布的栖息地指示因子。

中华绒螯蟹属于海淡水洄游性甲壳类动物,在空间分布受到盐度影响最大,给予盐度最大权重。另外,大量研究表明水深和流速是影响底栖动物群落结构的两个主要因子,鉴于长江口不同水域水深差异大,故水深的重要性较大,流速的重要性较小;而与流速相比,水体透明度的重要性相对更小。因此,环境因子的相对重要性依次为盐度>水深>流速>透明度。根据环境因子的相对重要性建立其判断矩阵如表 7-2 所示。

表 7-2　指示因子判断矩阵

	盐　度	水　深	流　速	透明度
盐　度	1	0.5	0.25	0.2
水　深	2	1	0.333	0.2
流　速	4	3	1	0.333
透明度	5	5	3	1

利用层次分析法将各因子按支配关系构建层次结构,通过统一结合的定性与定量分析确定权重。计算出盐度、水深、流速和透明度的权重分别为 0.3871、0.2728、0.1828 和 0.1574,一致性比率 $CR=0.0019<0.1$。可以认为该判断矩阵具有满意的一致性。

栖息地适宜度和抱卵蟹丰度分析方法如下:

栖息地适合度模型中,栖息地适宜度指数 HSI 计算公式为

$$HSI = \sum K_i f_i$$

式中,k_i 为第 i 个栖息地因子的权重;f_i 为第 i 个栖息地因子的适宜度,表示该物种对该因子的适宜程度,阈值为 0~1。

中华绒螯蟹抱卵蟹丰度 D 按下式计算

$$D = C/A$$

式中,C 为抱卵蟹密度指数,即每小时拖网面积内获得的抱卵蟹数量(ind.);A 为每小时网具扫海面积(m^2)。

7.1.2.2 实验结果与分析

表 7-3 为长江口 2013 年 4~5 月水文环境分布情况。不同水域表层水温变化范围为 15.34~16.64℃,各水域及表底层温度无显著差异($P>0.05$)。表层 pH 变化幅度为 7.60~7.79,不同水域及表底层变化无显著差异($P>0.05$)。芦潮港水域平均溶氧较其他水域低 0.5~0.9,差异显著($P<0.05$)。不同水域表层盐度变化较大,鸡骨礁以东水域和崇明北支水域平均盐度较高,达 20;南支北港和九段沙水域盐度较低,为 10 左右;不同水域表层盐度差异显著($P<0.05$),底层盐度较表层略高。长江口水体流速变化范围为 1.35~1.66 m/s,鸡骨礁以东水域和崇明北支与其他水域差异显著($P<0.05$)。鸡骨礁以东水域水深较深,与其他水域差异显著($P<0.05$)。各水域透明度变化差异显著,鸡骨礁以东水域平均透明度最高,九段沙平均水域透明度最低。

表 7-3　长江口 2013 年 4~5 月不同水域水文环境

环境因子		崇明北支	南支北港	九段沙水域	芦潮港水域	鸡骨礁以东水域
温度(℃)	表层	15.42±0.91	15.34±0.96	16.64±1.55	16.22±1.62	15.5±2.19
	底层	15.08±0.85	14.94±0.94	15.48±1.31	16.00±1.41	15.05±2.23

（续表）

环境因子		崇明北支	南支北港	九段沙水域	芦潮港水域	鸡骨礁以东水域
pH	表层	7.60 ± 0.06	7.67 ± 0.13	7.79 ± 0.24	7.72 ± 0.16	7.79 ± 0.23
	底层	7.58 ± 0.04	7.62 ± 0.11	7.77 ± 0.21	7.73 ± 0.14	7.76 ± 0.13
溶氧量（mg/L）	表层	7.21 ± 0.34^b	7.17 ± 0.38^b	7.03 ± 0.35^b	6.56 ± 0.19^a	7.40 ± 0.30^b
	底层	6.95 ± 0.43	7.20 ± 0.39	6.99 ± 0.31	6.68 ± 0.15	7.43 ± 0.35
盐度	表层	18.36 ± 2.70^{cd}	10.78 ± 1.94^b	8.98 ± 2.10^a	14.98 ± 3.90^c	20.38 ± 1.17^d
	底层	18.94 ± 2.48	11.06 ± 1.99	8.26 ± 2.14	15.42 ± 3.66	20.88 ± 1.12
流速(m/s)		1.57 ± 0.90^b	1.38 ± 1.23^a	1.38 ± 1.05^a	1.35 ± 1.12^a	1.66 ± 1.02^c
水深(m)		9.59 ± 1.34^c	5.99 ± 2.86^b	3.41 ± 1.35^a	10.93 ± 2.06^c	24.33 ± 3.98^d
透明度(cm)		11.72 ± 2.14^a	15.62 ± 1.66^b	10.5 ± 1.78^a	19.2 ± 2.68^c	40.0 ± 1.63^d

注：同行数据右方不同小写字母表示水域之间差异显著（$P<0.05$）

　　23 个调查站点中，有中华绒螯蟹抱卵蟹分布的为 10 个。其中，崇明北支水域仅有 Z5 发现有抱卵蟹分布，且数量较少，丰度为 0.60 ind. /1 000 m²。浦东芦潮港以东水域抱卵蟹数量较多，平均丰度为 1.40 ind. /1 000 m²。鸡骨礁以东水域未见有抱卵蟹分布。南支北港和九段沙下游以东水域，Z10、Z11、Z22 和 Z12 抱卵蟹较为集中，丰度 0.60～9.60 ind. /1 000 m²，平均丰度 3.60 ind. /1 000 m²，占总丰度的 65.22%。Z22 丰度值最高，占总丰度的 24.6%。图 7-10 为抱卵蟹在调查位点丰度的平面分布。

　　分别将采样点的盐度、流速、水深和透明度与中华绒螯蟹抱卵蟹丰度进行单因子适合度模拟，建立 4 个指示因子的单因子适合度曲线，结果如图 7-11 所示。

　　盐度为 9～15 时，中华绒螯蟹抱卵蟹适合度均高于 0.6，盐度 11 时，模拟适合度为 1，为抱卵蟹栖息最适盐度。流速高于 1.7 m/s 的站点未捕获中华绒螯蟹抱卵蟹，流速 1.3～1.5 m/s 的区域适合度较高，最适流速 1.4 m/s，适合度为 1。透明度为 10～23 cm 时，适合度达 0.6 以上；最适透明度为 10 cm，适合度为 1；大于 30 cm 的站点没有捕获抱卵蟹。水深 3～6 m 时适合度较高，5 m 为最适水深，水深达到 10 m 后未能捕获。

　　利用加权平均法计算组合栖息地适宜度指数，结果如图 7-12 所示。从图 7-12 看出，Z6 的 *HSI* 最大，为 0.669 2，其次为 Z4、Z7、Z10、Z11、Z22 和 Z23，

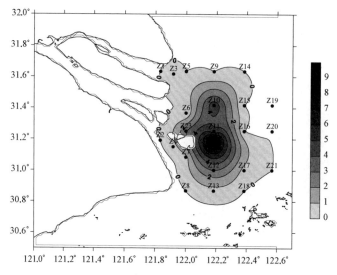

图 7-10　长江口中华绒螯蟹抱卵蟹丰度的平面分布

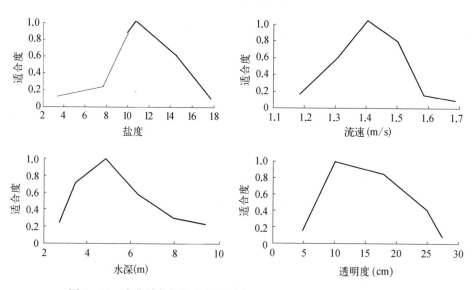

图 7-11　中华绒螯蟹抱卵蟹对盐度、流速、水深和透明度的适合度

HSI 均大于 0.5；Z1、Z3、Z5 和 Z14 的 HSI 最低，均低于 0.1。

　　图 7-13 为基于各位点 HSI 建立的抱卵蟹栖息地适宜度指数平面分布图。HSI 较高的站点主要分布于横沙以东及九段沙下游海域，大多数在 0.5 以上；长江口北支水域、芦潮港水域及鸡骨礁以东水域站点的 HSI 普遍较低，大部分在 0.2 以下。

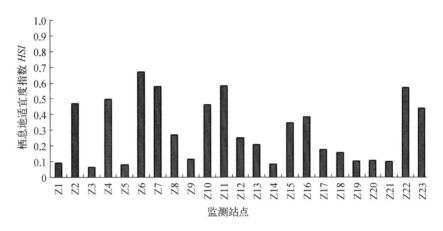

图 7 - 12 长江口不同站点中华绒螯蟹抱卵蟹的栖息地适宜度指数

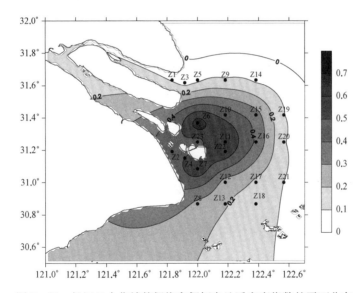

图 7 - 13 长江口中华绒螯蟹抱卵蟹栖息地适宜度指数的平面分布

7.1.2.3 讨论与小结

长江口不同水域 4～5 月份水温差异不大。由于受到长江径流的影响,北支和南支水域要略低于九段沙及芦潮港水域。同一水域的温度,由于受到阳光的直射,表层要略高于底层。崇明北支和南支北港的 pH 略小于其他水域。这与该水域透明度小,水体混浊有关。pH 的分布与水色具有一定的相关性,水体混浊会降低该水体内浮游植物和光合细菌的光合作用强度,pH 减小。同时进行光合作用的细菌和浮游植物,由于水域表层光照强,大都分布于水体表层,所以表层的 pH 略高于底层。

长江口区水体溶解氧受水温影响较大,通常与水温呈现负相关。芦潮港水域水体温度较高,同时水体交换较其他水域弱,造成了该水域的水体溶解氧偏低的现象。

长江口受长江干流淡水径流与海洋咸水潮汐的交互影响,水质同时具有淡水、咸淡水和海水 3 种特性。盐度的空间分布格局明显受到北支海水入侵的影响,由北向南盐度显著下降,北支的盐度要明显高于南支北港和九段沙水域。芦潮港水域受长江径流影响较小,盐度较高。鸡骨礁以东水域基本为海水区,盐度较咸淡水水域高。

南支北港和九段沙水域水深较浅,水体混浊,透明度较其他水域小。透明度的空间分布和水深具有相关性。浅水区域由于受到长江径流的影响,水体较为混浊,水体透明度变小。北支水域径流量小,但受到南支径流影响,海水倒灌,水体交换增强。同时,北支底质多为泥质,故北支水域较为混浊,透明度小。长江口不同水域水体流速差异性与水深具有一定相关性。浅水区域与深水区域比较,水体流速相对较慢。

栖息地适宜度指数显示中华绒螯蟹主要适合分布于长江口南支北港和九段沙水域。该水域盐度为 10 左右,王洪全等(1996)得出中华绒螯蟹胚胎发育的最适盐度范围为 10～16,此盐度范围内中华绒螯蟹胚胎的离体孵化率无显著差异。水体流速对中华绒螯蟹能量代谢有一定影响,为减少能量消耗,抱卵蟹选择栖息在低流速的浅水区域。研究表明亲蟹栖息水域适宜水深达 3 m 左右,这与张列士等(1988)调查得出春季亲蟹在完成交配繁殖后陆续集中在 1～4 m 浅水区域一致。该水域水质较为混浊,透明度小。

栖息地适宜度指数平面覆盖水域面积大于抱卵蟹丰度覆盖水域,且偏向长江口内口。此外,两者存在一定偏差。丰度平面分布图 7 - 10 显示,Z22 抱卵蟹数量较多,该站点位于长江口南支的深水航道。调查发现,尽管深水航道经常有大型机械船只作业,且航道的北侧存在多种网具作业,但是,航道的南侧存在许多礁石,形成了人工鱼礁,给中华绒螯蟹营造良好的栖息环境,为抱卵蟹提供繁殖、生长、索饵和避敌的场所。适宜的生境和捕捞难度的增大造成了该水域抱卵蟹丰度值高的现象。

张列士等(1988)20 世纪 80 年代对长江口中华绒螯蟹繁殖场所环境调查发

现,春季(3～5月)中华绒螯蟹在交配完成后,主要集结在横沙以东至佘山以西开阔的河口区:铜沙浅滩 204-202 灯浮附近水域(1 号繁殖场)、铜沙东南和九段沙东北滩间水域(2 号繁殖场)以及九段沙南滩与长江南岸中浚段水域(3 号繁殖场)。施炜纲等(2002)调查推测,三峡大坝截流后,河口区咸淡水交汇处的锋面将有 3.24 n miles 的摆幅。由于枯水期泄水量下降,河口区亲蟹的繁殖场将可能向西缩进 3.24 n miles。

中华绒螯蟹每年秋末至次年早春洄游至长江口咸淡水处交配。交配后雌蟹抱卵数月,到 4 月底 5 月初,随着温度上升,抱卵蟹迁移至产卵场处,胚胎迅速发育进入蚤状幼体期。本次调查发现,抱卵蟹主要适宜分布于横沙以东 20 n miles 及九段沙下游 5 n miles 海域范围以内,推测中华绒螯蟹产卵场分布大致范围为 121°58′～122°12′E,31°05′～31°22′N。与 20 世纪 80 年代调查相比,本次产卵场调查结果覆盖了 1～3 号产卵场部分水域,且水域面积有所减少。同时,繁殖场整体西移,向长江口内口缩进约 5.14 n miles,这与施炜纲等(2002)调查推测一致,但移动范围较 2002 年有所增加。初步推测产卵场的变动与水利工程兴建、水域污染、人类捕捞等因素都密切相关。本研究为初步调查的总结,中华绒螯蟹繁殖场的确切范围与变动成因还需要进一步深入研究。

7.2　中华绒螯蟹亲蟹超声波标志跟踪

水生动物的标志方法一直是生态学家研究的重点之一。传统的标志方法主要包括染色、打印标记法、体外和体内标志牌法以及同位素标志法等,但这些手段均存在较大的局限性。20 世纪 80 年代起,无线电、超声波等遥测技术逐渐在研究淡水鱼、溯河性鱼和海水鱼中得到广泛运用。目前,常见的生物遥测方法包括无线电遥测、超声波遥测、生物记录、卫星遥测和生物发声探测仪,其中超声波遥测已发展成为鱼类、甲壳类、豚类以及海龟等水生动物生态学研究的主要手段之一。

超声波遥测系统是一种广泛用于水生动物的电子标记遥测系统,主要通过对水生动物个体进行超声波标记,遥测跟踪标记个体,收集其详细且瞬时的数据,并结合生态环境来研究水生动物生活史中一段时期内的行为。超声波遥测系统包括发射装置(超声波标志牌)和监测装置两部分,监测装置分为移动跟踪系统、固定监测接收仪和自动监测系统,三种系统在河流、河口和海洋应用中各有优势。超声波标志牌的固定方法主要为植入体内和附在体外两种,获得了标记牌的地理位置即获得了水生动物的定位。

中华绒螯蟹为我国重要的经济物种,广泛分布于渤海、黄海、东海、南海,以及通海的水域中,秋季洄游到近海河口产卵交配,翌年春季幼体溯江河而上,在淡水中继续生长。目前,关于中华绒螯蟹的洄游和繁殖习性的研究,主要还是以传统资源调查和体外标志放流为主。为了进一步研究其产卵行为习性、产卵场分布和资源保护等,有必要开发一种有效、可行的超声波遥测追踪方法。参考国外鲨类、甲壳类的声学遥测方法(图7-14),并结合长江口环境,对中华绒螯蟹的超声波标记、移动跟踪系统和固定监测接收仪的应用进行了研究。

图7-14　固定超声波标记的示意图

(1) 实验材料与方法

试验设备包括76 kHz超声波标志14枚(长47 mm、直径11 mm、重8.2 g)、移动跟踪系统(MAP 600 RT)1套、固定监测接收仪(MAP WHS 3250)8个,购自加拿大Lotek公司;便携式水质分析仪;便携式流速仪;船载水深测量仪。

试验所用中华绒螯蟹14只,壳长为64.5±5.3 mm (mean±SD),壳宽为69.5±5.6 mm,体质量为163.4±37.2 g;尼龙扎带(3×100 mm)、尼龙布、

1 mm 直径铜丝、502 或 101 快干胶水、缆绳、竹竿、浮筒、剪刀、镊子、直尺等。

2014 年 12 月,在长江口南支北港水域(121°46′48.42″E,31°27′48″N)进行了中华绒螯蟹超声波遥测试验,包括移动跟踪系统和固定监测接收仪的实际遥测距离及其信号衰变规律,试验区域平均深度为 8 m,环境因子见表 7-4。

表 7-4　试验区域水体环境因子(平均值)

流速 (m/s)	透明度 (cm)	盐度	温度 (℃)	溶解氧 (mg/L)	pH
0.5	10.4	0.2	10.5	11.88	8.16

试验采用自主设计的方法将超声波标记固定在中华绒螯蟹的背部,首先将尼龙扎带内侧涂上一层快干胶水,并将其分别套在超声波标志的前后两端适宜位置,尽量避免信号发射线圈的位置,随后将扎带套牢(图 7-15a)。将扎带多余部分剪掉,并在每个缝隙处涂上胶水,放置待用(图 7-15b)。根据试验体大小将尼龙布剪成大小适中的长方形,将两段铜丝分别穿过尼龙布前后两端(图 7-15c)。将试验用的中华绒螯蟹擦拭干净,在尼龙布背面涂上一层胶水,随后粘贴在中华绒螯蟹背部适宜位置(图 7-15d)。待尼龙布粘牢后,再用铜丝将超声波标志牢牢固定在中华绒螯蟹背部,并在干燥环境下放置半小时,使胶水充分干燥(图 7-15e)。最后将试验蟹暂养 1 周,并筛选摄食和行为正常的个体待

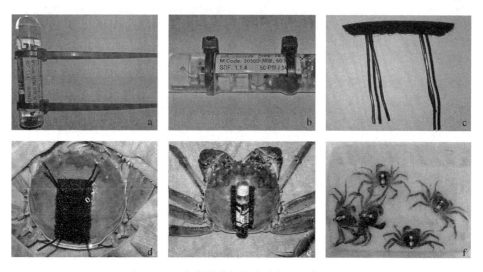

图 7-15　中华绒螯蟹超声波标志的体外固定

用(图7-15f)。

移动跟踪系统(MAP 600)由2个水听器、接收器、耳机组成(图7-16a),通常需要水上或水下移动载体的支持。通过线缆将2个水听器收到的数据传给接收器,接收器处理和分析声波信号,并将信号传给电脑和耳机(图7-16b)。试验采用自主设计的方法首先将2个水听器固定在2根钢管内,仅露出水听器的接收端,并将钢管分别固定在船舷两侧(图7-16c),将水听器牢固固定,随后通过电缆将水听器、接收器、电脑、耳机连接好即可工作(图7-16d)。

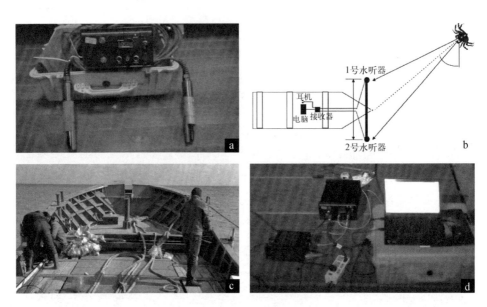

图7-16 移动跟踪系统的组成和安装

固定监测接收仪(MAP WHS 3250)主要用来被动记录标记中华绒螯蟹经过该位置的信息并储存在仪器内部,通过多个固定监测接收仪联合工作即可在研究区域形成监测网,用于长期监测超声波标志水生动物。但固定监测接收仪的信号接收端容易被损坏,试验采用自主设计方法对其加以保护(图7-17a)。固定监测接收仪采用自主设计方式进行固定(图7-17b),利用竹竿、泡沫、缆绳、旗子等制作成浮筒(图7-17c),防止长期监测时其他船舶对其产生破坏。利用泡沫、绳索制作成浮筒,可将固定监测接收仪固定在其下的缆绳上,并利用船锚将固定监测接收仪固定在特定位置。

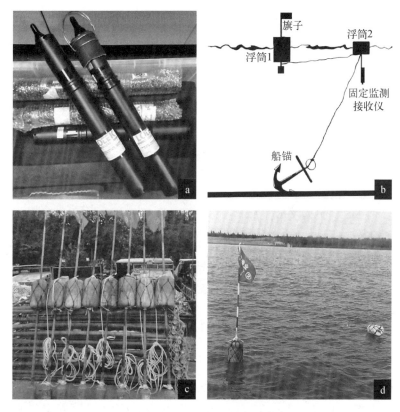

图 7 - 17　固定监测接收仪的使用

（2）结果与讨论

实验共对 14 只中华绒螯蟹进行了超声波标志，并分别暂养于室内养殖池内，每天投喂新鲜贻贝，以便观察其标志后摄食和日常行为的变化。暂养一周后发现，其中 1 只在标志后第三天死亡，其余 13 只中华绒螯蟹标志后第二天开始正常摄食，日常活动正常。初步分析死亡个体的原因，可能是由于胶水用量过多，部分胶水顺着甲壳流进其腹部导致。观察死亡个体发现，尼龙布与中华绒螯蟹甲壳已牢牢黏在一起，未发现超声波标志脱落的现象。室内检测显示，所有超声波标志固定后信号发射正常，与之前无差异。

将超声波标志蟹固定在水下特定位置后，船体缓慢驶离目标，每隔 30 s 记下船体 GPS 坐标，用于计算超声波标志蟹与船体的距离，利用 SPSS17.0 分析处理数据。如图 7 - 18 所示，水听器 1（Port 1）和水听器 2（Port 2）所接收信号衰减规律一致，MAP 600 在长江口对试验 76 kHz 超声波标志的信号接收距离

197

约为 550 m 左右,其衰变方程式为 $y=-17.538x+9199.3(R^2=0.7697)$。式中,$x$ 为超声波标志蟹与水听器间的距离;y 为移动追踪系统接收到的信号强度。

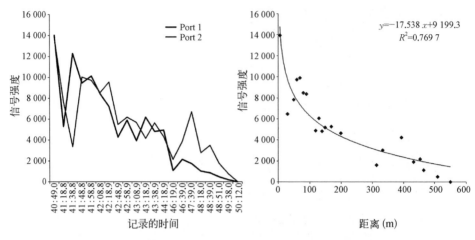

图 7-18 移动追踪系统(MAP 600)接收信号强度的衰变曲线

将 8 个固定监测接收仪(MAP WHS 3250)沿直线布置在试验区域,每 100 m 放置一个。随后将超声波标志悬挂在船首水面 3 m 以下位置,船体缓慢驶离固定监测接收仪,每隔 30 s 记下船体 GPS 坐标,用于计算固定监测接收仪与船体的距离,参考仪器说明书,当距离达到 2 000 m 时结束测试,并连线读取固定监测接收仪的记录数据,利用 SPSS17.0 分析处理数据。如图 7-19 所示,在试验区域内,固定监测接收仪(MAP WHS 3250)对 76 kHz 超声波标志信号的接收强度随着距离的增加而减弱,前 200 m 衰减较为明显,随后较为稳定,信号接收距离可达 800 m 以上,其衰变方程式为 $y=91243x^{-1.28}(R^2=0.9057)$。式中,$x$ 为船体与固定监测接收仪间的距离;y 为固定监测接收仪接收到的信号强度。

(3) 讨论与小结

国外对鲨类、甲壳类等开展了超声波遥测的研究,但这些个体比中华绒螯蟹大,为了将超声波标志更好地固定在中华绒螯蟹上,对这些方法进行了改进,并且获得了理想的效果。为了提高标志固定后成活率,操作中应尽量避免胶水进入中华绒螯蟹脐部。很多研究者认为标记牌重量应不超过实验个体体重的 2.5%,由于中华绒螯蟹个体较小,标记重量约为中华绒螯蟹体重的5.02%,但

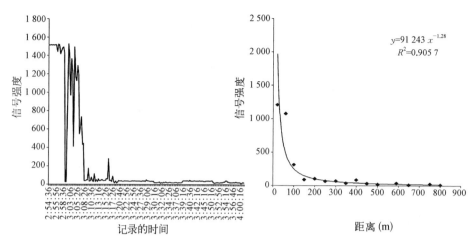

图 7 - 19　固定监测接收仪(MAP WHS 3250)接收信号强度的衰变曲线

通过观察发现标志固定后中华绒螯蟹摄食、生活习性以及对外界敏感性等并无明显改变。

从图 7 - 18 和图 7 - 19 可发现,移动追踪系统和固定监测接收仪信号强度变化较大,可能是超声波标志所发射的信号具有一定的方向性造成的。在实验过程中发现,由于长江口水流比较急,使用移动追踪系统时又要求水听器与超声波标志成一定角度行驶,再加上超声波标记的中华绒螯蟹不断活动会改变声波信号的传播方向,常常导致移动追踪系统丢失信号。因此在河口水域,移动追踪系统的使用受到很大限制,只适合短时间内或在特定点位进行扫描。

超声波标记声波传播的距离与其频率、输出电压和水体环境密切相关,32 kHz 的超声波标记传播距离为 2.5 km,300 kHz 的标记一般只能传播 400 m 的距离。本研究所用超声波标志的频率为 76 kHz,使用固定监测接收仪接收其信号,传播距离约为 800 m,而使用移动追踪系统接收其信号,传播距离为 550 m,造成这种差异除了与两种仪器相关外,还可能与环境噪声等相关。

目前,国内对水生动物的栖息地、洄游等方面的研究,主要还是采用传统标志手段,危起伟等(1998)采用超声波遥测手段研究中华鲟产卵场为国内鱼类研究提供了重要参考价值。采用超声波遥测方法研究水生动物野外的行为、运动,不仅能获得水生动物的环境因子喜好性、昼夜活动差异、运动速度和方向等信息,同时还能得到重要的洄游、栖息地利用等信息。本研究表明,超声波遥测方法是一种高效可行的研究甲壳动物的产卵场、栖息地和洄游等手段。

7.3　长江口中华绒螯蟹苗种生态学

中华绒螯蟹大眼幼体是抱卵蟹胚胎孵化后,由Ⅴ期蚤状幼体蜕壳变态而成,俗称中华绒螯蟹蟹苗,在亚洲北部、朝鲜西部和中国东部沿海湖泊、河流区域均有分布。但群体的自然分布以长江中下游为主,崇明岛附近的长江口地区不仅水域条件优越,天然饵料及无机盐丰富,而且还有一大片浅滩,适合中华绒螯蟹的繁殖及蟹苗的生长。中华绒螯蟹是我国重要的经济物种,由于长江水系的野生蟹苗种质资源丰富、品质优良,部分地区养殖用幼体仍依靠采捕天然的蟹苗。

目前对蟹苗的调查研究主要涉及汛期资源变动、群体结构、种质鉴定等方面。自20世纪90年代,由于过度捕捞、生境破坏等原因,长江口物种资源急剧衰退,蟹苗资源量也逐年下降;再加上瓯江和辽河苗种入侵,各水系苗种混杂,长江水系蟹黄种质退化,给养殖户造成巨大的经济损失。作者于2013年中华绒螯蟹蟹苗汛期对长江口北八滧、东旺沙、团结沙、奚家港、新民港、外高桥和三甲港7个站位点的蟹苗资源开展监测,研究了长江口中华绒螯蟹蟹苗汛期的资源时空分布特征,以及汛期蟹苗在长江口的迁移路线,取样比较分析了不同站点蟹苗优势种类及纯度,同时在实验室内通过盐度选择装置提供一系列盐度梯度,探索大眼幼体是否存在明显的趋低盐、避高盐的行为,旨在从大眼幼体主动选择低盐环境的角度探讨河口蟹类大眼幼体向岸洄游的行为机制,为该水域蟹苗资源保护和可持续利用提供科学依据。

7.3.1　苗种时空分布

7.3.1.1　试验材料与方法

2013年在长江口东旺沙(A,中心经纬度121°50.5′E;31°37.06′N)、北八滧(B,中心经纬度121°54.63′E;31°35.13′N)、团结沙(C,中心经纬度121°51.8′E;31°26.13′N)、奚家港(D,中心经纬度121°46.6′E;31°27.7′N)、新民港(E,121°47.9′E;31°19.84′N)、外高桥(F,121°38.81′E;31°20.63′N)、三甲港(G,121°

46.57′E;31°12.9′N)7 处水域(图 7 - 20)。各监测位点分别设置蟹苗监测船至少 3 艘,各监测船每潮水收网一次,一天两次潮水。待监测船进港后,对蟹苗捕捞人员进行问卷调查,调查内容包括捕捞区位、捕捞作业时间、网型、网数、船数、单产、总产等资料。

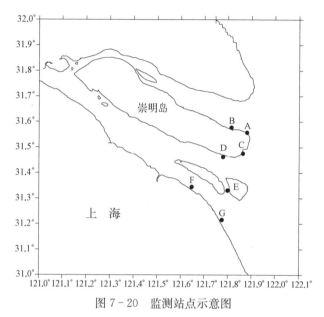

图 7 - 20　监测站点示意图

A. 东旺沙;B. 北八滧;C. 团结沙;D. 奚家港;E. 新民港;F. 外高桥;G. 三甲港

对不同站位点的不同捕捞时期的捕捞蟹苗进行取样,原则上每天一次。每次随机取 100 只蟹苗用显微镜镜检,依据形态学特征对蟹苗进行种类鉴定。每次重复取样 3 次。

7.3.1.2　试验结果与分析

2013 年中华绒螯蟹见苗时间为 6 月 1 号,农历四月二十三。苗汛初期,崇明北支、九段沙及佘山东部海域等 9 个监测站点均有见苗,但南北支的分布有较大差异。崇明北支蟹苗资源分布较广,121°50′E 至 122°23′E 共 5 个监测站点均有分散分布,且资源数量约占当天总量的 91.84%。九段沙附近的南槽和北槽水域监测有蟹苗分布,资源比例分别为 4.08% 和 2.04%。佘山东部海域亦有见苗,资源比例为 2.04%。图 7 - 21 为 2013 年长江口中华绒螯蟹苗汛初期蟹苗分布图,苗汛初期蟹苗资源比例见图 7 - 22。

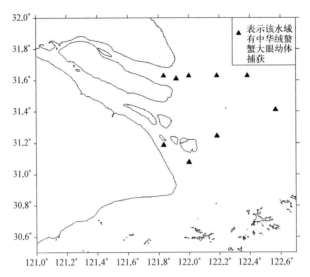

图 7-21　2013 年长江口中华绒螯蟹苗汛初期蟹苗分布

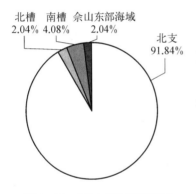

图 7-22　2013 年长江口苗汛
初期蟹苗资源比例

2013 年长江口从 5 月 29～31 日,东旺沙、团结沙就有报告见苗,但 6 月 1～2 号试捕发现资源密度低,捕捞量很少。正式捕捞从 6 月 3 日开始,东旺沙、团结沙、奚家港和三甲港当天捕捞量仅为 320 kg。之后日捕捞量呈上升趋势,东旺沙水域 4～5 日出现捕捞汛期,团结沙和三甲港 5～6 日达到峰值出现汛期。5、6 两日单日捕捞量超过 1 500 kg,两天捕捞量占汛期总捕捞量的 62.26%。7 日以后日捕捞量逐渐下降,日捕捞量均在 400 kg 以下。6 月 11 日日捕捞量仅为 22.5 kg,次日 7 个监测点均无船只捕捞。北八滧水域整个汛期未见苗,故无船只捕捞。不同监测点汛期蟹苗捕捞量见表 7-5。

表 7-5　2013 年长江口不同监测点汛期蟹苗捕捞量(kg)

日　期	A	B	C	D	E	F	G	合　计
6 月 3 日	15	/	65	40	/	/	200	320
6 月 4 日	175.5	/	205	20	/	/	500	900.5
6 月 5 日	75.5	/	665	55	100	/	800	1 695.5
6 月 6 日	45.15	/	910	57.25	55	/	1 000	2 067.4

（续表）

日　　期	A	B	C	D	E	F	G	合　　计
6月7日	35	/	40	0	20	/	125	220
6月8日	77.6	/	11	16.7	/	/	0	105.3
6月9日	100.5	/	15	/	/	15	200	330.5
6月10日	0	/	/	/	/	32.5	350	382.5
6月11日	5.5	/	/	/	/	17	/	22.5

注："/"表示未有船只捕捞作业

图 7-23 所示为各监测点捕捞量所占比例示意图。2013 年 7 个监测站蟹苗总产量中三甲港水域占 52.53%，团结沙水域产量所占比例为 31.62%，8.76% 捕于东旺沙水域。这三个站点的累计占总捕捞量的 92.91%。剩余四个监测站点中，北八滧没有船只捕捞，捕捞比例为 0。

2013 年长江口监测点蟹苗总捕捞量为 6 027.2 kg，比 2012 年下降 71.6%。其中，北八滧没有渔船捕捞蟹苗，捕捞量为 0。东旺沙、团结沙、奚家港、新民港和外高桥蟹苗捕捞量均下降 7 成以上。相对而言，三甲港水域蟹苗捕捞量是

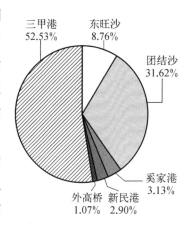

图 7-23　2013 年各监测点汛期总捕捞量比例

3 175 kg（含部分捕捞自奉贤等地的蟹苗），下降仅有 3 成多一点。2012 年、2013 年长江口各蟹苗捕捞监测点捕捞量见图 7-24。

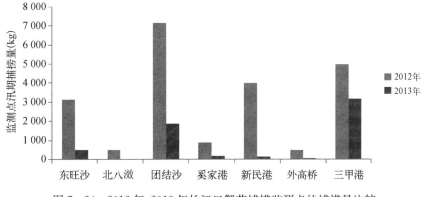

图 7-24　2012 年、2013 年长江口蟹苗捕捞监测点的捕捞量比较

2013 年蟹苗汛期,蟹苗资源分散。长江北支资源密度低,除东旺沙有少量渔船捕捞蟹苗外,蟹苗捕捞多集中在团结沙、三甲港附近的长江南支水域,奚家港、新民港和外高桥也有少量捕捞。如表 7-6 所示,2013 年蟹苗分布更偏向长江南支水域,南、北支蟹苗捕捞量由去年的 4.8∶1 上升至 10.4∶1,南支蟹苗捕捞量占总捕捞量达到 91% 以上。

表 7-6　2012 年、2013 年长江口蟹苗捕捞数量的南北分布情况与比较

	捕捞量总数(kg)	北支捕捞量(kg)	南支捕捞量(kg)	南支∶北支	南支(%)	北支(%)
2013 年	6 027.3	529.8	5 497.5	10.4∶1	91.2	8.8
2012 年	21 235	3 670	17 565	4.8∶1	82.7	17.3

2013 年蟹苗汛期,与往年明显不同的是横沙、崇明附近水域各监测点如新民港、东旺沙、团结沙、奚家港附近水域蟹苗的发汛日期基本同步,未见蟹苗沿江上溯在长江口区形成明显的苗汛高潮现象。各监测点蟹苗发汛时间如表7-7所示。

表 7-7　长江口蟹苗发汛时间及其地点

日　期	地　点	汛　况
2013-6-1	东旺沙、团结沙、奚家港	6 月 1、2 号均已见苗,但资源密度低,无大规模捕捞价值
2013-6-3	东旺沙、团结沙、奚家港	6 月 3 号开始捕捞,4、5、6 三天捕捞量最高,为本年度苗汛高潮,8 号蟹苗过奚家港
2013-6-4	新民港	6 月 4 号见苗,5 号开始捕捞,捕捞期 5、6、7 三天
2013-6-9	外高桥、吴淞口	9 日苗到外高桥,10 日苗到吴淞口,捕捞期为 6 月 9、10、11 天
2013-6-12	杨林港	苗到杨林港(已过浏河口)

2013 年长江口中华绒螯蟹苗汛比较反常,蟹苗停留在长江口时间长。东旺沙、团结沙、奚家港、三甲港(含奉贤、南汇)6 月 3 日正式开展蟹苗捕捞,6 月 4～6 日为苗发捕捞量高峰期,共 3 d。7 日因台风来临,晚潮长江口各点均没有渔船出海捕捞蟹苗。8 日奚家港蟹苗"苗走浅滩",深水处插网已无蟹苗,同时浅滩插网收获的蟹苗纯度降低,出现螃蜞苗,显示该点已经汛末,蟹苗已经沿江上溯。同时,监测到 9 号蟹苗已到外高桥,10 日苗到吴淞口,12 日苗到杨林港。此外,2013 年奉贤、南汇等杭州湾的蟹苗发汛日期也基本与长江口一致,蟹苗捕

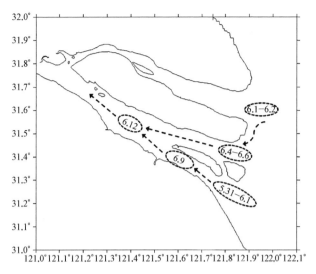

图 7-25　2013 年长江口蟹苗迁移路线模拟图

捞期是 6 月 3 日～10 日。蟹苗迁移路线模拟图见图 7-25。

　　在调查的时间范围内,蟹苗的纯度出现了明显的波动。奚家港、东旺沙和团结沙三个监测点的纯度均呈现先上升后下降的趋势。6 月 1 日蟹苗纯度最低,为 40%～60%。3 日后逐渐升高。三个监测点 4～6 日的纯度达到峰值,均在 90% 以上。6 日后逐渐下降,但趋势较缓。6 月 10 日纯度 60%～80%。蟹苗纯度的时间变化和资源量波动表现一致,即蟹汛前期纯度较低,但 3～5 日汛期蟹苗纯度上升,之后纯度逐渐下降。不同站点之间比较,蟹汛前期的 1～3 日,纯度为东旺沙＞团结沙＞奚家港。汛期三个监测站点纯度无显著差异。后期纯度奚家港＞团结沙＞东旺沙。推测站点之间蟹苗纯度的差异性和蟹苗迁移相关。东旺沙水域要先于奚家港、团结沙见苗,因此同一时间点,东旺沙监测点的蟹苗纯度偏高。而后期东旺沙纯度下降,推测是由于蟹汛末期,蟹苗群体已过东旺沙水域。苗汛各监测点蟹苗纯度变化见图 7-26。

　　图 7-27 为蟹汛末期不同监测点野杂苗比例分布图。共鉴定出了中华绒螯蟹、天津厚蟹、三疣梭子蟹和字纹弓蟹四种大眼幼体。其中中华绒螯蟹大眼幼体所占比例最大,其次为天津厚蟹和三疣梭子蟹。字纹弓蟹占比最小,仅有奚家港一个监测站出现,且比例仅为 1%。逾 5%～10% 蟹苗未能依据形态鉴别出种类。

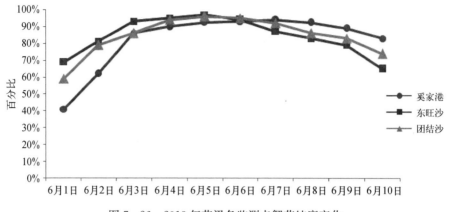

图 7 - 26　2013 年苗汛各监测点蟹苗纯度变化

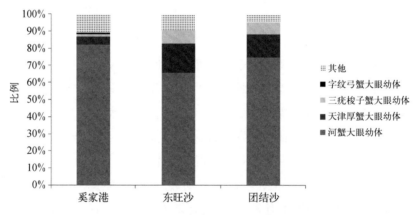

图 7 - 27　2013 年不同监测点蟹汛末期杂苗比例

7.3.1.3　讨论与小结

（1）长江口中华绒螯蟹蟹苗汛期及预测

张列士等（2002）对中华绒螯蟹生活史研究表明，其蟹苗汛期一年内可出现五次。前三次蟹汛为小满汛、芒种汛和夏至汛。小满汛于五月上旬发汛，系早春交配，而后抱卵繁育的苗群。俞连福等（1999）认为小满汛苗种幼嫩，种质质量差，蟹苗纯度低，主要为厚蟹和相手蟹的蟹苗。芒种和夏至汛为河蟹的主要汛期，数量相对较多，纯度高，因此具有捕捞价值。第四、第五次汛出现在 7 月份的起汛到大汛潮时节，由亲蟹二次怀卵后孵出的蚤状幼体变态发育而成。20世纪 70～80 年代由于蟹苗供应量供大于求，第四、五苗汛未捕捞利用。但后来，随着市场对蟹苗需求量增加，对第四、五次汛期蟹苗的捕捞开发就具有一定的经济价值了。

中华绒螯蟹的发汛时间取决于长江口的水温条件和潮汐。水温主要影响河蟹胚胎及蚤状幼体的发育状况,许步劭等(1996)研究认为在 13.5～24℃范围内,育苗时间随水温上升而减少,两者乘积为 456～472.5,其有效积温接近常数。蚤状幼体从五月初孵出,大概需要 30 d,550 左右方可成汛。大眼幼体洄游需要借助潮汐的动力,而在潮汐半月周期的潮位曲线上,只有从起汛期至大汛期,潮位逐日上升,蟹苗才有可能从河口浅海进入江段。2012 年预测芒种汛期为 5 月 31 日(农历十一),实际苗汛 5 月 30 日。2013 年预测芒种汛期 6 月 4 日(农历廿六),实际苗汛 6 月 4 日。汛期前五天左右即可见苗。

张列士等(2002)整理1970～1987 年资料发现,从 3 月 1 号起算需 1 277 ℃·d中华绒螯蟹蟹苗成汛,发苗时间均为起汛潮至大汛潮间。因此综合考虑发育积温及潮汐,即可准确预报苗汛起始日期。

(2) 长江口蟹苗汛期资源特征及影响因素

长江口历来是河蟹及其蟹苗的主要产地,但是 20 世纪 80 年代后蟹苗资源却呈严重衰退状况,蟹苗资源处于低水平波动,偶有旺发。2004 年上海组织亲蟹人工放流增殖,资源衰退的状况方才有所改善。2013 年蟹苗捕捞量与上一年相比下降近七成,但与施铭等 20 世纪资源调查相比,仍算丰富。苗汛初期,南支、北支沿江岸均有蟹苗分布,但北支多于南支。苗汛旺发时,发苗地点范围大且分散。倪勇等(1999)对历年蟹苗资源量持续监测发现,20 世纪 70～90 年代蟹苗的资源量均为北支多于南支。但是近两年调查表明南支的蟹苗捕捞量要远大于北支,推测可能与三峡大坝截流后,径流减小,咸潮内移相关。具体原因仍需进一步研究。因此,与 2012 年蟹苗旺发相比,2013 年蟹苗是见苗未成汛,汛期无高潮。

中华绒螯蟹蟹苗资源量的波动主要与河蟹数量、水文环境以及汛期气候等多种因素相关。河蟹亲蟹每年入秋时节进入长江口生殖洄游,因此河蟹的数量及冬蟹的捕捞强度决定了下一年蟹苗是否能够旺发。水利工程和长江径流量的作用也对蟹苗资源量产生一定影响。张列士等(1988)研究认为盐度是影响中华绒螯蟹繁殖场分布的主要生态因子,受长江径流量的影响较大。而中华绒螯蟹产卵场的分布情况决定了后期抱卵蟹胚胎及蚤状幼体的发育,影响着蟹苗的质量。此外抱卵蟹胚胎孵化发育和苗汛期间良好的气候状况也可为蟹苗的旺发创造条件。

（3）长江口中华绒螯蟹苗汛优势种与纯度

长江口位属咸淡水交接处，包含多种水域生境，孕育着众多蟹类的大眼幼体。李长松等（1997）关于长江口及其邻近水域大眼幼体的种类调查表明共有9种大眼幼体广泛分布于河口区。其中仅有3种大眼幼体确定到种，分别是中华绒螯蟹大眼幼体、天津厚蟹大眼幼体和三疣梭子蟹大眼幼体，另6种未能通过形态进行判定。张列士等（2001）考虑不同蟹苗的分布范围和繁育的时空差异，通过发汛时间和潮汐半月周期相关性及苗种的形态为主要参考指标，进一步分离鉴定出字纹弓蟹和锯缘青蟹大眼幼体。本次研究共发现4种大眼幼体，并鉴定到种，其中天津厚蟹大眼幼体是除中华绒螯蟹大眼幼体外的优势种，这与李长松等（1999）调查崇明一带螃蜞苗发现天津厚蟹占86％结论一致。

中华绒螯蟹汛期蟹苗纯度呈现随时间逐渐增加而后下降的特征，且越靠近口外的监测点纯度越先达到峰值。俞连福等（1998）发现，苗汛早期螃蜞苗多，中期中华绒螯蟹苗多，后期杂苗多。这与本研究结论一致。汛期前由于河蟹苗还未到来，且长江口以天津厚蟹为主的螃蜞苗是优势种，所以汛前捕捞的苗基本为螃蜞苗。中期中华绒螯蟹蟹苗向浅水位靠拢以及渔船向外迎捕，所以中期捕捞的河蟹苗比例高。后期由于中华绒螯蟹苗一直向长江中游上溯迁移，而螃蜞苗和杂苗只是在滩涂往返移动，进而导致后期杂苗比例增加，纯度下降。

7.3.2 大眼幼体盐度选择行为

7.3.2.1 实验材料与方法

实验用中华绒螯蟹大眼幼体由江苏省启东市金海岸水产研究所提供，为土塘培养的蟹苗，淡化到盐度15时充氧带水运输到实验室，暂养在方形水族箱（100 cm×70 cm×50 cm）中。在实验室内适应24 h后投喂新孵化的丰年虫无节幼体，隔天投饵一次。暂养水族箱周围用黑色熟料布遮蔽以避免人为干扰。水族箱底部放入鹅卵石为蟹苗提供附着、藏匿场所。暂养期间在水族箱中放入气石进行微充氧保证溶氧充足，水温18±1℃，保持自然光照周期。

中华绒螯蟹大眼幼体的盐度选择行为试验在一个七分室盐度选择试验装置中进行（图7-28），该装置设计用于研究蟹类大眼幼体或其他水生甲壳类早期浮游阶段幼体的盐度选择行为。

大眼幼体盐度选择试验装置为长方形(70 cm×10 cm×10 cm)玻璃装置，分为七个盐度室，每个盐度室长 10 cm，宽 10 cm，各盐度分室之间的分割墙顶部中央开口(2 cm×1cm)作为大眼幼体进行盐度选择的通道。盐度选择装置四周及底部裱贴黑色不透光膜以避免人为干扰并确保受光均匀。试验在稳定光源下进行，各盐度分室光照强度一致。

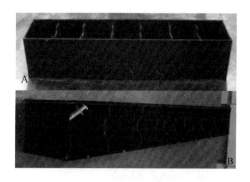

图 7-28　中华绒螯蟹大眼幼体七分室盐度选择装置

A 侧视图，B 俯视图

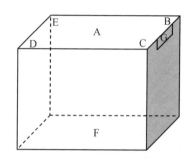

图 7-29　测定每一盐度分室实际盐度的取样位置示意图

试验设定 0、5、10、15、20、25、30 共 7 个盐度梯度，试验前配置足量的上述盐度试验溶液于七个储液箱中，试验开始时利用虹吸原理同时吸入各盐度试验液于对应盐度分室中。盐度稳定后从各盐度分室中间区域放大眼幼体，每盐度室共放 5 只，在放入后每隔 30 min 统计大眼幼体的分布状况，连续观察 3 h。试验前 24 h 禁食。试验在每天上午 9:00～12:00、下午 14:00～17:00 进行，连续进行 2 d，共 4 组重复。试验前不同盐度水体已充分曝气充氧，为避免干扰，试验过程中不充氧。预试验结果显示，无盐度梯度的情况下大眼幼体在盐度分室中的分布比例不存在显著差异。因此，试验过程中统计得到的大眼幼体在不同盐度分室中的分布比例是大眼幼体对不同盐度偏好性的结果。

每次试验开始时和结束后均用一次性塑料吸管从每一盐度分室六个部位(图 7-29)吸取水样，用手持式盐度计测定实际盐度。其中 A 代表每一盐度分室中间表层水、B 代表右上角表层水、C 代表右下角表层水、D 代表左下角表层水、E 代表左上角表层水、F 代表中间底层水、G 代表每一盐度分室与相邻盐度分室分割口处。

7.3.2.2　实验结果与分析

由图7-30可见,随着盐度梯度的增加,各盐度分室所有测定位置的盐度均呈现增加的趋势,其中底层盐度梯度最为明显,几乎接近加入的相应试验水体盐度。总体表现为在试验开始后,低盐度分室盐度略升高,高盐度分室盐度略降低,表层水混合度强于底层水,但仍存在明显的盐度梯度。因此,该七分室盐度选择装置适宜开展中华绒螯蟹大眼幼体盐度选择行为试验。

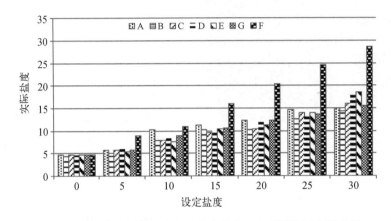

图7-30　盐度选择装置中每一盐度分室7个不同位置实测盐度

由图7-31与图7-32可见,9:00～12:00将适应盐度15的中华绒螯蟹大眼幼体放入盐度选择试验装置后,大眼幼体对淡水呈现出显著的偏好性($P<0.05$),在重复一组的3 h试验过程中60%～89%的大眼幼体选择设定的0盐度分室,在重复二组的3 h试验过程中69%～80%的幼体选择0盐度分室。在两次试验过程中大眼幼体分布比例次高的为盐度5分室。而在14:00～17:00进行试验时,将中华绒螯蟹大眼幼体放入盐度选择试验装置后,其对淡水仍呈现出显著的偏好性($P<0.05$),3 h内在0盐度分室中分布的大眼幼体平均比例显著高于其他盐度分室,但与上午试验组(图7-31)相比,分布比例显著降低,两次重复试验中3 h内大眼幼体选择0盐度分室中的比例分别为29%～60%和31%～57%。随着盐度的升高,大眼幼体的分布比例呈现降低的趋势。综合以上结果显示,大眼幼体存在明显的趋淡水、低盐行为,且大眼幼体趋低盐的强烈程度似乎受到试验时间(上午或下午)的影响。

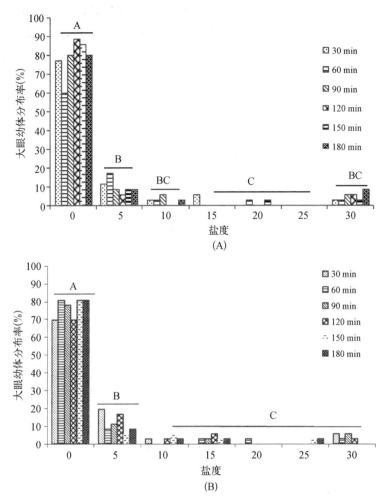

图 7-31　中华绒螯蟹大眼幼体 9:00～12:00 在不同盐度分室中的分布比例

(A) 重复一组;(B) 重复二组

7.3.2.3　讨论与小结

动物行为的表达受到内在遗传因子和外部环境因子的双重作用。行为是动物适应环境的方式,同时也是动物生理状况、意识和心理的外部表现(蒋志刚,2004)。多种河口蟹类的抱卵雌蟹在接近夜间的高潮时同步性的释放蚤状幼体,排出的蚤状幼体浮在水体表面,被随后而来的落潮水流带入高盐区,并在高盐区完成蚤状幼体的发育。蚤状幼体变态为大眼幼体之后又向成体栖息的低盐河口进行洄游。大眼幼体虽然具有一定的游泳能力,但向岸洄游同样受到落潮水流和河口强烈径流的影响,因此,在短时间内大眼幼体重新返回河口低盐或淡水区域仍较为困难。目前对大眼幼体重返河口低盐区的机制提出几种假设理论,第一种假设为由向陆的残余底部水流(onshore-flowing residual bottom)带回河口(Sulkin & Epifanio, 1986);第二种假设为选择性的借助潮汐流重返河口;第三种假设为由风引起其重返河口(Tilburg et al. , 2005)。上述假设中强调了潮汐、水流、风等物理作用在幼体资源补充的时空变换过程中发挥着重要作用。

蟹类大眼幼体阶段通常已具备了一定的高渗调节能力,可以耐受一定的低盐环境。本试验结果发现,适应盐度15的中华绒螯蟹大眼幼体在试验室内对低盐水表现出显著的偏好性,显示大眼幼体具有明显的趋低盐行为,而这种行为有利于其向岸洄游,可能是大眼幼体返回低盐水域的行为机制之一。本试验中大眼幼体的趋淡水行为与 Stephenson 和 Knight(1986)报道的罗氏沼虾(*Macrobruchium rosenbergii*)在试验室内表现出对低盐的偏好行为一致。因本试验中所采用的不同盐度试验水均由自来水加入海盐配置而成,因此可排除河口水中有机物质和气味(Diaz et al. , 1999)对大眼幼体偏好性行为的影响;此外,试验室内的结果完全可以排除潮汐对大眼幼体向岸转运的影响;再者,本试验中所用大眼幼体由人工养殖蟹孵化。因此,本试验结果表明大眼幼体的趋淡水行为是进化过程中的遗传行为而不受环境的影响。作者认为,大眼幼体的一些内源性的遗传行为可能是外界物理作用协助幼体洄游的基础,大眼幼体偏好低盐的行为是一种遗传行为。本试验证实人工养殖的大眼幼体在试验室内存在明显的趋淡水行为,但本试验中未同时对变态初期的野生大眼幼体是否存在趋淡水行为进行研究。因此,无法得出大眼幼体向岸洄游与其趋低盐行为有关的确切结论,更多的研究仍需要进行。

动物的行为表现是其内在生理需求的体现(蒋志刚,2004),本试验中发现大眼幼体一旦选择低盐环境后,不重新返回高盐环境中,这与大眼幼体具有较强的高渗调节能力相关。Cieluch 等(2007)研究显示,中华绒螯蟹大眼幼体后鳃的鳃丝上已布满离子转运细胞,离子细胞的出现使其具备了较强的高渗调节能力。大眼幼体高渗调节能力的增强是其趋淡水行为的内在基础。此外,甲壳动物蜕壳前需要从环境中吸收大量的水分以利于身体吸水膨胀,而在低盐环境下更有利于其吸水蜕壳,因此,大眼幼体表现出趋低盐行为,有利于其在极短

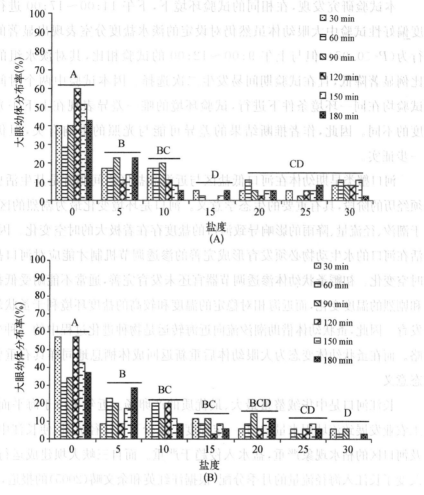

图7-32　中华绒螯蟹大眼幼体14:00～17:00在不同盐度分室中的分布比例
(A) 重复一组；(B) 重复二组

时间内返回淡水区域,相反,如在蜕壳前未返回淡水区域则可能被落潮流重新带入海洋,导致蜕壳受阻而死亡。即使在高盐环境中可以顺利蜕壳,但高盐仍会抑制变态仔蟹的存活率(赵亮等,2004),影响生长,如终生生活在河口半咸水中的中华绒螯蟹多为早熟蟹,个体规格远小于洄游到淡水湖泊中生长成熟的蟹。因此,在仔蟹变态前到达河口低盐水区域为其蜕壳为仔蟹进行准备,这可能是物种进化过程中自然选择的结果,也是物种进化的准则,即所有行为表现均有利于物种繁衍、种群扩大。

本试验研究发现,在相同的试验环境下,下午 14:00～17:00 进行的盐度偏好性试验中大眼幼体虽然仍对设定的淡水盐度分室表现出显著的偏好行为($P<0.05$),但与上午 9:00～12:00 的试验相比,其对淡水组的偏好比例显著降低,且在试验期间易发生二次选择。因本试验中两个时间段的试验均在同一环境条件下进行,试验环境的唯一差异表现在上下午光照强度的不同。因此,作者推断结果的差异可能与光照的影响有关,但仍需进一步证实。

河口蟹类早期幼体在河口低盐区与近海高盐区之间洄游是其生活史中必须经历的阶段,具有重要的生态学意义。河口是环境变化最为剧烈的区域,由于潮汐、径流量、降雨的影响导致河口的盐度存在着极大的时空变化。因此,生活在河口的水生动物必须发育形成完善的渗透调节机制才能应对河口盐度的时空变化。初孵蚤状幼体渗透调节器官还未发育完善,通常不能耐受低盐环境和剧烈的温度变化,而近海相对稳定的温度和较高的盐度环境利于蚤状幼体的发育。因此,蚤状幼体借助潮汐流向近海转运是物种进化过程中的一种生存策略。而在蚤状幼体变态为大眼幼体后重新返回成体栖息地同样具有重要的生态意义。

长江河口是中华绒螯蟹最大、最优质的产卵场。近年来由于海平面上升,工农业发展致流域用水量增加,一定程度上减少了长江径流量,使长江中、下游及河口区的枯水现象严重,盐水入侵趋于严重。而自三峡大坝建成运行以来,改变了长江入海径流量的月季分配,根据汪红英和余文畴(2005)的报道,5 月、6月长江径流量分别比以前增加了 3 738 m^3/s 和 1 580 m^3/s。5 月份正值蚤状幼体的发育,而 6 月初大眼幼体开始向岸洄游,重新返回河口低盐、淡水区域。5、6 月份长江径流量的增加可能导致蚤状幼体被带离河口的距离增加,而这可能导致大眼幼体不能在短时间内重返淡水区域,而影响其蜕壳;此外,径流量增加引起的水流速度增加同样不利于大眼幼体的洄游;本试验中发现大眼幼体具有明显的趋低盐行为,长江径流量的增加将导致低盐区向外移,而这也可能使变态后仔蟹向淡水河流、湖泊洄游的困难性增加,使大量幼蟹滞留在长江口半咸水区域,而在半咸水中生长将导致中华绒螯蟹提早完成性腺的发育,引起野生中华绒螯蟹种群趋于小型化,出现性早熟现象。

7.3.3　盐度对中华绒螯蟹仔蟹标准代谢的影响

仔蟹是中华绒螯蟹的大眼幼体向成蟹的过渡阶段,处于该阶段的中华绒螯蟹营浮游生活和底栖生活的双重习性(Li et al.,2014)。仔蟹行为受外界环境影响显著,如潮水的上涌运动引起仔蟹具有背向重力行为(Garrison et al.,1999);亦能通过自身的能量消耗适应外界环境变化,如中华绒螯蟹成蟹通过氧化应激来适应其从高溶氧环境到低溶氧环境的过度(Wang et al.,2009),当水环境中氧气含量下降,仔蟹对氧气的摄入量逐渐减少且 CO_2 排出量也随之减少,超氧化物歧化酶(SOD)活性也会逐渐降低(Tina et al.,1998;Willmore et al.,1997)。关于盐度对中华绒螯蟹代谢影响的研究主要集中在成蟹和亲蟹,如盐度影响中华绒螯蟹亲蟹的耗氧率及氨氮排泄率(庄平等,2012)、渗透压和抗氧化系统(卢俊等,2011)及免疫力(王瑞芳等,2012;McNamara et al.,2012)。关于盐度对中华绒螯蟹仔蟹标准代谢有待进一步研究。

7.3.3.1　实验材料和方法

培育中华绒螯蟹Ⅲ期仔蟹。从长江口水域捕捞中华绒螯蟹抱卵蟹,在人工水池内培育,调整水体盐度大于 18,水池温度为 $23\pm0.5℃$,孵化出蚤状幼体转移土池进行培育。蚤状幼体发育为大眼幼体之后为仔蟹。当仔蟹蜕壳 2 次后,即为中华绒螯蟹Ⅲ期仔蟹。选取形体完整、健康的中华绒螯蟹Ⅲ期仔蟹,采用玻璃纤维缸($\varphi=1$ m,$H=75$ cm)分组饲养,每组 200 只。实验用水为经净水设备(Paragon 263/740F,USA)处理过的自来水,用逐步增盐法来调整盐度至实验水平,采用便携式水质分析仪(YSI公司)校准水体盐度,以达到实验设定值。代谢瓶为 550 ml 聚乙烯塑料瓶,采用热熔胶封口密闭。

实验设置盐度分别为 0、4、8、12、16、20 的 6 个实验组及 6 个空白组,实验组和对照组各设置 6 个重复,共设置 72 组。将预先制备好的代谢瓶装满盐度分别为 0、4、8、12、16、20 的实验用水(DO=8.12 ± 0.23 mg/L),将其放置恒温水浴槽内,保持温度 $24\pm0.5℃$,自然光(12D∶12L)。每次实验选取合格的 60 只仔蟹,分别装入代谢瓶内,每组 10 只。在瓶口连接一直径 0.3 cm 塑料管,采用 5 ml 注射器每次定量吸取代谢瓶内液体进行相关指标测定,每次取完液体迅速密闭代谢瓶,待下次取样继续使用。实验过程中每隔 0.5 h 测定水中溶氧(DO)、氨氮(NH_3-N)、CO_2 含量。用 Winkler 法(碘量法)测定溶氧;用去离子水配制的 NaOH 溶液滴定法测定 CO_2 含量;采用奈式试剂比色法测定(NH_3-N)含量(陈佳荣等,1996)。

在测试过程中不断轻轻晃动代谢瓶,观察中华绒螯蟹仔蟹在代谢瓶内运动情况:仔蟹在代谢瓶内四周爬行、有上下游泳行为、不随水体晃动、身体不侧翻确定为自由运动阶段;仔蟹在代谢瓶内四周爬行、无上下游泳行为、随水体晃动、身体不侧翻确定为生存阶段;仔蟹在代谢瓶内无四周爬行、无上下游泳行为、随水体晃动、身体侧翻确定为窒息阶段。在测试过程中,代谢瓶内中华绒螯蟹不再运动及前后两次瓶内溶氧误差不超过 0.2 mg/L,则认为本次仔蟹已达到并超过窒息点。

中华绒螯蟹仔蟹耗氧率(OR),CO_2 排出率及 NH_3-N 排泄率分别用下列公式计算(Omori et al. ,1984):

$$OR = (C_0 - C_1) \cdot V \cdot (W_t)^{-1}$$

式中,OR 为耗氧率($\mu g \cdot g^{-1} \cdot h^{-1}$),$CO_2$ 排出率($\mu g \cdot g^{-1} \cdot h^{-1}$),氨氮排出率($\mu g \cdot g^{-1} \cdot h^{-1}$);$C_0$ 为实验结束时对照瓶中 DO、代谢瓶中 CO_2 含量(mg/L),NH_3-N 含量($\mu g \cdot L^{-1}$);C_1 为实验结束时代谢瓶中 DO、代谢瓶中 CO_2 含量(mg/L),NH_3-N 含量($\mu g \cdot L^{-1}$);V 为代谢瓶容量(L);W 为仔蟹平均湿重(g);t 为时间(h)。

根据蛋白质、碳水化合物和脂肪的卡价、氧热价与实测的呼吸熵、耗氧率、NH_3-N 排泄率计算中华绒螯蟹仔蟹三种物质的提供的供能比例(Hargreaves et al. ,1998)。根据的耗氧率、CO_2 排出率及 NH_3-N 排泄率计算其呼吸熵,计算公式如下:

$$RQ = (R_{CO_2}/44) / (R_{O_2}/32)$$
$$RE = 11.8 \times R_{O_2} + 2.16 \times R_{CO_2} - 9.55 \times R_{NH_3\text{-}N}/1\,000$$

式中,RQ 为呼吸熵;R_{O_2} 为耗氧率,$mg \cdot g^{-1} \cdot h^{-1}$;$R_{CO_2}$ 为 CO_2 排出率,$mg \cdot g^{-1} \cdot h^{-1}$;$R_{NH_3\text{-}N}$ 为 NH_3-N 排泄率,$\mu g \cdot g^{-1} \cdot h^{-1}$;$RE$ 为能量代谢率,$J \cdot g^{-1} \cdot h^{-1}$

7.3.3.2 实验结果与分析

代谢瓶内的仔蟹运动情况通常可分为三个阶段,0~1.5 h 为自由运动阶段、1.5～3 h 为生存运动阶段及 3 h 以上为窒息阶段即窒息点阶段,不同盐度下窒息阶段出现的时间有所差异,盐度 20 及盐度 0 的实验组最先到达窒息点(单位时间内耗氧较少,约在 2.5 h 后出现),此时代谢瓶内的 DO 为 0.524 mg/L,盐度 16 实验组约在 4 h 后出现窒息点,此时代谢瓶内的 DO 约为 0.295 mg/L,其余实验组约在 3 h 出现窒息点,DO 约为 0.439 mg/L。

从图 7 - 33 可以看出,各实验组代谢瓶内的,开始呈直线下降,当下降到一定的数值后下降平缓,直至不再变化。但在自由运动阶段和生存运动阶段,代谢瓶内单位时间的耗氧量随着盐度从 0 升高到 20 呈先降后升的趋势。该图也明显反应了仔蟹在不同盐度下,氧气消耗量也存在明显差异,在 0～2 h 之间,盐度 0 实验组消耗氧气最快,盐度 16 实验组氧气消耗量最慢,而盐度 20 实验组氧气消耗量不稳定;其余实验组氧气的消耗量位于两者之间。

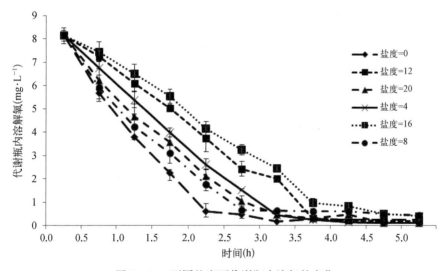

图 7 - 33　不同盐度下代谢瓶内溶氧的变化

根据不同盐度下代谢瓶溶解氧随时间的变化曲线图,可以将仔蟹的耗氧行为分为三个不同阶段。每个阶段将不同盐度组代谢瓶溶解氧和时间(t)进行回归分析(表 7 - 8),仔蟹的三个阶段呈现如下特点:前两个阶段(0＜t≤1.5 h,1.5＜t≤3 h)呈直线回归关系;最后阶段为幂函数关系。单位时间内仔蟹的耗氧量自由运动阶段高于生存运动阶段,窒息阶段耗氧最低。而在自由运动阶段和生存阶段,单位时间内仔蟹的氧气消耗量随盐度升高呈先降后升,盐度 0 代谢瓶内氧气消耗最快(R_{O_2}＝0.896 mg · g^{-1} · h^{-1}),盐度 16 的代谢瓶氧气消耗量最慢（$R_{O_2}=0.378\ mg\cdot g^{-1}\cdot h^{-1}$），其余实验组的耗氧量介于上述两实验组之间；在窒息阶段（$t>3\ h$），仔蟹耗氧率显著降低（$R_{O_2}=0.016\ mg\cdot g^{-1}\cdot h^{-1}\sim$ $0.083\ mg\cdot g^{-1}\cdot h^{-1}$），此时的仔蟹耗氧率较低（表7-9）。

表7-8 不同盐度下代谢瓶内溶解氧与时间（t）的回归方程

盐度	时间（h）		
	$0<t\leqslant1.5\ h$	$1.5<t\leqslant3\ h$	$t>3\ h$
0	$y=-4.018t+7.923$ ($R^2=0.9931$)	$y=-1.1948t+3.7903$ ($R^2=0.9677$)	$y=1.4555t^{-1.397}$ ($R^2=0.9465$)
4	$y=-2.760t+8.131$ ($R^2=0.9997$)	$y=-2.344t+3.899$ ($R^2=0.9967$)	$y=10.289t^{-2.953}$ ($R^2=0.9301$)
8	$y=-2.743t+8.122$ ($R^2=0.9958$)	$y=-1.6856t+4.3092$ ($R^2=0.9567$)	$y=14.979t^{-2.269}$ ($R^2=0.881$)
12	$y=-3.129t+8.320$ ($R^2=0.9875$)	$y=-1.6624t+5.8134$ ($R^2=0.9729$)	$y=21.661t^{-3.126}$ ($R^2=0.8068$)
16	$y=-1.701t+8.123$ ($R^2=0.9984$)	$y=-2.0438t+5.3746$ ($R^2=0.982$)	$y=84.488t^{-3.37}$ ($R^2=0.9508$)
20	$y=-3.163t+8.166$ ($R^2=0.9857$)	$y=-2.0774t+6.4759$ ($R^2=0.9677$)	$y=11.969t^{-2.865}$ ($R^2=0.9313$)

表7-9 中华绒螯蟹仔蟹的耗氧率、CO_2排出率，NH_3-N排泄率（Mean±SD，$n=18$）

指　标	时　间	盐　度					
		0	4	8	12	16	20
耗氧率（mg·$g^{-1}\cdot h^{-1}$）	$0<t\leqslant1.5\ h$	0.896±0.168[a]	0.681±0.173[a]	0.664±0.239[a]	0.607±0.007[a]	0.378±0.042[ab]	0.591±0.108[ac]
	$1.5<t\leqslant3\ h$	0.252±0.099[a]	0.356±0.119[ab]	0.455±0.153[a]	0.519±0.057[bc]	0.455±0.114[cd]	0.358±0.154[cd]
	$t>3\ h$	0.016±0.001[a]	0.018±0.002[a]	0.043±0.003[a]	0.023±0.004[a]	0.083±0.017[a]	0.024±0.004[a]
CO_2排出率（mg·$g^{-1}\cdot h^{-1}$）	$0<t\leqslant1.5\ h$	0.931±0.066[a]	0.888±0.297[a]	0.640±0.078[b]	0.561±0.037[b]	0.410±0.057[bc]	0.672±0.082[d]
	$1.5<t\leqslant3\ h$	0.321±0.125[a]	0.440±0.132[ab]	0.531±0.118[ab]	0.394±0.126[bc]	0.376±0.110[bc]	0.449±0.182[bc]
	$t>3\ h$	0.019±0.006[a]	0.022±0.002[a]	0.050±0.017[a]	0.020±0.003[a]	0.088±0.025[a]	0.021±0.005[a]
NH_3-N排泄率（$\mu g\cdot g^{-1}\cdot h^{-1}$）	$0<t\leqslant1.5\ h$	3.238±0.174[a]	2.552±0.112[a]	3.270±0.161[b]	3.393±0.076[bc]	4.833±0.037[c]	4.810±0.166[c]

（续表）

指　标	时　间	盐　度					
		0	4	8	12	16	20
	$1.5 < t \leqslant 3\,h$	$3.109\pm$ 0.090^a	$2.185\pm$ 0.025^{ab}	$2.772\pm$ 0.042^{bc}	$1.804\pm$ 0.108^{bc}	$2.64\pm$ 0.061^{cd}	$2.918\pm$ 0.116^{cd}
	$t > 3\,h$	$0.513\pm$ 0.035^a	$2.068\pm$ 0.104^a	$1.965\pm$ 0.117^a	$1.725\pm$ 0.207^a	$1.200\pm$ 0.108^a	$0.630\pm$ 0.050^a

注：同一参数上放字母相同，代表无显著差异（$P < 0.05$），反之代表有显著差异

中华绒螯蟹仔蟹在不同阶段段的耗氧率、CO_2 排出率和 $NH_3 - N$ 排泄率如表 7-9 所示。从该表可知，在自由运动阶段和生存阶段，盐度对中华绒螯蟹的耗氧率存在显著影响（$P < 0.05$）。CO_2 排出率在不同盐度梯度下的变化趋势与水中的溶解氧变化趋势相同：从 $0 \sim 1.5\,h$ 内，盐度 16 的实验组耗氧率最低、CO_2 排出率最低；在 $1.5 \sim 3\,h$ 内，盐度 0 的实验组耗氧率最低、CO_2 排出率最低；$3\,h$ 以后，各实验组耗氧量和 CO_2 排出率均较低，各实验组之间无显著差异（$P > 0.05$）。盐度对仔蟹 $NH_3 - N$ 排泄率存在显著影响（$P < 0.05$），从 $0 \sim 1.5\,h$ 之间，盐度 16 的实验组 $NH_3 - N$ 排泄率最高 （$R_{NH_3-N} = 4.833 \pm 0.037\ \mu g \cdot g^{-1} \cdot h^{-1}$），盐度 4 的实验组的 $NH_3 - N$ 排泄率最低 （$R_{NH_3-N} = 2.552 \pm 0.112\ \mu g \cdot g^{-1} \cdot h^{-1}$）；从 $1.5 \sim 3\,h$ 之间，盐度对仔蟹的 $NH_3 - N$ 排泄率影响显著（$P < 0.05$），盐度 0 的实验组 $NH_3 - N$ 排泄率最高 （$R_{NH_3-N} = 3.109 \pm 0.090\ \mu g \cdot g^{-1} \cdot h^{-1}$），盐度 12 的实验组的 $NH_3 - N$ 排泄率最低 （$R_{NH_3-N} = 1.804 \pm 0.108\ \mu g \cdot g^{-1} \cdot h^{-1}$）；而 $3\,h$ 以后，盐度对仔蟹的 $NH_3 - N$ 排泄率的影响不显著（$P > 0.05$）。

不同盐度水体中，中华绒螯蟹仔蟹的呼吸熵、能量代谢率、氧氮比及能源物质供能比如表 7-10 所示。代谢瓶内仔蟹在自由运动阶段，不同盐度下仔蟹的呼吸熵差异不显著（$P > 0.05$），仔蟹在盐度 12 的实验组中呼吸熵最低、在盐度 4 实验组的呼吸熵最高。不同盐度下仔蟹代谢产物氧氮比差异性不显著（$P > 0.05$），仔蟹的代谢产物氧氮比在盐度为 8 达到最高，盐度 0 的实验组最低；代谢瓶内仔蟹在生存运动阶段，盐度对仔蟹的呼吸熵影响差异不显著（$P > 0.05$），盐度对仔蟹代谢产物中的氧氮比影响存在显著差异（$P < 0.05$），在盐度 12 和 16 的实验组最高；窒息阶段的代谢瓶内，盐度组 20 的呼吸熵最低，盐度为 0、4、8 的呼吸熵较高，盐度对仔蟹代谢产物氧氮比影响差异性不显著（$P > 0.05$）。从供能物质的比例来看，在自由运动阶段和生存阶段，仔蟹进行生命的

供能物质为脂肪和碳水化合物；在窒息阶段，碳水化合物和脂肪总体的供能比例减少，蛋白质供能比例增加。

表 7‑10　幼蟹的呼吸熵、氧氮比、能耗率及蛋白质、碳水化合物、
脂肪提供的能量比（Mean±SD，$n=18$）

	时间（h）	盐　度					
		0	4	8	12	16	20
呼吸熵	$0<t\leqslant1.5\,h$	0.783± 0.108[a]	0.924± 0.088[a]	0.747± 0.226[a]	0.672± 0.045[a]	0.789± 0.093[a]	0.845± 0.179[ab]
	$1.5<t\leqslant3\,h$	0.931± 0.028[a]	0.914± 0.058[ab]	0.865± 0.061[ab]	0.744± 0.128[ab]	0.790± 0.054[a]	0.930± 0.050[ab]
	$t>3\,h$	0.829± 0.093[a]	0.798± 0.029[a]	0.804± 0.095[a]	0.742± 0.145[a]	0.753± 0.073[bc]	0.608± 0.012[bc]
氧氮比	$0<t\leqslant1.5\,h$	88.51± 8.11[a]	104.45± 5.43[a]	109.33± 6.89[a]	89.76± 7.45[a]	98.59± 8.11[a]	96.21± 9.23[a]
	$1.5<t\leqslant3\,h$	89.33± 4.82[a]	88.75± 8.43[a]	87.19± 6.19[a]	100.81± 5.78[ab]	102.28± 8.88[ab]	90.74± 6.27[bc]
	$t>3\,h$	34.29± 1.24[a]	32.98± 2.41[a]	36.04± 2.98[a]	33.65± 2.77[a]	37.89± 1.84[a]	38.99± 2.65[a]
能量代谢率 （J·g⁻¹·h⁻¹）	$0<t\leqslant1.5\,h$	7.43± 1.46[a]	8.54± 1.38[a]	8.65± 2.10[ab]	9.23± 1.62[ab]	8.98± 1.68[ab]	8.55± 1.59[bc]
	$1.5<t\leqslant3\,h$	6.55± 1.09[a]	6.09± 1.16[a]	7.03± 1.17[ab]	6.78± 1.54[ab]	6.63± 1.06[bc]	6.34± 1.04[bc]
	$t>3\,h$	1.65± 0.14[a]	3.21± 0.17[ab]	2.75± 0.08[ab]	1.87± 0.05[bc]	2.45± 0.03[bc]	1.39± 0.02[bc]
能源物质供能比	$0<t\leqslant1.5\,h$	7.3∶38.8 ∶53.9	6.8∶40.2 ∶54.0	6.7∶41.6 ∶51.7	7.0∶40.7 ∶52.3	6.9∶41.4 ∶51.7	6.4∶42.6 ∶51.0
	$1.5<t\leqslant3\,h$	8.0∶55.8 ∶36.2	7.8∶30.9 ∶61.3	7.8∶32.6 ∶59.6	7.7∶33.1 ∶59.1	7.8∶34.8 ∶57.4	7.6∶36.2 ∶56.2
	$t>3\,h$	13.4∶22.7 ∶63.9	16.3∶31.6 ∶52.1	18.4∶30.8 ∶50.8	19.3∶29.6 ∶51.1	18.1∶28.8 ∶53.1	15.6∶25.9 ∶58.6

注1：同一参数上放字母相同，代表无显著差异（$P<0.05$），反之代表有显著差异
注2：PPMS，蛋白质提供的能量比；PCMS，碳水化合物提供的能量比；PLMS，脂肪提供的能量比

7.3.3.3　讨论与小结

水环境的溶解氧（DO）因子是影响水生生物的重要水环境因子之一，对水生生物的生理行为影响较大。虾蟹类行为及生理代谢活动受到水环境中氧气含量影响，当水环境中溶氧较高，虾蟹类生理活动旺盛；当氧气含量低于一定的界限，虾蟹类的耗氧量随着水中的含氧量降低而降低，从而减弱摄食活动和降

低正常的代谢过程；当氧气含量低于一定的界限时，虾蟹类难以维持正常的生理活动并且窒息死亡（崔奕波等，1989；温小波等，2001a）。本研究结果表明，根据水中溶解氧对中华绒螯蟹仔蟹的行为影响，可以将仔蟹运动分为自由运动阶段（DO＞2.33±0.42 mg/L）、生存阶段（0.33±0.09 mg/L＜DO＜2.33±1.03 mg/L）、窒息阶段（DO＜0.33±0.09 mg/L）。当水环境 DO 位于 3～5 mg/L 时，幼蟹（单只均重＞1.00 g）耗氧率随着溶解氧增加而增加；当 DO＞5.261 mg/L 时，耗氧量不再增加（温小波等，2001b）。中国对虾（*Fenneropenaeus chinensis*）成体的研究结果与之相同（谢宝华等，1982）。仔蟹的单位时间内耗氧量不仅受到水中溶解氧气的影响，还受到水体中盐度的影响（图 7-33 和表 7-9），在自由活动阶段，仔蟹的耗氧量随盐度的升高先降后升。本研究还表明中华绒螯蟹仔蟹的窒息点较低。上述研究为仔蟹生活习性的改变（从生活河口水域的大眼幼体逐渐向生活岸边滩涂地的仔蟹）提供了可靠的证据，此时的仔蟹已有适合滩涂潮间带水域生活的生理适应能力，此结论还为仔蟹长途运输过程中需要保持外界的湿润水环境提供了有力的支持。

　　生物体内产生的能量是保证虾蟹类完成生命活动和生化过程的基础，而糖类、脂肪和蛋白质是主要产生能量物质基础。温小波等（2001b）测得中华绒螯蟹亲蟹在水温（20±0.5）℃时耗氧率为 0.277±0.059（2002），亲蟹在代谢过程中蛋白质、碳水化合物和脂肪提供的能量比为 7.4∶41.2∶51.4。周洪琪（1990）采用间接法测得中国对虾亲虾的代谢供能主要是蛋白质，脂肪次之，碳水化合物的利用量最少，同时测定的平均氧氮比为 26。而本研究表明仔蟹在不同盐度下虽然能正常代谢，但是耗氧率（0.378±0.042～0.896±0.168）明显高于亲蟹的耗氧率，这和虾蟹类在不同盐度的等渗点调节有关，即在淡水环境和盐度较高的水环境远离了仔蟹的等渗点，则需要消耗更多的能量来调节渗透压，水生动物在等渗点消耗的能量最少（屈亮等，2010）。本研究结果显示仔蟹的最适盐度为 12～16，这与亲蟹的等渗点为盐度 33（Roast et al.，2002）有差异，这可能是仔蟹个体发育对外界环境的适应的结果。庄平等（2012）研究华绒螯蟹雌性亲蟹在 0～24 盐度范围内，耗氧率随盐度的升高而逐渐降低，且 CO_2 排出率、NH_3-N 排泄率及代谢率的变化趋势与耗氧率一致。渗透压调节的耗能在其他虾蟹类也有相似的结论：如长臂虾科的 *Palaemonetes antenarius*（Dalla et al.，1987）和印度明对虾（*Fenneropenaeus indicus*）（Kutty et al.，

1971)、日本对虾(Jiann et al.，1993)研究结果一致。这也说明了仔蟹会选择最有利自己生命活动代谢的环境因子范围内栖息。

根据O∶N值可以估计甲壳动物能量代谢中供能物质的比例：如果机体主要由脂肪或碳水化合物供能，其O∶N值较大甚至无穷大；若由蛋白质和脂肪共同氧化供能，则O∶N约为24；如果完全由蛋白质氧化供能，O∶N约为7(张硕等，1998)。而本研究结果表明，不同盐度实验组中的仔蟹在自由运动阶段和生存阶段的O∶N值超过24，说明仔蟹代谢的主要能量来源为脂肪，其次是碳水化合物，蛋白质供能比例最小；而仔蟹在窒息阶段的O∶N值虽然大于24，但已有所下降，此时蛋白质也参与氧化供能。研究结果还表明仔蟹供能物质的比例存在异同。但仔蟹在自由活动阶段与仔蟹能量供应研究结果一致(温小波等，2001b)。由此可见生活在等渗点以外的中华绒螯蟹仔蟹消耗体内的能量进行渗透压调节，因此仔蟹在高渗环境中的代谢较为旺盛，需多种物质供能。

当水环境中氧气含量低于0.33 ± 0.09 mg/L，中华绒螯蟹仔蟹出现窒息现象。根据水环境溶氧变化，中华绒螯蟹仔蟹(均重为0.12 ± 0.01 g)的代谢活动分为3个阶段：自由运动阶段(DO>2.33 ± 0.42 mg/L)、生存阶段(0.33 ± 0.09 mg/L<DO<2.33 ± 1.03 mg/L)和窒息阶段(DO<0.33 ± 0.09 mg/L)。盐度(0~20)对中华绒螯蟹仔蟹的自由运动阶段和生存阶段能量代谢影响显著，这两个阶段的供能物质为脂肪和碳水化合物，仔蟹的呼吸熵、氧氮比、能量消耗均受到盐度因子显著影响；在低溶氧阶段，盐度对仔蟹能量代谢影响不显著，蛋白质在此阶段占供能物质的比例较前两个阶段多。

参 考 文 献

艾春香,陈立侨,高露姣,等.2002.Vc 对河蟹血清中超氧化物歧化酶及磷酸酶活性的影响.
   台湾海峡,21(4):431-438.

包伟静,曹双,林红.2010.三峡水库蓄水前后大通水文站泥沙变化过程分析.水资源研究,31
   (3):21-23.

曹勇,陈吉余,张二凤,等.2006.三峡水库初期蓄水对长江口淡水资源的影响.水科学进展,
   17(4):554-558.

曹侦,冯广朋,庄平,等.2013.长江口中华绒螯蟹放流亲蟹对环境的生理适应.水生生物学
   报,37(1):34-41.

曹侦.2012.长江口中华绒螯蟹养殖亲蟹的放流、生理适应及与洄游亲蟹形态判别.上海:上
   海海洋大学.

晁敏,平仙隐,李聪,等.2010.长江口南支表层沉积物中 5 种重金属分布特征及生态风险.安
   全与环境学报,10(4):97-101.

车斌,张相国.2005.中华绒螯蟹增殖放流的渔业生物经济学分析.渔业经济研究,(2):
   24-25.

陈吉余,陈沈良.2003.长江口生态环境变化及对河口治理的意见.水利水电技术,34(1):
   19-25.

陈佳荣.1996.水化学实验指导.北京:中国农业出版社:120-139.

陈丕茂.2006.渔业资源增殖放流效果评估方法的研究.南方水产,2(1):1-4.

陈清西,陈素丽,石艳,等.1996.长毛对虾碱性磷酸酶性质.厦门大学学报(自然科学版),35
   (2):257-261.

陈校辉,朱清顺,严维辉,等.2007.长江江苏段中华绒螯蟹资源现状及保护对策初探.水产养
   殖,28(2):8-10.

陈亚瞿,施利燕,全为民.2007.长江口生态修复工程底栖动物群落的增殖放流及效果评估.
   渔业现代化,34(2):35-39.

陈宇锋,艾春香,林琼武,等.2007.盐度胁迫对拟穴青蟹血清及组织、器官中 PO 和 SOD 活性
   的影响.台湾海峡,26(4):569-575.

陈渊泉,龚群,黄卫平,等.1999.长江河口区渔业资源特点、渔业现状及其合理利用的研究.
   中国水产科学,6(5):48-51.

成为为,汪登强,危起伟,等.2014.基于微卫星标记对长江中上游胭脂鱼增殖放流效果的评
   估.中国水产科学,21(3):574-580.

成永旭,王武,李应森.2007.河蟹的人工繁殖和育苗技术.水产科技情报,34(2):73-75.

程家骅,姜亚洲.2010.海洋生物资源增殖放流回顾与展望.中国水产科学,17(3):610-617.

崔奕波.1989.鱼类能量学的理论和方法.水生生物学报,13(4):369-383.

戴爱云.1991.绒螯蟹属亚种分化的研究(十足目:短尾派).系统进化论文集(第一集).北京:
   中国科学技术出版社:61-71.

戴强,顾海军,王跃招.2007.栖息地选择的理论与模型.动物学研究,28(6):681-688.

戴祥庆.1998.上海地区河蟹养殖业的发展与思考.水产科技情报,25(4):147-149.

邓景耀.1995.我国渔业资源增殖业的发展和问题.海洋科学,4:21-24.

丁小丰,王国良.2011.锯缘青蟹 Scylla serrata 黄水病血液病理学分析.海洋科学,35(3):
   64-66.

堵南山. 1993. 甲壳动物学. 北京：科学出版社：731-733.

堵南山. 1998a. 中华绒螯蟹的受精. 水产科技情报, 25(1)：9-13.

堵南山. 1998b. 中华绒螯蟹的同属种类及其英文名称. 水产科技情报, 25(3)：108-109.

堵南山. 2002. 关于绒螯蟹属的分类. 水产科技情报, 29(1)：10-12.

堵南山. 2004. 中华绒螯蟹的洄游. 水产科技情报, 31(2)：56-57.

杜怀光, 于深礼. 1992. 影响增殖对虾回捕效果主要因素分析及其对策. 水产科学, 11(2)：1-4.

段金荣, 徐东坡, 刘凯, 等. 2012. 长江下游增殖放流效果评价. 江西农业大学学报, 34(4)：795-799.

对虾增殖研究课题组. 1995. 中国对虾标志放流. 海洋水产科技, 1：4-9.

房文红, 王慧, 来琦芳, 等. 1995. 不同盐度对中国对虾血淋巴渗透浓度及离子浓度的影响. 上海水产大学学报, 4(2)：122-127.

冯广朋, 庄平, 刘健, 等. 2007. 崇明东滩团结沙鱼类群落多样性与生长特性. 海洋渔业, 29(1)：38-43.

冯广朋, 庄平, 章龙珍, 等. 2009a. 长江口纹缟虾虎鱼胚胎发育及早期仔鱼生长与盐度的关系. 水生生物学报, 33(2)：170-176.

冯广朋, 庄平, 章龙珍, 等. 2009b. 长江口纹缟虾虎鱼早期发育对生态因子的适应性. 生态学报, 29(10)：5185-5194.

冯广朋, 庄平, 章龙珍, 等. 2011. 电麻醉对西伯利亚鲟幼鱼血液生化指标的影响. 华中农业大学学报, 30(2)：229-234.

冯广朋. 2008. 鱼类群落多样性研究的理论与方法. 生态科学, 27(6)：506-514.

冯锦龙. 1992. 国内外渔业资源增殖综述. 现代渔业信息, 7(7)：11-14.

高倩, 徐兆礼, 庄平. 2008. 长江口北港和北支浮游动物群落比较. 应用生态学报, 19(9)：2049-2055.

高云芳. 2009. 长江口盐沼湿地植物多样性及分布格局——以九段沙和崇明东滩为例. 上海：上海师范大学.

葛亚非. 1999. 新世纪的渔业资源增殖前瞻. 海洋水产科技, 2：16-18.

谷孝鸿, 赵福顺. 2001. 长江中华绒螯蟹的资源与养殖现状及其种质保护. 湖泊科学, 13(3)：267-271.

顾全保, 王幽兰, 左嘉客, 等. 1990. 不同发育时期中华绒螯蟹血淋巴渗透压分析. 动物学报, 36(2)：165-171.

顾志敏, 何林岗. 1997. 中华绒螯蟹卵巢发育周期的组织学细胞学观察. 海洋与湖沼, 28(2)：138-145.

桂建芳. 2003. 长江"四大家鱼"原种放流的历史与现实. 中国水产, 1(1)：11-12.

何杰, 徐跑, 朱健. 2009. 南北水系中华绒螯蟹形态差异分析. 海洋湖沼通报, 3：79-86.

何杰, 吴旭干, 姜晓东, 等. 2015. 野生和人工繁育大眼幼体在成蟹阶段的养殖性能比较. 上海海洋大学学报, 24(1)：60-67.

何杰, 吴旭干, 龙晓文, 等. 2015. 长江水系中华绒螯蟹野生和养殖群体选育子一代养殖性能和性腺发育的比较. 海洋与湖沼, 46(4)：808-818.

何杰, 吴旭干, 龙晓文, 等. 2015. 池塘养殖和野生长江水系中华绒螯蟹扣蟹形态学及生化组成的比较研究. 水产学报, 39(11)：1665-1678.

何杰, 吴旭干, 赵恒亮, 等. 2016. 全程投喂配合饲料条件下池养中华绒螯蟹的生长性能及其性腺发育. 中国水产科学, 23(3)：606-618.

洪美玲, 陈立侨, 顾顺樟, 等. 2007. 不同维度胁迫方式对中华绒螯蟹免疫化学指标的影响. 应用与环境生物学报, 13(6)：818-822.

黄凯,杨鸿昆,战歌,等.2007.盐度对凡纳滨对虾幼虾消化酶活性的影响.海洋科学,31(3)：37-41.

黄庆.2005.中华绒螯蟹(*Eriocheir sinensis* H. Milne Edwards)蟹种培育实用技术.现代渔业信息,11：29-31.

黄晓荣,庄平,章龙珍,等.2011.中华绒螯蟹胚胎发育及几种代谢酶活性的变化.水产学报,35(2)：192-199.

江新琴,俞存根,陈全振.2007.蟹类繁殖力和卵巢发育研究进展.上海水产大学学报,16(3)：281-286.

江新琴,俞存根.2012.东海细点圆趾蟹繁殖生物学的初步研究.浙江海洋学院学报(自然科学版),31(4)：285-289.

姜亚洲,林楠,杨林林,等.2014.渔业资源增殖放流的生态风险及其防控措施.中国水产科学,21(2)：413-422.

蒋玫,沈新强,王云龙,等.2006.长江口及其邻近水域鱼卵、仔鱼的种类组成与分布特征.海洋学报,28(2)：171-174.

蒋志刚.2004.动物行为原理与物种保护方法.北京：科学出版社.

金刚,李钟杰.1999.一秋龄性成熟中华绒螯蟹的生物学——2.生殖、越冬行为及脱壳的可能性.湖泊科学,11(2)：172-176.

金刚.1999.用标志重捕法估算湖泊二龄河蟹种群数量.水生生物学报,23(2)：194-196.

金如龙,孙克萍,贺红士,等.2008.生境适宜度指数模型研究进展.生态学杂志,27(5)：841-846.

来琦芳,王慧,房文红.2005.环境因子和生物自身因子对中国明对虾渗透浓度和离子浓度的影响.海洋渔业,27(3)：213-219.

李长松,汤建华.1999.天津厚蟹及其大眼幼体的调查研究.中国水产科学,6(1)：122-124.

李长松,俞连福,戴国梁,等.1997.长江口及其邻近水域中华绒螯蟹大眼幼体和其他蟹类大眼幼体的调查研究.水产学报,(S1)：111-114.

李晨虹,李思发.1999.中国大陆沿海六水系绒螯蟹(中华绒螯蟹和日本绒螯蟹)群体亲缘关系：形态判别.水产学报,23(4)：337-342.

李晨虹.1998.中华绒螯蟹性早熟的早期判别.水产科技情报,25(2)：73-76.

李凤清,蔡庆华,傅小城,等.2008.溪流大型底栖动物栖息地适合度模型的构建与河道内环境流量研究——以三峡库区香溪河为例.自然科学进展,18(12)：1417-1424.

李洪进.2014.池塘河蟹苗种培育技术.江西水产科技,3：35-37.

李继龙,王国伟,杨文波,等.2009.国外渔业资源增殖放流状况及其对我国的启示.中国渔业经济,03：111-123.

李陆嫔,黄硕琳.2011.我国渔业资源增殖放流管理的分析研究.上海海洋大学学报,20(5)：765-772.

李孟仙,曾辉.2000.合浦绒螯蟹的繁殖生物学.湛江海洋大学学报,20(2)：6-10.

李培军,林兆岚.1994.黄海北部中国对虾放流虾的生物环境.海洋水产研究,(15)：19-30.

李庆彪,李泽东.1991.放流增殖的基础—幼体生态与放流生态.海洋湖沼通报,1：85-89.

李庆彪.1991.一个成功的渔业资源增殖事例剖析.海洋科学,2：30-32.

李思发.1993.主要养殖鱼类种质资源研究进展.水产学报,17(4)：344-358.

李晓光,白海锋,鲁媛媛,等.2012.长江口中华绒螯蟹亲蟹培育技术探讨.河北渔业,9：11-13.

李晓辉,许志强,葛家春,等.2009.长江水系中华绒螯蟹种质资源研究进展.水产养殖,30(10)：42-47.

李勇,李思发,王成辉,等.2001.三水系中华绒螯蟹形态判别程序的建立和使用.水产学报,

25(2)：120－126.

李盂仙,曾辉.2000.合浦绒螯蟹 *Eriocheir hepuensis* 的形态学研究.浙江海洋学院学报(自然科学版),19(4)：327－332.

李忠义,金显仕,吴强,等.2014.鳌山湾增殖放流中国明对虾的研究.水产学报,38(3)：410－416.

刘海峡,王文波,何继开.2000.关于发展增殖渔业的讨论.水产科学,19(1)：42－45.

刘海映,刘锡山.1994.黄海北部中国对虾放流增殖回捕率研究.海洋水产研究,15：1－7.

刘家富,翁忠钗,唐晓刚.1994.宫井洋大黄鱼标志放流技术与放流标志鱼早期生态习性的初步研究.海洋科学,5：53－58.

刘建国,艾春香,曾媛媛,等.2008.pH 胁迫下拟穴青蟹体内腺苷三磷酸酶和磷酸酶活性的响应.厦门大学学报(自然科学版),47(5)：743－747.

刘建康,曹文宣.1992.长江流域的鱼类资源及其保护对策.长江流域资源与环境,1(1)：17－23.

刘凯,段金荣,徐东坡,等.2007.长江口中华绒螯蟹亲体捕捞量现状及波动原因.湖泊科学,19(2)：212－217.

刘群,任一平,沈海学,等.2003.渔业资源评估在渔业管理中的作用.海洋湖沼通报,(1)：72－76.

刘瑞玉,崔玉珩,徐凤山,等.1993.胶州湾中国对虾增殖效果与回捕率的研究.海洋与湖沼,24(2)：137－142.

刘树青.1999.免疫多糖对中国对虾血清溶菌酶、磷酸酶和过氧化物酶的作用.海洋与湖沼,30(3)：278－283.

刘文亮,何文珊.2007.长江河口大型底栖无脊椎动物.上海：上海科学技术出版社.

刘锡山,孟庆祥.1996.放流增殖中的政策问题.水产科学,15(4)：31－33.

刘玉梅,朱谨钊.1984.对虾消化酶的研究.海洋科学,5：46－50.

刘子藩,熊国强,黄克勤.1997.东海带鱼种群鉴别研究.水产学报,21(3)：282－287.

卢俊,庄平,冯广朋,等.2011.中华绒螯蟹亲蟹渗透压调节和抗氧化系统对盐度的响应.海洋渔业,33(1)：39－45.

陆全平.2012.河蟹成蟹养殖技术.农家致富,20：38－39.

吕富.2002.环境因子对中华绒螯蟹渗透调节的影响.青岛：中国海洋大学.

罗民波,庄平,沈新强,等.2008.长江口中华鲟保护区及邻近水域大型底栖动物研究.海洋环境科学,27(6)：618－623.

孟凡伦,张玉臻,孔健,等.1999.甲壳动物中的酚氧化酶原激活系统研究评价.海洋与湖沼,30(1)：110－116.

南昌市水产科学研究所.1973.青岚湖银鱼产卵场初查小结.淡水渔业,11：9－10.

倪勇,陈亚瞿,龚群,等.1999.1999 年长江口区中华绒螯蟹蟹苗的汛期特点及其因素分析.海洋渔业,21(4)：166－169.

倪勇,陈亚瞿.2006.长江口区渔业资源、生态环境和生产现状及渔业的定位和调整.水产科技情报,33(3)：121－123.

潘鲁青,金彩霞.2008.甲壳动物血蓝蛋白研究进展.水产学报,32(3)：485－491.

潘鲁青.2004.环境因子对甲壳动物渗透调节与免疫力的影响.青岛：中国海洋大学.

潘伟槐,祝尧荣,黄文光,等.2001.日本沼虾(*Macrobrachium nipponense*)成体组织三种同工酶的研究.绍兴文理学院学报,21(4)：43－46.

潘绪伟,杨林林,纪炜炜,等.2010.增殖放流技术研究进展.江苏农业科学,4：236－240.

屈亮,庄平,章龙珍,等.2010.盐度对俄罗斯鲟幼鱼血清渗透压、离子含量及鳃丝 Na$^+$/K$^+$-ATP 酶活力的影响.中国水产科学,17(2)：243－251.

全为民,张锦平,平仙隐.2007.巨牡蛎对长江口环境的净化功能及其生态服务价值.应用生态学报,18(4):871-876.

邵国枕,佟建波.2002.浅议渔业资源增殖保护费.中国渔业经济,1:35.

沈新强,晁敏.2005.长江口及邻近渔业水域生态环境质量综合评价.农业环境科学学报,24(2):270-273.

施铭,祝龙彪.1986.长江口中华绒螯蟹蟹苗资源量调查分析.生态学杂志,4:12-15.

施炜纲,谢骏,周恩华.2000.中华绒螯蟹幼体及成体的消化酶活性研究.浙江海洋大学学报,20(3):67-70.

施炜纲,周昕,杜晓燕,等.2002.长江中下游中华绒螯蟹亲体资源动态研究.水生生物学报,26(6):641-647.

施炜纲.1992.近年长江中、下游中华绒螯蟹资源变动特征及原因.淡水渔业,(02):39-40.

宋大祥.1984.中华绒螯蟹的生殖.生物学通报,5:13-14.

宋林生,季延宾,蔡中华,等.2004.温度骤升对中华绒螯蟹几种免疫化学指标的影响.海洋与湖沼,35(1):74-77.

苏时萍.2007.苗种的培育方式对中华绒螯蟹幼体形态特征的影响.水利渔业,27(6):36-37.

孙洪志,高中信.1996.扎龙保护区苍鹭营巢最适生境选择模型.野生动物,4:12-15.

孙金辉,徐霞,季延滨,等.2008.温度骤降对南美白对虾仔虾抗氧化机能的影响.天津农学院学报,15(3):7-10.

谭夕东,贾晓杰.2011.河蟹蟹苗质量分析及鉴别.水产养殖,2:12-15.

唐伯平,周开亚,宋大祥.2000.绒螯蟹属的生物多样性.河北大学学报:自然科学版,20(3):304-308.

唐伯平.2003.中华绒螯蟹触角的形态发育学及绒螯蟹的分类学和方蟹总科的分子系统学研究.上海:华东师范大学.

唐启升,韦晟,姜卫民.1997.渤海莱州湾渔业资源增殖的敌害生物及其对增殖种类的危害.应用生态学报,8(2):199-206.

汪红英,余文畤.2005.三峡、南水北调工程径流调节对长江口盐水入侵影响的初步研究.第六届全国泥沙基本理论研究学术讨论会论文集:1262-1270.

王成海,陈大刚.1991.水产资源增殖理论.河北渔业,3:40-42.

王成海.1990.水产资源增殖理论与实践——海洋增殖生态学基础.河北渔业,4:33-43.

王成辉,李思发.2002.中华绒螯蟹种质研究进展.中国水产科学,9(1):82-86.

王成友,危起伟,杜浩,等.2010.超声波遥测在水生动物生态学研究中的应用.生态学杂志,29(11):2286-2292.

王韩信.1996."黄蟹"和"绿蟹"的鉴别方法及两者的蜕壳死亡率.水产科技情报,23(1):41-43.

王洪全、黎志福.1996.水温、盐度双因子交互作用对河蟹胚胎发育的影响.湖南师范大学自然科学学报,19(3):63-66.

王吉桥,张涛,佟鹰,等.2005.不同发育期中华绒螯蟹胚胎离体孵化和幼体培育的研究.大连水产学院学报,20(3):192-197.

王卿.2007.长江口盐沼植物群落分布动态及互花米草入侵的影响.上海:复旦大学.

王如柏,叶惠恩.1992.长江口渔场中国对虾增殖研究.海洋渔业,14(3):105-110.

王瑞芳,冯广朋,章龙珍,等.2012.盐度升高对中华绒螯蟹几种非特异性免疫因子的影响.水产学报,36(4):546-552.

王瑞芳.2012.长江中华绒螯蟹亲体和早期发育阶段对盐度的生理与行为响应.上海:华东师范大学.

王顺昌,许立.2003.不同盐度下中华绒螯蟹血清总蛋白和血蓝蛋白含量的变化.淮南师范学院学报,5(3):24-26.

王武,成永旭,李应森.2007.河蟹养殖及蟹文化——河蟹的生物学.水产科技情报,34(1):25-28.

王武,李应森.2010.河蟹生态养殖.北京:中国农业出版社.

王武,张文博,边文冀,等.2005.绒螯蟹三个种群形态判别比较.水产科技情报,32(2):81-83.

王武.1998.我国河蟹养殖的现状和发展前景.内陆水产,23(4):2-4.

王晓梅,张彬,杨文波,等.2010.水生生物增殖放流效益的实现分析.中国渔业经济,1:82-90.

王晓燕.2008.浅谈河蟹成蟹养殖技术要点.黑龙江水产,4:10-11.

王幼槐,倪勇.1984.上海市长江口区渔业资源及其利用.水产学报,8(2):147-159.

王云龙,程家骅,凌建忠,等.1997.苏南沿海河蟹种类组成的初步调查.水产科技情报,24(1):41-42.

王云龙,袁骐,沈新强.2005.长江口及邻近水域春季浮游植物的生态特征.中国水产科学,12(3):300-306.

王云龙,袁骐,沈新强.2008.长江口及邻近海域夏季浮游植物分布现状与变化趋势.海洋环境科学,27(2):169-172.

危起伟,杨德国,柯福恩.1998.长江中华鲟超声波遥测技术.水产学报,22(3):211-217.

魏开建,熊邦喜,赵小红,等.2003.五种蚌的形态变异与判别分析.水产学报,27(1):13-18.

温小波,陈立侨,艾春香,等.2001a.中华绒螯蟹幼蟹饥饿代谢研究.应用与环境生物学报,7(5):443-446.

温小波,陈立侨,艾春香,等.2001b.中华绒螯蟹幼蟹标准代谢的研究.动物学研究,22(5):425-428.

温小波,陈立侨,艾春香.2002.中华绒螯蟹亲蟹的标准代谢研究.华东师范大学学报(自然科学版),3:105-109.

吴丹华,郑萍萍,张玉玉,等.2010.温度胁迫对三疣梭子蟹血清中非特异性免疫因子的影响.大连海洋大学学报,25(4):370-375.

吴琴瑟.2002.锯缘青蟹繁殖生物学的研究.湛江海洋大学学报,22(1):13-17.

谢宝华.1982.对虾在不同温度下的耗氧率.海洋渔业,4(6):253-256.

谢周全,邱盛尧,侯朝伟,等.2014.山东半岛南部海域三疣梭子蟹增殖放流群体回捕率.中国水产科学,21(5):1000-1009.

许步劭.1996.养蟹新技术.北京:金盾出版社.

许加武,任明荣,李思发.1997.长江、辽河、瓯江中华绒螯蟹种群的形态判别.水产学报,21(3):269-274.

徐大建.2002.浅谈江河渔业资源的增殖保护工作.内陆水产,27(6):40-41.

徐华,艾春香,林琼武,等.2007.盐度胁迫对锯缘青蟹体内腺苷三磷酸酶和磷酸酶活性的影响.农业环境科学学报,26(3):1173-1177.

徐文刚,王春,何杰,等.2012.底层增氧在中华绒螯蟹幼蟹集约化培育池塘中的生态学效应.淡水渔业,3:60-67.

徐兴川.1991.关于中华绒螯蟹品质保持问题的探讨.水产科技情报,18(1):17-19.

徐兴川.1993.湖泊放养长江、瓯江水系蟹种的技术效果的探讨.现代渔业信息,8(3):20-23.

徐兆礼,陈佳杰.2009.小黄鱼洄游路线分析.中国水产科学,16(6):931-940.

闫龙.2015.中华绒螯蟹群体的形态学及遗传学研究.青岛:中国海洋大学.

杨刚.2012.长江口鱼类群落结构及其与重要环境因子的相关性.上海：上海海洋大学.

杨君兴,潘晓赋,陈小勇,等.2013.中国淡水鱼类人工增殖放流现状.动物学研究,34(4)：267-280.

杨爽,宋娜,张秀梅,等.2014.基于线粒体控制区序列的三疣梭子蟹增殖放流亲蟹遗传多样性研究.水产学报,38(8)：1089-1096.

杨志刚,刘启彬,姚琴琴,等.2015.养殖密度和饵料组成对河蟹仔蟹生长和存活的影响.生物学杂志,32(6)：34-39.

姚根娣.1989.长江口的虾类资源和渔业现状.水产科技情报,16(6)：171-173.

姚海富,史海东,毛国民.2005.不同温度和盐度对锯缘青蟹抱卵的影响.浙江海洋学院学报（自然科学版）,24(1)：41-43.

叶冀雄.1979.现代标志放流鱼的几种方法.水产科技情报,1：30-31.

叶冀雄.1991.苏联的水域环境保护及渔业资源增殖.水产科技情报,18(6)：186-187.

叶元土,林仕梅,萝莉,等.2000.池养中华绒螯蟹雌、雄个体部分性状的比较研究.内陆水产,4：7-8.

叶属峰,吕吉斌,丁德文,等.2004.长江口大型工程对河口生境破碎化影响的初步研究.海洋工程,22(3)：41-47.

易雨君,王兆印,陆永军.2007.长江中华鲟栖息地适宜度模型研究.水科学进展,18(4)：538-543.

易雨君,王兆印,姚仕明.2008.栖息地适宜度模型在中华鲟产卵场适宜度中的应用.清华大学学报（自然科学版）,48(3)：340-343.

尹增强,章守宇.2008.对我国渔业资源增殖放流问题的思考.中国水产,3：9-11.

英晓明,李凌.2006.河道内流量增加方法IFIM研究及其应用.生态学报,26(5)：1564-1573.

英晓明.2006.基于IFIM方法的河流生态环境模拟研究.南京：河海大学.

于智勇,吴旭干,常国亮,等.2007.中华绒螯蟹第二次卵巢发育期间卵巢和肝胰腺中主要生化成分的变化.水生生物学报,31(6)：799-806.

俞连福,李长松,陈卫忠,等.1997年长江口中华绒螯蟹蟹苗调查报告.现代渔业信息,13(3)：17-20.

俞连福,李长松,陈卫忠,等.1999.长江口中华绒螯蟹蟹苗数量分布及其资源保护对策.水产学报,23：34-38.

詹秉义,陈亚明,戴小杰,等.1999.长江口中华绒螯蟹蟹苗资源的数量波动及其合理利用.上海海洋大学学报,8(4)：322-328.

张爱斌.2010.中华绒螯蟹优质良种培育项目试验报告.渔业致富指南,6：50-53.

张根玉,朱雅珠,王建军,等.1997.杭州湾咸淡水河蟹人工育苗技术探讨.水产科技情报,24(1)：7-9.

张桂芝.2014.河蟹大眼幼体培育扣蟹关键技术总结.科学种养,6：44-45.

张列士,李军.2002.河蟹增养殖技术.北京：金盾出版社.

张列士,徐琴英.2001.自然及养殖水体中河蟹性成熟和性早熟的研究.水产科技情报,28(3)：106-111.

张列士,朱传龙,杨杰,等.1988.长江口河蟹繁殖场环境调查.水产科技情报,1：3-7.

张列士,朱选才,李军.2001.长江口中华绒螯蟹蟹苗与常见野杂蟹苗主要形态的初步鉴别及资源利用.水产科技情报,28(2)：59-63.

张列士,朱选才,袁善卿,等.2002.长江口中华绒螯蟹(*Eriocheir sinensis*)蟹苗汛期预报的研究.水产科技情报,29(2)：56-60.

张硕,董双林,王芳.1999.盐度和饵料对中国对虾碳收支的影响.水产学报,23(2)：

144-149.

张硕,王芳,董双林. 1998. 虾蟹类能量代谢的研究进展. 中国水产科学,5(4):88-91.

张涛,庄平,章龙珍,等. 2010. 长江口近岸鱼类种类组成及其多样性. 应用与环境生物学报, 16(6):817-821.

张彤晴,周刚,朱清顺,等. 2006. 不同增养殖水体中华绒螯蟹一般营养成分比较分析. 水产养殖,27(4):8-10.

张秀梅,柳广东,高天翔. 2002. 绒螯蟹种质资源研究进展. 青岛海洋大学学报(自然科学版), 32(04):533-542.

张月霞,苗振清. 2006. 渔业资源的评估方法和模型研究进展. 浙江海洋学院学报(自然科学版),25(3):305-311.

赵传絪. 1991. 当前海洋渔业资源增殖工作的疑难点与对策. 现代渔业信息,6(2):1-8.

赵焕巨. 1986. 层次分析法. 北京:科学出版社:40-43.

赵乃刚,堵南山,包祥生. 1988. 中华绒螯蟹的人工繁殖与增养殖. 合肥:安徽科技出版社.

赵乃刚. 1986. 河蟹的生物学特性及养殖技术. 中国水产,(3):19-20.

赵乃刚. 1998. 长江河蟹种质资源混杂对养蟹业的影响. 内陆水产,23(5):2-4.

赵青松,秦方锦,李长红,等. 2009. 3种海产蟹类血淋巴酶活性的初步研究. 宁波大学学报(理工版),22(1):33-38.

赵云龙,堵南山,等. 1993. 不同水温对中华绒螯蟹胚胎发育的影响. 动物学研究,14(1):49-53.

郑萍萍,王春琳,宋微微,等. 2010. 盐度胁迫对三疣梭子蟹血清非特异性免疫因子的影响. 水产科学,29(11):634-638.

中国水产科学研究院东海水产研究所,上海市水产研究所. 1990. 上海鱼类志. 上海:上海科学技术出版社.

周洪琪. 1990. 中国对虾亲虾的能量代谢研究. 水产学报,14(2):114-118.

周永奎,刘立鹤,陈立侨,等. 2005. 卵巢发育过程中河蟹肝胰腺消化酶活力的变化. 水利渔业,25(2):19-21.

朱清顺,柏如发. 2007. 池塘养殖的中华绒螯蟹与长江野生中华绒螯蟹生物学特性比较. 江苏农业学报,23(3):218-223.

庄平,贾小燕,冯广朋,等. 2012. 盐度对中华绒螯蟹雌性亲蟹代谢的影响. 中国水产科学,2(19):217-222.

庄平,王幼槐,李圣法,等. 2006. 长江口鱼类. 上海:上海科学技术出版社.

庄平,张涛,侯俊利,等. 2013. 长江口独特生境与水生动物. 北京:科学出版社.

邹曙明,李思发. 2002. 中华绒螯蟹欧洲、美国的移植. 上海海洋大学学报,11(4):393-396.

邹勇,唐玉华. 2014. 池塘河蟹苗种培育技术. 渔业致富指南,14:40-43.

Adachi K, Hirata T, Nishioka T, et al. 2003. Hemocyte components in crustaceans convert hemocyanin into a phenoloxidase-like enzyme. Comp. Biochem. Physiol. , 134(1):135-141.

Al-azhary D B, Tawfek N S, Meligi N M, et al. 2008. Physiological responses to hyper-saline waters in Necora Crab (Velvet Crab). Pakistan Journal of Physiology,4(2):1-6.

Anger K. 1991. Effects of temperature and salinity on the larval development of the Chinese mitten crab *Eriocheir sinensis* (Decapoda:Grapsidae). Mar. Ecol. Prog. Ser. , 72(1):103-110.

Anger K. 2001. The biology of decapod crustacean Larvae. Lisse:AA Balkema Publishers, 14:1-420.

Arnold G, Dewar H. 2001. Electronic tags in marine fisheries research: a 30-year perspective//Electronic tagging and tracking in marine fisheries. Springer Netherlands: 7 - 64.

Asaro A, Valle J C D, Mañanes A A L. 2011. Amylase, maltase and sucrase activities in hepatopancreas of the euryhaline crab *Neohelice granulata* (Decapoda: Brachyura: Varunidae): partial characterization and response to low environmental salinity. Scientia Marina, 75(3): 517 - 524.

Baras E, Lagardère J P. 1995. Fish telemetry in aquaculture: review and perspectives. Aquaculture International, 3(2): 77 - 102.

Boeuf G, Payan P. 2001. How should salinity influence fish growth. Comp. Biochem. Physiol. (Part C) Pharmacol. Toxicol. , 130(4): 411 - 423.

Cabral H N, Costa M J. 1999. On the occurrence of the Chinese mitten crab, *Eriocheir sinensis*, in Portugal (Decapoda, Brachyura). Crustaceana, 72(1): 55 - 58.

Cartwright-Taylor L, Ng H H, Goh T Y. 2012. Tracked mangrove horseshoe crab *Carcinoscorpius rotundicauda* remain resident in a tropical estuary. Aquatic Biology, 17 (3): 235 - 245.

Castille F L, Lawrence A L. 1981. The effect of salinity on the osmotic, sodium and chloride concentrations in the hemolymph of euryhaline shrimp of the genus *Penaeus*. Comp. Biochem. Physiol. (Part A): Physiology, 68(1): 75 - 80.

Chan T Y, Hung M S, Yu H P. 1995. Identity of *Eriocheir recta* (Stimpson, 1858) (Decapoda: Brachyura), with description of a new mitten crab from Taiwan. Journal of Crustacean Biology, 15(2): 301 - 301.

Chen J C, Cheng S Y. 1995. Hemolymph oxygen content, oxyhemocyanin, protein levels and ammonia excretion in the shrimp *Penaeus monodon* exposed to ambient nitrite. Journal of Comparative Physiology (Part B), 164(7): 530 - 535.

Chen J C, Chia P G. 1997. Osmotic and ionic concentrations of *Scylla serrata* (Forska 1) subjected to different salinity levels. Comparative Biochemistry and Physiology, 117(2): 239 - 244.

Chen J, Lai S. 1993. Effects of temperature and salinity on oxygen consumption and ammonia - N excretion of juvenile *Penaeus japonicas* Bate. J. Exp. Mar. Biol. Ecol. , 165: 161 - 170.

Chitto A L F, Schein V, Etges R, et al. 2009. Effects of photoperiod on gluconeogenic activity and total lipid concentration in organs of crabs, *Neohelice granulata* , challeged by salinity changes. Invertebrate Biology, 128(3): 261 - 268.

Cieluch U, Anger K, Charmantier-Daures M, et al. 2007. Salinity tolerance, osmoregulation, and immunolocalization of Na^+/K^+-ATPase in larval and early juvenile stages of the Chinese mitten crab, *Eriocheir sinensis* (Decapoda, Grapsoidea). Sygeplejersken, 81(27): 4 - 5.

Coccia E, Varricchio E, Paolucci M. 2011. Digestive enzymes in the crayfish *Cherax albidus*: polymorphism and partial characterization. Inter. J. Zool. : 1 - 9.

Cornell J C. 1973. A reduction in water permeability in response to a dilute medium in the stenohaline crab *Libinia emarginata* (Brachyura, Majidae). Biological Bulletin, 14: 430 - 431.

Curtis D L, McGaw I J. 2010. Respiratory and digestive responses of postprandial Dungeness crabs, *Cancer magister* , and blue crabs, *Callinectes sapidus* , during hyposaline exposure. J. Comp. Physiol. , 180(2): 189 - 198.

Dalla V G J. 1987. Effects of salinity and temperature on oxygen consumption in a flesh water population of *Palaemonetes antenarius* (Crustacea, Decapoda) Comp. Biochem. Physiol. (A) Comp. Physiol. , (88): 299 – 305.

Daniel L C, Erin K J, Iain J M. 2007. Behavioral influences on the physiological responses of Cancer gracilis, the Graceful Crab, during hyposaline exposure. Biological Bulletin, 212 (3): 222 – 231.

Davenport J, Busschots P L, Cawthorne D F. 1980. The influence of salinity on behaviour and oxygen uptake of the hermit crab *Pagurus bernhardus*. J. Mar. Biol. Assoc. UK, 60: 127 – 134.

Davenport J, Wankowski J. 1973. Pre-immersion salinity choice behaviour in *Porcellana platycheles*. Mar. Biol. , 22(4): 313 – 316.

Davenport J. 1972. Salinity tolerance and preference in the porcelain crabs, *Porcellana platycheles* and *Porcellana longicornis*. Mar. Behav. Physiol. , (1 – 4): 123 – 138.

Decker H, Jaenicke E. 2004. Recent findings on phenoloxidase activity and antimicrobial activity of hemocyanins. Dev. Comp. Immunol. , 28(7 – 8): 673 – 687.

Diaz H, Orihuela B, Forward R B J, et al. 1999. Orientation of blue crab, *Callinectes sapidus* (Rathbum) megalopae: responses to visual and chemical cues. J. Exp. Mar. Biol. Ecol. , 233(1): 25 – 40.

Engel D W, Brouwer M, McKenna S. 1993. Hemocyanin concentrations in marine crustaceans as a function of environmental conditions. Mar. Ecol. Pro. Ser. , 93(3): 235 – 244.

Erdman R B, Blake N J, Lockhart F D, et al. 1991. Comparative reproduction of the deep-sea crabs *Chaceon fenneri* and *C. quinquedens* (Brachyura: Geryonidae) from the northeast Gulf of Mexico. Invertebrate Reproduction & Development, 19(3): 175 – 184.

Esser L J, Cumberlidge N. 2011. Evidence that salt water may not be a barrier to the dispersal of Asian freshwater crabs (Decaponda: Brachyura: Gecarcinucidae and Potamidae). Raffles Bull. Zool. , 59(2): 259 – 268.

Fairchild E A, Rennels N, Howell H. 2009. Using telemetry to monitor movements and habitat use of cultured and wild juvenile winter flounder in a shallow estuary//Tagging and Tracking of Marine Animals with Electronic Devices. Berlin: Springer Netherlands: 9: 5 – 22.

Froehlich H E, Essington T E, Beaudreau A H, et al. 2014. Movement patterns and distributional shifts of dungeness crab (*Metacarcinus magister*) and English Sole (*Parophrys vetulus*) during seasonal hypoxia. Estuaries and Coasts, 37(2): 449 – 460.

Fuller M R. 1994. Wildlife telemetry: Remote monitoring and tracking of animals. Reviews in Fish Biology and Fisheries, 4(2): 265 – 266.

Garrison L P. 1999. Vertical migration behavior and larval transport in brachyuran crabs. Marine Ecology Progress Series. 176: 103 – 113.

Gilles R, Pequeux A, Bianehini A. 1988. Physiological aspects of NaCl movements in gills of the eulyhaline crab, *Eriocheir sinensis*, acclimated to fresh water. Comparative Biochemistry and Physiology, 90A: 201 – 207.

Gilles R. 1977. Effects of osmotic stress on the protein concentrations and pattern of *Eriocheir sinensis* blood. Comparative Biochemistry and Physiology, 56A: 109 – 114.

Gleeson R A, McDowell L M, Aldrich H C. 1996. Structure of the aesthetic (olfactory) sensilla of the blue crab, *Callinectes sapidus*: transformations as a function of salinity. Cell and Tissue Research, 284(2): 279 – 288.

Gleeson R A, Wheatly M G, Reiber C L. 1997. Perireceptor mechanisms sustaining olfaction at low salinities: insight from the euryhaline blue crab *Callinectes sapidus*. Journal of Experimental Biology, 200(3): 445 – 456.

Gollasch S, Minchin D, Rosenthal H, et al. 1999. Exotics across the ocean. Case histories on introduced species: their general biology, distribution, range expansion and impact.

Gore J A, Layzer J B, Mead J. 2001. Macroinvertebrate instream flow studies after 20 years: a role in stream management and restoration. Regulated Rivers: Research and Management, 17(4 – 5): 527 – 542.

Gualtieri J S, Aiello A, Antoine-Santoni T, et al. 2013. Active tracking of *Maja Squinado* in the Mediterranean sea with wireless acoustic sensors: method, results and prospectives. Sensors, 13(11): 15682 – 15691.

Guo J Y, Ng N K, Dai A, et al. 1997. The taxonomy of three commercially important species of mitten crabs of the genus *Eriocheir* De Haan, 1835 (Crustacea: Decapoda: Brachyura: Grapsidae). Raffles Bulletin of Zoology, 45(2): 445 – 476.

Hamasaki K, Fukunaga K, Kitada S. 2006. Batch fecundity of the swimming crab *Portunus trituberculatus* (Brachyura: Portunidae). Aquaculture, 253(1): 359 – 365.

Hamasaki K, Nogami K, Maruyama K. 1991. Egg-laying and process of egg attachment to the pleopods in the swimming crab *Portunus trituberculatus*. Saibai Giken, 19: 85 – 92.

Hammer C. 1995. Fatigue and exercise tests with fish. Comparative Biochemistry and Physiology, 112 A: 1 – 20.

Hargreaves J A. 1998. Nitrogen biogeochemistry of aquaculture ponds. Aquaculture, 166 (3 – 4): 181 – 212.

Henry R P, Borst D W. 2006. Effects of eyestalk ablation on carbonic anhydrase activity in the euryhaline blue crab *Callinectes sapidus*: neuroendocrine control of enzyme expression. Comp. Expe. Biol. , 305(1): 23 – 31.

Herborg L M, Bentley M G, Clare A S, et al. 2006. Mating behaviour and chemical communication in the invasive Chinese mitten crab *Eriocheir sinensis*. J. Exp. Mar. Biol. Ecol. , 329(1): 1 – 10.

Herborg L M, Bentley M G, Clare A S. 2002. First confirmed record of the Chinese mitten crab (*Eriocheir sinensis*) from the River Tyne, United Kingdom. Journal of the Marine Biological Association of the U. K. 82(5): 921 – 922.

Herborg L M, Rushton S P, et al. 2005. The invasion of the Chinese mitten crab (*Eriocheir sinensis*) in the United Kingdom and its comparison to continental Europe. Biological Invasions, 7(6): 959 – 968.

Hines A H. 1982. Allometric constraints and variables of reproductive effort in brachyuran crabsh. Marine Biology, 69(3): 309 – 320.

Hjelset A M, Nilssen E M, Sundet J H. 2012. Reduced size composition and fecundity related to fishery and invasion history in the introduced red king crab (*Paralithodes camtschaticus*) in Norwegian waters. Fisheries Research, (121 – 122): 792 – 798.

Hughes G M, Knights B, Scammell C A. 1969. The distribution of PO_2, and hydrostatic pressure changes within the branchial chambers in relation to gill ventilation of the shore crab *Carcinus maenas* L. Journal of Experimental Biology, 51: 203 – 220.

Hussein S Y, El-Nasser M A, Ahmed S M. 1996. Comparative studies on the effects of herbicide atrazine on freshwater fish *Orechromis niloticus and Chrysichthyes auratus at*

Assiut, *Egypt*. Bull. Environ. Contam. Toxicol, 57: 503 – 510.

Hymanson Z, Wang J, Sasaki T. 1999. Lessons from the home of the Chinese mitten crab. IEP Newsletter, 12(3): 25 – 32.

Icely J D, Nott J A. 1992. Digestion and absorption: digestive system and associated organs. In: Harrison, F. W. (Ed.), Microscopic Anatomy of Invertebrates, vol. 10. New York: Wiley: 147 – 202.

Jaenicke E, Föill R, Decker H. 1999. Spider hemocyanin binds ecdysone and 20-OH-ecdysone. J. Biol. Chem. , 274(48): 34267 – 34271.

James-Pirri M J. 2010. Seasonal movement of the American horseshoe crab *Limulus polyphemus* in a semi-enclosed bay on Cape Cod, Massachusetts (USA) as determined by acoustic telemetry. Current. Zoology. , 56(5): 575 – 586.

Johnston D J, Yellowlees D. 1998. Relationship between dietary preferences and digestive enzyme complement of the slipper lobster *Thenus orientalis* (Decapoda: Scyllaridae). J. Crustac. Biol. , 18: 656 – 665.

Johnston D J. 2003. Ontogenetic changes in digestive enzyme activity of the spiny lobster, *Jasus edwardsii* (Decapoda;Palinuridae). Mar. Biol. , 143(6): 1071 – 1082.

Jowett I G, Richardson J Y, Biggs B J, et al. 1991. Microhabitat preferences of benthic invertebrates and the development of generalized Deleatidium spp. Habitat suitability curves, applied to four New Zealand rivers. New Zealand Journal of Marine and Freshwater Research, 25(2): 187 – 199.

Jowett I G, Richardson J Y. 1990. Microhabitat perferences of benthic invertebrates in a New Zealand river and the development of in-tream flow-habitat models for Deleatidium spp. New Zealand Journal of Marine and Freshwater Research, 24(1): 19 – 30.

Kamemoto F I. 1976. Neuroendocrinology of osmoregulation in decapod Crustacea. American Zoologist, 16(2): 141 – 150.

Kenneth B S. 1984. Biochemical Adaptation. Princeton: Princeton University Press: 383 – 413.

Kilfoyle D B, Baggeroer A B. 2002. The state of the art in underwater acoustic telemetry. IEEE Journal of Oceanic Engineering, 25(1): 4 – 27.

Klimley A P, Voegeli F, Beavers S C, et al. 1998. Automated listening stations for tagged marine fishes. Marine Technology Society Journal, 32(1): 94 – 101.

Kobayashi S M S. 1995. Egg development and variation of egg sizes in the Japanese mitten crab (*Eriocheir japonica*) (DE HANN). Benthos. Res. , 48: 29 – 39.

Kuris A M. 1991. A review of patterns and causes of crustacean brood mortality. Balkema, Rotterdam. , (7): 117 – 141.

Kutty M N, Murugapoopathy G, Krishnan T S. 1971. Influnence of salinity and temperature on the oxygen consumption in young juveniles of the Indian prawn *Penaeus indicus*. Mar. Biol. , (11): 125 – 131.

Lagaeve J P, Ducamp J J, Favre L, et al. 1990. A method for the quantitative evaluation of fish movements in salt ponds by acoustic telemetry. Journal of Experimental Marine Biology and Ecology, 141(2 – 3): 221 – 236.

Laverack M S. 1964. The antennular sense organs of *Panulirus argus*. Comparative Biochemistry and Physiology, 13(13): 301 – 321.

Li E C, Chen L Q, Zeng C, et al. 2007. Growth, body composition, respiration and ambient ammonia nitrogen tolerance of the juvenile white shrimp, *Litopenaeus vannamei*, at different salinities. Aquaculture, 265(1): 385 - 390.

Li G, Shen Q, Xu Z. 1993. Morphometric and biochemical genetic variation of the mitten crab, *Eriocheir*, in Southern China. Aquaculture, 111(1 - 4): 103 - 115.

Li E, Wang S, Li C, et al. 2014. Transcriptome sequencing revealed the genes and pathways involved in salinity stress of Chinese mitten crab, *Eriocheir sinensis*. Physiological Genomics. 46(5), 177 - 190.

Lima A G, McNamara J C, Terra W R, et al. 1997. Regulation of hemolymph osmolytes and gill Na^+/K^+-ATPase activities during acclimation to saline media in the freshwater shrimp *Macrobrachium olfersii* (Wiegmann, 1836) (Decapoda, Palaemonidae). J. Exp. Mar. Biol. Ecol. , 215(1): 81 - 91.

Liu H, Pan L, Lv F, et al. 2008. Effect of salinity on hemolymph osmotic pressure, sodium concentration and Na^+/K^+-ATPase activity of gill of Chinese crab, *Eriocheir sinensis*. Journal of Ocean University of China, 7(1): 77 - 82.

Llodra E R. 2002. Fecundity and life-history strategies in marine invertebrates. Advances in marine biology, 43(5): 87 - 170.

Lorenzon S, Giulianini P G, Ferrero E A. 1997. Lipopolysaccharide induced hyperglycaemia is mediated by CHH release in crustaceans. General and Comparalive Endocrinology, 108: 395 - 405.

McGaw I J, McMahon B R. 1999. Actions of putative cardioinhibitory substances on the in vivo decapod cardiovascular system. J. Crust. Biol. , 19(3): 435 - 449.

McGaw I J, Naylor E. 1992. The effect of shelter on salinity preference behaviour of the shore crab carcinus maenas. Mar. Behav. Physiol. , 21(2): 145 - 152.

Mcgaw I J, Reiber C L, Guadagnoli J A. 1999. Behavioral physiology of four crab species in low salinity. Biological Bulletin, 196(2): 163 - 176.

McNamara J C, Faria S C. 2012. Evolution of osmoregulatory patterns and gill ion transport mechanisms in the decapod Crustacea: a review. Journal of Comparative Physiology B: Biochemical Systemic and Environmental Physiology, 8 (182): 997 - 1014.

Mo J L, Devos P, Trausch G. 1998. Dopamine as a modulator of ionic transport and Na^+/K^+- ATPase activity in the gills of the Chinese crab (*Eriocher sinensis*). J. Crust. Biol. , 18(3): 442 - 448.

Nakaoka M. 2003. Population dynamics and life history. Ecology of Marine Benchos. Tokyo: Tokai University Press: 33 - 115.

Novo M S, Miranda R B, Bianchini A. 2005. Sexual and seasonal variations in osmoregulation and ionoregulation in the estuarine crab *Chasmagnathus granulatus* (Crustacea, Decapoda). J. Exp. Mar. Biol. Ecol. , 323(2): 118 - 137.

Olsowski A, Putzenlechner M, Böttcher K, et al. 1995. The carbonic anhydrase of the Chinese crab *Eriocheir sinensis*: effects of adaption from tap to salt water. Helgol Meeresunters, 49(1): 727 - 735.

Omori Makoto, Ikeda Tsutomu. 1984. Methods in marine zooplankton ecology. New York: John Wiley & Sons Inc. : 173 - 209.

Panning A. 1938a. Die Verteilung der Wollhandkrabbe über das Flußgebiet der Elbe nach Jahrgängen. Mitt. Hamb. Zool. Mus. Inst. , 47: 65 - 82 (in German).

Panning A. 1938b. Über die Wanderung der Wollhandkrabbe. Markierungsversuche. Mitt. Hamb. Zool. Mus. Inst. , 47: 32 - 49 (in German)

Paul A J, Paul J M. 1997. Breeding success of large male red king crab *Paralithodes camtschaticus* with multiparous mates. Journal of Shellfish Research, 16(2): 379 – 381.

Paul R, Pirow R. 1998. The physiological significance of respiratory proteins in invertebrates. Zoology, 100(4): 298 – 306.

Perkins H C. 1971. Egg loss during incubation from offshore northern lobsters (Decapoda: Homaridae). Fish. Bull. , 69(2): 451 – 453.

Peters N. 1933. Lebenskundlicher Teil. In Peters. N A. Panning & W. Schnakenbeck, (eds), Die chinesische Wollhandkrabbe (*Eriocheir sinensis* H. Milne-Edwards) in Deutschland. Zool. Anz. (Leipzig): 59 – 155 (in German).

Peters N. 1938. Ausbreitung und Verbreitung der chinesischen Wollhandkrabbe (*Eriocheir sinensis* H. M. -Edw) in Europa im Jahre 1933 bis 1935. Mitteilungen aus dem Hamburgischen Zoologischen Museum und Institut, 47: 1 – 31. (in German)

Philippe S, Andre P, Bernard S, et al. 1995. Effects of hydrostatic pressure and temperature on the energy metabolism of the Chinese crab (*Eriocheir sinensis*) and the yellow eel (*Anguilla anguilla*). Pergamon Press, 112(1): 131 – 136.

Piller S C, Henry R P, Doeller J E, et al. 1995. Acomparison of the gill physiology of two euryhaline crab species, *Callinectes sapidus* and *Callinectes similis*: energy production, transport related enzymes and osmoregulation as a function of acclimation salinity. J. Exp. Biol. , 198(2): 349 – 358.

Pinheiro M A, Terceiro O S. 2000. Fecundity and reproductive output of the speckled swimming crab *Arenaeus cribrarius* (Lamarck, 1818) (Brachyura, Portunidae). Crustaceana, 73(9): 1121 – 1137.

Pinoni S A, Goldemberg A L, Mañanes A A. 2005. Alkaline phosphatase activities in muscle of the euryhaline crab *Chasmagnathus granulatus*: Response to environmental salinity. Journal of Experimental Marine Biology & Ecology, 326(2): 217 – 226

Péqueux A, Gilles R. 1988. The transepithelial potential difference of isolated perfused gills of the Chinese crab *Eriocheir sinensis* acclimated to freshwater. Comp. Biochem. Physiol. , 89(2): 163 – 172.

Péqueux A. 1995. Osmotic regulation in crustaceans. J. Crust. Biol. , 15(1): 1 – 60.

Ingle R W, Andrews M J. 2009. Chinese mitten crab reappears in Britain. Nature, 263: 638 – 683.

Racotta I S, Hernández-Herrera R. 2000. Metabolic responses of the white shrimp, *Penaeus vannamei*, to ambient ammonia. Comp. Biochem. Physiol. , 125A(4): 437 – 443.

Racotta I S, Palacios E. 1998. Hemolymph metabolic variables in response to experimental manipulation stress and serotonin injection in *Penaeus vannamei*. J. World Aquac. Soc. , 29(3): 351 – 356.

Ralston S L, Horn M H. 1986. High tide movements of the temperate-zone herbivorous fish *Cebidichthys violaceus* (Girard) as determined by ultrasonic telemetry. J. Exp. Mar. Biol. Eco. , 98(1): 35 – 50.

Roast S D. 2002. Trace metal uptake by the Chinese mitten crab *Eriocheir sinensis*: the role of osmoregulation. Marine Environmental Research, 53(5): 453 – 464.

Roast S D, Raibow P S, Smith B D. 2002. Trace metal uptake by the Chinese mitten crab *Eriocheir sinensis*: the role of osmoregulation. Mar. Enviroll. Res. , 53: 453 – 464.

Rudnick D A, Chan V, Resh V H. 2005b. Morphology and impacts of the burrows of the Chinese mitten crab, *Eriocheir sinensis* H. Milne Edwards (decapoda, grapsoidea), in South San Francisco Bay, California, USA. Crustaceana, 78(7): 787 – 807.

Rudnick D A, Halat K, Resh V. 2000. Distribution, ecology and potential impacts of the Chinese mitten crab (*Eriocheir sinensis*) in San Francisco Bay. University of California Water Resources Center, 206: 74.

Rudnick D, Veldhuizen T, Tullis R, et al. 2005a. A life history model for the San Francisco Estuary population of the Chinese mitten crab, *Eriocheir sinensis* (Decapoda: Grapsoidea). Biol. Invasions, 7(2): 333 – 350.

Saaty T L. 1990. How to make a decision: the analytic hierarchy process. European Journal of Operational Research, 48(1): 9 – 26.

Sakai T. 1983. Description of new genera and species of Japanese crabs, together with systematically and biogeographically interesting species. Researches on Crustacea, 12: 1 – 44.

Schaller S Y, Chabot C C, Winsor H W. 2010. Seasonal movements of American horseshoe crabs *Limulus polyphemus* in the Great Bay estuary, New Hampshire (USA). Current Zoology, 56(5): 587 – 598.

Siebers D, Lucu C, Winkler A, et al. 1986. Active uptake of sodium in the gills of the hyperregulating shore crab *Carcinus maenas*. Helgolander Meersunters, 40(1): 151 – 160.

Smith D R, Brousseau L J, Mandt M T, et al. 2010. Age and sex specific timing, frequency, and spatial distribution of horseshoe crab spawning in Delaware Bay: Insights from a large-scale radio telemetry array. Current Zoology, 56(5): 563 – 574.

Stalnaker C B, Lamb B L, Hrnriksen J, et al. 1995. The Instream Flow Incremental Methodology: A Primer for IFIM. Colorado: National Ecology Research Center, International Publication: 1 – 4.

Stevens B G, Swiney K M. 2007. Hatch timing, incubation period, and reproductive cycle for captive primiparous and multiparous red king crab, *Paralithodes camtschaticus*. Journal of Crustacean Biology, 27(1): 37 – 48.

Sulkin S D, Epifanio C E. 1986. A conceptual model for recruitment of the blue crab, *Callinectes sapidus* Rathbun, to estuaries of the Middle Atlantic Bight. Can. Spec. Publ. Fish. Aquat. Sciences, 92: 117 – 123.

Sung H H, Chang H J, Her C H, et al. 1998. Phenoloxidase activity of hemocytes derived from *Penaeus monodon* and *Macrobrachium rosenbergii*. Invertebr. Pathol., 71: 26 – 33.

Thomas N J, Lasiak T A, Naylor E. 1981. Salinity preference and behaviour in Carcinus. Marine Behaviour and Physiology, 7: 277 – 282.

Thomasma L E, Drummer T D, Peterson R O. 1991. Testing the habitat suitability index model for the fisher. Wildlife Society Bulletin, 19(3): 291 – 297.

Tilburg C E, Reager J T, Whitney M M. 2005. The physics of blue crab larval recruitment in Delaware Bay: A model study. J. Mar. Res., 63: 471 – 495.

Tina M, Pannunzio P, Kenneth B, et al. 1998. Antioxidant defenses and lipid peroxidation during anoxia stress and aerobic recovery in the marine gastropod *Littorina littorea*. Journal of Experimental Marine Biology and Ecology. 2 (221): 277 – 292.

Torres G, Charmantier-Daures M, Chifflet S, et al. 2007. Effects of long-term exposure to different salinities on the location and activity of Na^+/K^+-ATPase in the gills of juvenile mitten crab, *Eriocheir sinensis*. Comp. Biochem. Physiol., 147A: 460 – 465.

Tuset V M, Espinosa D I, García-Mederos A, et al. 2011. Egg development and fecundity estimation in deep-sea red crab, *Chaceon affinis* (Geryonidae), off the Canary Islands (NE Atlantic). Fisheries Research, 109(2): 373 – 378.

Wang W N, Zhou J, Wang P. 2009. Oxidative stress, DNA damage and antioxidant enzyme gene expression in the Pacific white shrimp, *Litopenaeus vannamei* when exposed to acute pH stress. Comparative Biochemistry and Physiology Part C: Toxicology & Pharmacology, 150(4): 428 – 435.

Watson W H, Chabot C C. 2010. High resolution tracking of adult horseshoe crabs *Limulus polyphemus* in a New Hampshire estuary using a fixed array ultrasonic telemetry. Current Zoology, 56(5): 599 – 610.

Weiland A L, Mangum C P. 1975. The influence of environmental salinity on hemocyanin function in the blue crab, *Callinectes sapidus*. J. Exp. Zool. , 193(3): 265 – 273.

Welcomme L, Devbos P. 1991. Energy consumption in the perfused gills of the euryhaline crab *Eriocheir sinensis* adapted to freshwater. Journal of Experimental Zoology, 257: 150 – 159.

Wen X B, Chen L Q, Zhou Z L, et al. 2002. Reproduction response of Chinese mitten-handed crab (*Eriocheir sinensis*) fed different sources of dietary lipid. Comparative Biochemistry and Physiology-Part A: Molecular & Integrative Physiology, 131 (3): 675 – 681.

Willmore W. G, Storey K. B. 1997. Antioxidant systems and anoxia tolerance in a freshwater turtle *Trachemys scripta* elegans. Molecular and Cellular Biochemistry. 170 (1 – 2): 177 – 185.

Winston G W. 1991. Oxidants and antioxidants in aquatic animals. Comp. Biochem. Physiol. C, 100(1 – 2): 173 – 176.

Woodward B, Bateman S C. 1994. Diver monitoring by ultrasonic digital data telemetry. Medical engineering & physics, 16(4): 278 – 286.

Wormhoudt V A. 1974. Variations of the level of the digestive enzymes during the intermolt cycle of Palaemon serratus: influence of the season and effect of the eyestalk ablation. Comp. Biochem. Physiol. , 49: 707 – 715.

Wormhoudt V A. 1980. Regulation d'activite de l'α amylase a differentes temperatures d'adaptation et en fonction de l'ablation des pedoncules oculaires et du stade de mue chez Palaemon serratus. Biochem. Syst. Ecol. , 8: 193 – 203.

Xu J, Chan T Y, Tsang L M, et al. 2009. Phylogeography of the mitten crab *Eriocheir sensu* stricto in East Asia: Pleistocene isolation, population expansion and secondary contact. Molecular Phylogenetics and Evolution, 52(1): 45 – 56.

Xu J, Chu K H. 2012. Genome scan of the mitten crab *Eriocheir sensu* stricto in East Asia: Population differentiation, hybridization and adaptive speciation. Molecular Phylogenetics and Evolution, 64(1): 118 – 129.

Yosho I, Nagasawa T, Konishi K. 1996. Larval distribution of *Chionoecetes* (Majidae, Brachyura) in the Sado Strait, Sea of Japan. High Latitude Crabs: Biology, Management, and Economics, 96(2): 199 – 208.

Yosho I. 2000. Reproductive cycle and fecundity of *Chionoecetes japonicus* (Brachyura: Majidae) off the coast of Central Honshu, Sea of Japan. Fisheries Science, 66 (5): 940 – 946.

彩　图

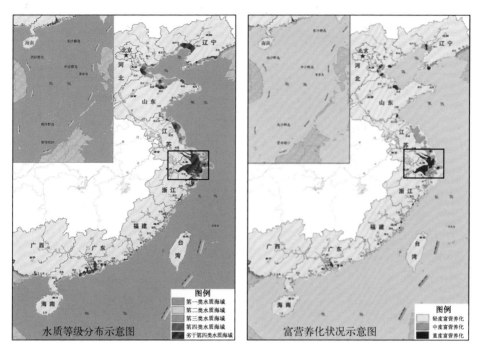

图 1-4　长江口污染情况(2012年中国海洋环境质量公报,国家海洋局)

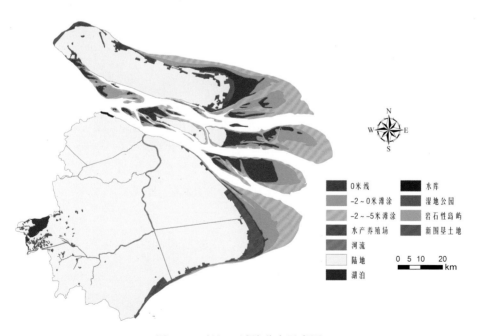

图 1-7　长江口滩涂分布示意图

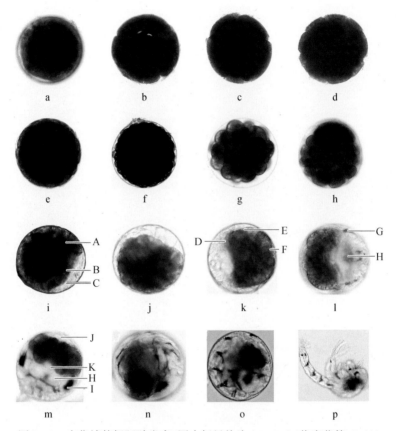

图 4-1 中华绒螯蟹胚胎发育（图中标尺均为 $100\ \mu m$）（黄晓荣等,2011）

a. 受精卵；b. 2 细胞；c. 4 细胞；d. 8 细胞；e. 16 细胞；f. 32 细胞；g～h. 囊胚期；i～j. 原肠期；k. 前无节幼体期；l. 后无节幼体期；m. 前蚤状幼体期；n. 蚤状幼体期；o. 出膜前期；p. 出膜期

A. 胚区；B. 原口；C. 胚外区；D. 视叶原基；E. 似桥细胞群；F. 腹板原基；G. 视叶；H. 头胸甲原基；I. 复眼；J. 心脏；K. 口道

中华绒螯蟹成蟹

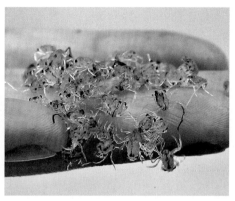

中华绒螯蟹蟹苗

对亲蟹进行双重标志

双重标志的中华绒螯蟹亲蟹

待放流的双重标志亲蟹

全自动亲蟹放流装置

中华绒螯蟹亲蟹放流

双重标志亲蟹回收